Hadoop大数据

分布式计算框架

——原理与应用

杨成伟　祝翠玲　刘位龙　编著

Hadoop Big Data
Distributed Computing Framework
—Principle and Application

中国财经出版传媒集团

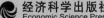

经济科学出版社
Economic Science Press

图书在版编目（CIP）数据

Hadoop 大数据分布式计算框架：原理与应用/杨成伟，
祝翠玲，刘位龙编著 . -- 北京：经济科学出版社，2023.9
ISBN 978 - 7 - 5218 - 4565 - 5

Ⅰ.①H…　Ⅱ.①杨…②祝…③刘…　Ⅲ.①数据处理　Ⅳ.
①TP274

中国国家版本馆 CIP 数据核字（2023）第 038359 号

责任编辑：于　源　姜思伊
责任校对：刘　昕
责任印制：范　艳

Hadoop 大数据分布式计算框架——原理与应用

杨成伟　祝翠玲　刘位龙　编著

经济科学出版社出版、发行　新华书店经销
社址：北京市海淀区阜成路甲 28 号　邮编：100142
总编部电话：010 - 88191217　发行部电话：010 - 88191522
网址：www. esp. com. cn
电子邮箱：esp@ esp. com. cn
天猫网店：经济科学出版社旗舰店
网址：http://jjkxcbs. tmall. com
北京密兴印刷有限公司印装
710 × 1000　16 开　22.5 印张　381000 字
2023 年 9 月第 1 版　2023 年 9 月第 1 次印刷
ISBN 978 - 7 - 5218 - 4565 - 5　定价：65.00 元

前　言

随着人类进入大数据时代，人们获取数据的方式、方法、途径不断扩展，各行各业能够获得的数据量越来越多，数据已经成为社会发展过程中至关重要的生产要素。各国政府高度重视大数据技术的研究和相关产业的发展进程。习近平总书记明确要求，要加快发展数字经济，促进数字经济和实体经济深度融合，打造具有国际竞争力的数字产业集群。① 党的二十大提出坚持人民至上、坚持自信自立、坚持守正创新、坚持问题导向、坚持系统观念、坚持胸怀天下等"六个坚持"，为我国大数据发展提供了世界观、方法论及科学指导。② 在这样一个历史环境下，我们如何贯彻执行党的二十大精神和指示，快速适应大数据时代的新特征，已经成为构建数字中国和推动数字经济、数字社会、数字政府等各领域融合发展的首要任务。

本书以党的二十大精神为引领，探索和提供大数据管理与应用中的支撑技术及方法，加快促进政府和企业数字化转型步伐。大数据分布式框架技术具有高可靠性、高可扩展性、高可用性等特点，其中，Hadoop 作为大数据分布式计算框架的典型开源代表，在大数据存储、分布式计算、分布式资源管理等方面独具优势，已广泛应用于各行业领域。本书以 Hadoop 为例，详细介绍了分布式环境搭建、分布式数据存储、分布式数据计算、分布式资源管理及配置等技术方面的原理与应用。全书共分为六章，第 1

---

① 唐朵朵. 打造具有国际竞争力的数字产业集群［N］. 新华社，2022 - 12 - 05.
② 周佑勇. 在法治中国建设中把握"六个必须坚持"［N］. 光明日报，2023 - 06 - 19.

章主要介绍大数据的定义、特征及所带来的各种挑战；第 2 章主要介绍大数据环境中常用的 Linux 命令；第 3、4、5 章主要介绍 Hadoop 分布式框架中 HDFS、YARN、Mapreduce 三大关键技术的工作原理和配置方法；第 6 章通过一个项目案例介绍在分布式环境下进行大数据项目设计的方法和过程。

本书可作为国内本专科学校大数据专业课程的配套教材。根据教学经验，建议安排 32 学时理论课，16 周教学，每周 2 学时。已经具备大数据实验实训环境的高校，可以安排 32 个学时的上机实践课，16 周教学，每周 2 学时，并可搭配本书姊妹教材《Hadoop 大数据分布式计算框架编程与实践》一起使用，该书提供了大数据开发环境搭建的详细指导。

本书在编写过程中，很多老师给我们团队反馈了大量宝贵的意见，解答了编写过程中的疑惑。同学们做了大量辅助性工作，如付尹杰、卢冠霖、袁久存、李希茹、苏日新、徐展展、姜玲钰等学生在资料收集、制图、算法和模型实现等方面付出了很多时间和精力，在此向他们表示感谢。本书也得到山东省自然基金（ZR2019MG037）、山东省重点研发计划（重大科技创新工程）项目（2020CXGC010110）、山东省重点研发计划（重大科技示范工程）项目（2021SFGC0102）的资助以及学校、学院的大力支持。另外，本书在撰写的过程中参考了部分国内外优秀的大数据教材及论文，在此不再一一列举，一并向这些作者致谢。

由于团队水平和能力有限，虽经多次校对，难免仍有疏漏和不足之处，请广大同行和读者批评指正。

杨成伟
山东财经大学管理科学与工程学院、
大数据与人工智能研究院
2023 年 8 月 5 日

目　录

我们要站稳人民立场、把握人民愿望、尊重人民创造、集中人民智慧，形成为人民所喜爱、所认同、所拥有的理论，使之成为指导人民认识世界和改造世界的强大思想武器。

——引自二十大报告

第1章

Hadoop 大数据分布式计算框架概述

本章学习目的

- 了解掌握大数据的概念、特征、主要类型及其面临的挑战。
- 初步掌握 Hadooop 大数据分布式计算框架、分布式文件系统、分布式资源管理与调度等关键技术。
- 了解 Hadoop 大数据分布式计算框架的优势与不足。
- 了解 Hadoop 国内外应用现状及所面临的挑战。

1.1 大数据基础

1.1.1 大数据的定义

对于一些互联网规模企业，如谷歌、Facebook、雅虎等，这些企业需要处理不断增长的用户及其数据，这些数据因数据量大、种类多、准确性高、变化速度快，从中可以挖掘出有巨大价值的信息而受到重视。而传统的数据处理技术不足以应付这种情况，因此诞生了大数据计算范式，简称大数据。

大数据不仅泛指巨量的数据集，也是分布式计算、集群计算、并行处理、分布式文件系统等多种技术交叉融合的总称[1]。

大数据（big data）是一个抽象的概念，目前并没有一个统一的定义，也很难有一个定量的定义。不同的定义基本上都是从大数据的特征、规模和支持软件处理能力角度进行的定性描述（见表1-1）。

表1-1　　　　　　　　　　　　　　　大数据的定义

来源	定义
Gartner	大数据是指需要新处理模式才能具有更强的决策力、洞察发现力和流程优化能力的海量、高增长率和多样化的信息资产
麦肯锡	大数据是指无法在一定时间内用传统数据库软件工具对其内容进行采集、存储、管理和分析的数据集合

从各种定义中可以发现，大数据既不是一种新技术也不是一种新产品，而是一种新现象，也是近年来研究的一个技术热点。

大数据的类型大致可分为三类：传统企业数据、机器和传感器数据、社交数据。传统企业数据包括 CRM 系统中的客户数据、传统的 ERP 数据、网上商店交易数据、库存数据以及账目数据等。机器和传感器数据包括详细呼叫记录、网络日志、智能仪表、工业设备传感器、传动装置日志、设备日志（通常是 digital exhaust）、交易数据、交换框架信息等。社交数据包括用户行为记录、反馈数据等。如来自世界各地普通民众发布的客户批评信息流、Twitter 等小型博客网站、Facebook 等在线社交平台。

大数据的发展经历了以下三个阶段：①

第一阶段：萌芽期（20 世纪 90 年代至 21 世纪初）。1997 年，美国国家航空航天局武器研究中心在研究数据可视化中首次使用了"大数据"的概念。1998 年，《科学》杂志发表了一篇题为《大数据科学的可视化》的文章，大数据作为一个专用名词正式出现在公共期刊上。随后，随着数据挖掘理论和数据库技术的逐步成熟，一批商业智能工具和知识管理技术开始被应

---

① 林子雨. 大数据技术原理与应用——概念、存储、处理、分析与应用（第 2 版）[M]. 北京：人民邮电出版社，2017.01.

用，如数据仓库、专家系统、知识管理系统等。在此阶段，大数据只是作为一个概念或假设，其意义仅限于数据量的巨大，对数据的收集、处理和存储均没有进一步的探索。

第二阶段：成熟期（21 世纪初至 2010 年）。21 世纪前十年，互联网行业迎来了一个快速发展的时期，Web 2.0 应用迅猛发展，非结构化数据大量产生，使得传统的处理方法难以应对，从而带动了大数据技术的快速突破。2001 年，美国高德纳（Gartner）公司率先开发了大型数据模型。同年，道格·莱尼（Doug Lenny）提出了大数据的 3V 特性。2005 年，Hadoop（分布式基础架构）技术应运而生，成为数据分析的主要技术。2007 年，数据密集型科学的出现，不仅为科学界提供了一种新的研究范式，而且为大数据的发展提供了科学依据。2008 年，《自然》（Nature）杂志推出了一系列大数据专刊，详细讨论了一系列大数据的问题。2010 年，美国发布了一份题为《规划数字化未来》的报告，详细描述了政府工作中大数据的收集和使用。

在此阶段，大数据作为一个新名词，开始受到理论界的关注，相关的数据处理技术层出不穷，大数据解决方案逐渐走向成熟，形成了并行计算与分布式系统两大核心技术，谷歌的 GFS（Google File System）和 MapReduce 等大数据技术受到追捧，Hadoop 平台开始大行其道。

第三阶段：大规模应用期（兴盛时期）（2011 年至今）。2011 年，通用商用机械公司开发了沃森超级计算机，通过每秒扫描和分析 4TB 数据打破了世界纪录，大数据计算达到了一个新的高度。随后，麦肯锡全球研究院 MGI 发布了《大数据前沿报告》，详细介绍了大数据在各个领域的应用，以及大数据的技术框架。2012 年，在瑞士举行的世界经济论坛讨论了一系列与大数据有关的问题，发表了题为《大数据，大影响》的报告，并正式宣布了大数据时代的到来。2011 年以后大数据的发展正式进入了全面兴盛的时期，越来越多的学者对大数据的研究从基本的概念、特性转到数据资产、思维变革等多个角度。大数据也渗透到各行各业之中，不断变革原有行业的技术，创造出新的技术，大数据的发展呈现出一片蓬勃之势，信息社会智能化程度大幅提高。

1.1.2　大数据的特征

2001 年，高德纳分析员道格·莱尼在一份关于电子商务的报告中，提出未来数据管理的挑战主要来自三个方面：量（volume）、速（velocity）与多变（variety）。大数据的 3V 描述最早起源于此。在莱尼的理论基础上，IBM 提出大数据的 4V 特征，得到业界的广泛认可。第一，数量（volume），即数据量巨大，从 TB 级别跃升到 PB 级别，数据的大小决定所考虑的数据的价值和潜在的信息；第二，多样性（variety），即数据类型繁多，不仅包括传统的格式化数据，还包括来自互联网的网络日志、视频、图片、地理位置等信息；第三，速度（velocity），即数据的处理速度快；第四，真实性（veracity），即追求高质量的数据[2]。如图 1–1 所示。

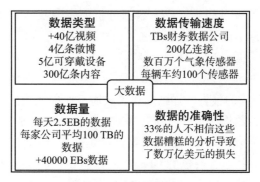

图 1–1　大数据的特征

资料来源：http://www.ibmbigdatahub.com/sites/default/files/infographic_file/4 – Vs – of – big – data.jpg（accessed on Aug 9，2018）.

　　虽然不同学者、不同研究机构对大数据的定义不尽相同，但都广泛提及了这 4 个基本特征。大数据不仅仅是数据的"大量化"，而是包含"快速化""多样化""真实性""价值化"的多重属性。为了对大数据进行结构化描述，我们将大数据描述为具有五个特征，即：量（volume）、速度（velocity）、多样性（variety）、价值性（value）和真实性（veracity），如图 1–2 所示，大数据的"5V"特征表明其不仅仅是数据海量，对于大数据的分析将更加复杂、更追求速度、更注重实效和真实性。

　　1. 数据量（volume）

　　数据量是指数据的规模，是由个人或企业已经生成的全部数据的数量，可以收集和存储一小时、一天、一个月、一年或十年的数据量。大数据时代的数据量是以 PB、EB、ZB（1024GB = 1TB、1024TB = 1PB、1024PB = 1EB、1024EB = 1ZB）为存储单位的。随着信息技术的高速发展，数据量呈现爆发

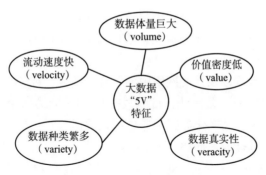

图 1-2　大数据"5V"特征

性增长，社交网络（微博、推特、脸书）、移动网络、各种智能工具、服务工具等都成为数据的来源。据统计，目前有超过 150 亿个设备连接到互联网，全球每秒钟发送 290 万封电子邮件，每天有 2.88 万小时视频上传到 YouTube 网站，FaceBook 网站每日评论达 32 亿条，每天上传照片近 3 亿张，每月处理数据总量约 130 万 TB，平均每一秒都有 200 万用户在使用 Google 搜索，Facebook 注册用户超过 10 亿，每天生成 300TB 以上的日志数据，淘宝网近 4 亿的会员每天产生的商品交易数据约 20TB。2012 年，社会上每天会产生 2.5EB 的数据，这个数据量是去年 40 个月所产生数据量总和的两倍。互联网数据中心（Internet Data Center，IDC）估测，数据一直都在以每年 50% 的速度增长，即每两年增长一倍（大数据摩尔定律）。社会与企业被如此庞大的数据量所包围，这也正是大数据时代下企业的重大变化之一，即用数据来表示企业的各种业务活动，迫切需要智能的算法、强大的数据处理平台和新的数据处理技术，来统计、分析、预测和实时处理如此大规模的数据。

2. 数据的多样性（variety）

数据的多样性指大数据时代可以从许多来源获取数据，可以来自组织内部和外部的不同类型的源，如天气传感器、汽车传感器、人口普查数据、Facebook 更新、推文、交易、销售和营销，也可以有不同的数据格式，如结构化、非结构化（如模拟数据、GPS 跟踪信息和音频/视频流等），以及半结构化数据（如 xml、电子邮件和 EDI 等），数据类型也可以是不同的，如二进制、数值、文本、JSON 数据、图形、图像、流媒体等多种形态。

随着互联网和物联网的发展，传感器网络、智能设备以及社交协作技术等在企业中得到广泛应用，企业中的数据也变得更加复杂，数据类型也不再仅仅是纯粹的关系数据，还包括大量来自移动电话的 GPS 定位数据、网页、互联网的日志文件、搜索索引、社交媒体论坛、电子邮件、文档、主动和被动系统的传感器数据以及社交网络中的语音、图像、视频、模拟信号等半结构化和非结构化数据。据估计，目前只有近 10% 的结构化数据存储在数据库中，90% 以上是半结构化数据和非结构化数据，它们都与人类信息密切相关，真正诠释了数据的多样性。

3. 数据的流动速度（velocity）

数据的速度是指当今世界中组织和个人生成数据的速度以及关系数据库处理、存储和分析数据的速度。例如，一项研究显示，每分钟都会有时长 400 小时的视频被上传到 YouTube 上。从数据的生成到数据被消耗、应用，中间的时间间隔非常短，真正用于生成决策的时间非常少。

大数据时代包含大量在线或实时数据分析处理的需求。英特尔中国研究院首席工程师吴甘沙认为，速度"快"是大数据处理技术和传统的数据挖掘技术最大的区别。大数据是一种以实时数据处理、实时结果导向为特征的解决方案，它的"快"主要包括两个层面。

一是数据产生的速度快。有的数据是爆发式产生，如欧洲核子研究中心的大型强子对撞机在工作状态下每秒钟都会产生 PB 级数据，2020 年天猫双十一开场前 30 分钟，实时成交额就突破 3723 亿元；有的数据如涓涓细流式产生，如点击流、日志、射频识别数据、GPS（全球定位系统）位置信息、移动设备定位信息和搜索引擎广告计费信息等，但是由于用户众多，短时间内产生的数据量依然非常庞大。目前，因特网上每秒钟产生的数据量比 20 年前整个因特网所存储的数据量还要巨大。

二是数据处理的速度快。在数据处理速度方面，有一个著名的"1 秒定律"，即需要在秒级时间范围内就要给出分析结果，如果超出时间数据就失去价值。1 秒能做什么？1 秒能检测出台湾的铁道故障并发布预警；也能发现得克萨斯州的电力中断，避免电网瘫痪；还能帮助一家全球性金融公司锁定行业欺诈，保障客户利益。大数据有批处理（"静止数据"转变为"正使用数据"）和流处理（"动态数据"转变为"正使用数据"）两种范式，以实现快速的数据处理。在大数据时代，数据产生的速率甚至比数据产生的数量规模要重要得多，谁事先拥有了数据并能够快速、有效地处理数据，才能展示大数据的价值，使企业能够快速进行正确决策，增强核心竞争力。

另外，大数据常常以数据流的形式动态、快速地产生，具有很强的时效性，用户只有把握好对数据流的掌控才能充分利用这些数据。

4. 数据的价值性（value）

各种信息的价值存在着根本差异。通常，在大量非常规信息中隐藏着大量的信息，需要通过测试来区分以获取有利信息，然后再转换并分离这些信息，以方便使用。但是，在大数据时代所获得数据的数据量呈指数增长的同时，隐藏在这些海量数据中的有用信息却没有以相应的比例增长，反而会不断下降，这也使得我们从海量数据中获取有用信息的难度不断加大。就大数据的价值而言，就像沙里淘金，大数据规模越大，真正有价值的数据比例就会越低。以视频为例，在连续不间断监控过程中，可能对我们真正有用的数据仅仅只有一两秒钟，但是，就是这一两秒钟可能具有很高的商业价值，有时还会决定事情的关键走向。大数据中蕴含着丰富的深度价值，需要对大数据进行深层次分析挖掘，才能获得其中更巨大的价值，因此，如何通过强大的机器学习算法更迅速地完成数据的价值提取，是目前大数据领域发展的关键。

大数据的崛起，是在人工智能、机器学习和数据挖掘等技术的迅速发展驱动下，呈现出一个过程：将信号转化为数据，将数据分析为信息，将信息提炼为知识，以知识促成决策和行动。通过深入的大数据分析挖掘，为各方面的经营决策提供有效支持，创造巨大的经济及社会价值。

5. 数据的真实性（veracity）

大数据的真实性是在"4V"的基础上提出的"第 5 个 V"，也是大数据的一大特性。数据的重要性在于其对决策的支持程度，数据的规模并不能决定其能否为决策提供帮助，数据的真实性和质量才是获得真知和思路最重要的因素，是制定成功决策最坚实的基础。因此，大数据处理的结果要保证一定的准确性，不能因为大规模数据处理的时效性而牺牲处理结果的准确性。大数据的目的在于如何帮助人类发现知识，并提供决策支持，盲目的扩充数据总量并不能达到该目的，如何提升数据的真实性和质量才是关键。追求高数据质量是一项重要的大数据要求和挑战，即使最优秀的数据清理方法也无法消除某些数据固有的不可预测性，例如，人的感情和诚实性、天气形势、经济因素以及未来。

英国 Deepmind 公司研制的 Alpha Go 与韩国世界冠军职业九段李世石的围棋大战举世瞩目，最终 Alpha Go 以 4∶1 的比分胜出。能取得如此惊人的战绩，正是 Deepmind 的工作人员采用全世界顶尖棋手几千万盘棋局对 Alpha Go 进行训练的结果，使它积累了丰富的经验，可以说高质量的训练数据集对于 Alpha Go 的胜利至关重要。

1.1.3 大数据的挑战

目前，大数据在各行业的组织中应用越来越广泛，然而开展大数据项目并不容易。根据 New Vantage Partners 进行的一项研究发现，在接受调查的"财富 1000 强"的企业中，95% 的企业在过去五年中实施了大数据项目，但只有 48.4% 的企业能够从这些项目中成功获益。因此，企业在实施大数据项目过程中，面临着很大的挑战。[①]

1. 数据规模急剧增长的挑战

随着互联网的发展，应用系统呈现出数据密集型的特点，这些应用的数据量由 TB 级向 PB 级迈进，并呈现出持续爆炸式增长的趋势。根据阿谢德（Antony Adshead）的研究，在未来 10 年内，全世界数据总量将增长 44 倍，年均增长率大于 40%。同样，在我国，目前百度已经存储数百 PB 数据，每天需要处理数据量高达 10PB；淘宝存储 14PB 交易数据，每天新增 40 ~ 50TB。而且，除了在数量级的显著增长外，数据还呈现出多源、多模的特性，如图像、视频、音频、数据流、文本、网页等非结构化数据，数据之间的联系更为复杂，互为因果，动态变化。根据 IDC 公司估计，全球各地的计算机系统中存储的信息量每两年翻一番。因此，如何管理好这些大规模且迅速增长的数据的存储和分析处理问题是我们要克服的最大的大数据挑战之一。[②]

首先是大数据的存储问题。传统 I/O 子系统的巨变，使得硬盘驱动器正在逐步被固态硬盘取代，其他技术如电阻随机存取存储器、相变存储器、纳米管 RAM 等即将来临，这些新的存储技术不像旧技术那样在顺序和随机 I/O 性能上有巨大差距。这就需要我们重新考虑如何设计数据处理系统的存储子系统。这种存储子系统的转变潜在地涉及了数据处理的每一个方面，包

---

① 犀牛云. 企业如何致胜数字化转型的四大挑战 [EB/OL]. (2020 – 08 – 03). https：// cto. xiniu. com/news/details. html？ id = 420.

② 云上贵州系统平台官网. 大数据的发展背景和研究意义 [EB/OL]. (2022 – 06 – 17) ht-tp：//xjdkctz. com/xiezuo/gongwen/744067. html.

括查询处理算法、查询调度、数据库设计、并发控制方法和恢复方法。

其次是大数据的处理和分析问题。目前，数据增长的速度已经超过了计算资源增长的速度。由于处理器功率的限制，时钟速度基本上无法再获得大幅度提升，主要通过增加核心的数目来提升速度，必须考虑节点内的并行性；而且，出于节能考虑，数据处理系统将有可能主动管理系统硬件的功耗；再加上云计算的发展，使得多个具有不同的性能目标的工作负载如今将聚集成非常大的集群，在昂贵的大型集群上进行资源共享需要新的方法，该方法决定如何运行和执行数据处理工作，以便用较低的代价来完成每一个工作负载的目标，并处理系统故障。这些前所未有的变化都需要重新思考如何设计、建造和运行数据处理组件。

2. 数据异构性和不完备性的挑战

在大数据时代，数据有非常丰富的来源，如日常的业务应用、社交网络、电子邮件、员工文档等，对企业来说，可以从不同的系统中接收不同的数据，这些数据有结构化数据、非结构化数据，还有半结构化数据，有文本、视频、音频、图形等多种数据格式，而且由于信息系统的不完备以及技术的限制等原因，这些异构数据也经常会出现重复、不一致、大量缺失、稀疏，甚至会出现相互矛盾的情况，因此，对于如此丰富的异构数据，如何将它们有效地集成起来进行有效利用，为用户形成数据驱动的洞察力和业务决策支持解决方案是大数据时代一个非常重要的挑战之一。

为了解决这个问题，很多供应商提供了各种各样的数据治理工具和数据集成工具，旨在能够通过利用计算机的高速处理能力为人类提供更有价值的深度分析，但对于如此丰富的异构数据，这些集成工具也显露出很大的弊端，只是在一定程度上解决了某一方面的问题，无法真正解决因数据异构性而带来的各种问题。

3. 数据分析实时性的挑战

在大数据背景下，要处理的数据集越大，分析所花费的时间将越长。而许多用户不仅希望能够存储生成的大数据并能够对这些存储的数据进行处理分析，还希望能够快速使用这些大数据分析结果来实现他们的目标，对数据分析的时效性要求也越来越高。例如，在进行信用卡交易时，如果怀疑该信用卡涉嫌欺诈，应该在交易完成之前作出判断，以防止非法交易的产生。这就需要我们事先对部分结果进行预计算，结合新数据进行少量的增量计算并迅速作出判断，显著减少生成报告所需的时间，以更好地实施数据驱动的文化和创新，加速部署新功能和服务，以及推出新产品和服务，使得企业更具竞争力，尽快响应市场的发展。

4. 大数据信息安全挑战

大数据时代，面对海量的数据收集、存储、管理、分析和共享，传统意义上的网络与信息安全面临新的问题，安全也已成为重中之重。这包含下列含义：第一，大量的数据汇集包含了大量的个人隐私，以及各种行为的细节记录，为了能够使人身安全得到保障，必须要保证这些数据的安全，不会被非法人员滥用。第二，大数据给数据保存和防止破坏、丢失、盗取带来了技术上的难题，传统的安全工具发挥的作用十分有限。第三，商业数据极具价值性，对黑客会产生更大的吸引力，这也给大数据安全提出了更高的要求。大数据本身呈现出来的特殊性也带来了更多的信息安全挑战，主要表现在以下几个方面：

（1）增加了信息泄露的风险。

大数据实际上是将社会大众日常所产生的电子信息进行了综合整理与存储，信息量已经从 TB 逐渐上升到 PB 或者 EB，其中包含了大量的用户个人隐私信息，如社交平台以及网购信息等，利用大数据技术将其收集、传输并储存，存放在终端以及服务器之间，但是在信息传输中往往会存在诸多网络问题，这就使得用户隐私泄露的风险增加。这些隐私有用户个人的行为隐私，也有企业单位的商业隐私，一旦被非法分子进行利用，势必会造成个人信息或企业关键信息被他人窃取或者破坏，产生信息泄露，将会对社会、企业、个人产生极大的影响，甚至会影响到社会安全，造成社会恐慌，引发一系列社会问题。

由于大量数据的汇集存储增加了信息泄露的风险，也使得类似于用户隐私泄露方面的事件时有发生。从支付宝年度账单事件、Facebook 用户数据泄露，大麦网 600 多万的用户账号密码被不法分子泄露并进行售卖，到携程大数据"杀熟"、华住酒店集团信息泄露案等，每一次都引发各界持续热议；另外，共享单车、网约车等也易引发信息泄露。因此，在大数据时代背景下，信息泄露的风险日益增加，很多非法分子也开始运用大数据分析技术开展犯罪的行为，而且其带来的损失是非常严重的，甚至会威胁到国家安全，需要进行严厉打击。为此，我国也开展了一系列活动，来保障用户的信息安全，如在 2015 年，我国铁路公安开展的"猎鹰－2015"行动，沉重打击了倒票活动，其中很多案件都是通过犯罪分子运用大数据分析技术，获得个人信息再购票，之后囤票，最后用高价进行售卖。①

（2）提高了网络攻击风险。

大数据信息承载量越来越多，导致其自身已经逐渐成为网络攻击的主要对象，特别是其中存储非常关键的信息时，如：涵盖个人隐私以及国家安全等信息，都很有可能成为网络攻击的主要对象。如：2015 年，携程网"安全门"事件，导致很多网络用户信息被泄露，究其原因，主要是因为此旅游服务平台在用户付款时出现监控程序以及数据调试，这样的程序可以详细记录用户支付的全过程，有些黑客借助平台存在的漏洞，对管理系统进行入侵，再获得有关的监控信息，得到用户整个支付过程的各方面情况，进而威胁用户的财产安全。同时，一些网络服务平台利用大数据技术对客户的信息进行有效处理，尽管这样可以显著提升服务水平，但是其数据安全问题日益突出，在包含大量客户信息的基础上，也引起很多非法分子的关注，只要进行攻击就可以获得丰富的信息，一些专门靠贩卖个人信息牟取暴利的专业机构和心怀叵测的网络工作者，他们利用数据技术方面存在的一些漏洞，通过使用木马程序、黑客攻击等手段来获取个人信息、隐私，使信息安全时刻都有可能受到威胁。

（3）大数据成为犯罪的主要工具。

大数据技术是一把"双刃剑"，在人类社会发展中能够促进社会发展，但如果使用不当、管理不严，也会对人类社会的发展产生不利的影响。大数据技术的出现，不仅方便了个人、企业、政府，但也为一些非法分子进行犯罪活动提供了"工具"及机会。在大数据环境下实施的犯罪活动，犯罪过程更加隐蔽，犯罪空间更加广阔、犯罪源头难以定位、犯罪对象更加复杂。

除此之外，基于大数据技术，黑客也可以发起僵尸网络攻击，而且对多数电脑进行同步操作，对网络产生攻击，与传统的网络黑客相比，大数据技术下的黑客形成的破坏性是相当大的。

5. 大数据隐私保护的挑战

在大数据环境下，数据隐私问题更为突出，有效地管理隐私既是一个技术问题，又是一个社会问题。为了实现大数据的潜在价值，这个问题必须从技术和社会两个角度加以解决。例如，基于位置的服务需要用户和服务提供

---

① 铁路之家 . "猎鹰"战役精确锁定倒票黄牛 ［EB/OL］.（2015 – 01 – 14）. http://news. tielu. cn/pinglun/2015 – 01 – 14/51127. html.

商分享其位置。这会造成明显的隐私问题，攻击者或基于位置的服务器可以从位置信息中推断出用户的身份。而隐藏一个用户的位置比隐藏身份更具有挑战性。

此外，在大数据环境中，真实数据不是静态的，而是越变越大，并且随着时间的变化而变化，需要重新考虑因信息共享而带来的安全性问题。大数据隐私保护不同于以往的信息安全问题，而是一种新的安全观。这种新的安全观需要在利用大数据时找到开放和保护的平衡点，既要能够深入挖掘其中给人类带来利益的智慧部分，又要充分保护隐私数据不被滥用，损害到个体的利益。

总之，在大数据时代网络安全既带来发展机遇，又面临严峻的挑战。必须要充分认识到信息安全的重要性，并进一步加强信息安全保障体系建设，确保与社会发展现状相符。同时我国需要将大数据技术的特点当作强大的技术保障，迅速找到信息安全中出现的问题，结合这些问题合理制定防范策略，尽可能将信息安全风险控制在最小范围内，这样不仅可以确保信息安全，而且可以减少信息安全风险的出现概率，以更好更快地实现对经济可持续发展提供的支撑。

1.2 Hadoop 概述

1.2.1 Hadoop 简介

Hadoop 是 Apache 软件基金会旗下的一个开源分布式计算平台，为用户提供了系统底层细节透明的分布式基础架构，用户在不了解分布式底层细节的情况下，就可以开发分布式程序，充分利用集群的威力进行高速运算和存储，这一结构实现了计算和存储的高度耦合，有利于面向数据的系统架构。Hadoop 是基于 Java 语言开发的，具有很好的跨平台特性，并且可以部署在廉价的计算机集群中，被公认为行业大数据标准开源软件，在分布式环境下提供了海量数据的处理能力，几乎所有主流厂商都围绕 Hadoop 提供开发工具、开源软件、商业化工具和技术服务，如谷歌、雅虎、微软、思科、淘宝等，都支持 Hadoop。

　　Hadoop 的核心是分布式文件系统 HDFS（Hadoop Distributed File System）和分布式并行编程框架 MapReduce。其中，HDFS 为海量数据提供存储能力，MapReduce 为海量数据提供计算能力。HDFS 具有高容错性特点，可以部署在低廉的计算机硬件上，还可以提供高吞吐量来访问应用程序的数据，适合有超大数据集的应用程序。HDFS 放宽了 POSIX 的要求，可以以流的形式访问文件系统中的数据。MapReduce 是一种并行编程模型，用于大规模数据集的并行运算，它可以使编程人员在不会分布式并行编程的情况下，也可以很容易将自己的程序运行在分布式系统上，完成海量数据集的计算，大幅度提高程序性能。①

1.2.2　Hadoop 的起源

　　Hadoop 项目的创建者道格·卡廷（Doug Cutting）解释 Hadoop 名字的由来："这个名字是我孩子给一个棕黄色的大象玩具命名的"，如图 1 - 3 所示。Hadoop 是卡廷（Apache Lucene 创始人）开发的使用广泛的文本搜索库，起源于一个开源的网络搜索引擎 Apache Nutch 项目，是 Apache Lucene 项目的一个子项目。

图 1 - 3　Hadoop 项目的标志

　　☆ 2002 年，Apache Nutch 项目开始于一个可以运行的网页爬取工具和搜索引擎系统，但开发人员很快就意识到，这个架构的扩展度不够，无法解

---

　　①　林子雨. 大数据技术原理与应用——概念、存储、处理、分析与应用（第 2 版）［M］. 北京：人民邮电出版社，2017. 01.

决数十亿网页的搜索问题。

☆ 2003 年，Google 发表的一篇描述 Google 分布式文件系统（Google File System，GFS）的论文为他们提供了及时的帮助，文中称 Google 正在使用此文件系统。GFS 或类似的架构，可以解决他们在网络抓取和索引过程中会产生超大文件的存储需求。特别关键的是，GFS 能够节省系统管理（如管理存储节点等）所花费的大量时间。

☆ 2004 年，他们开始开发一个开放源码的应用，即 Nutch 的分布式文件系统（NDFS），也就是 HDFS 的前身。同年，Google 又发表了介绍 MapReduce 的一篇论文，MapReduce 允许跨服务器集群，运行超大规模并行计算，卡廷意识到可以用 MapReduce 来解决 Lucence 的扩展问题。

☆ 2005 年初，Nutch 的开发者们在 Nutch 上增加了一个可运行的 MapReduce 系统，同年年中，Nutch 所有的主要算法均被移植到 MapReduce 和 NDFS 上来运行。

☆ Nutch 中的 NDFS 和 MapReduce 实现的应用远不只适用于搜索领域。2006 年 2 月，开发人员将 NDFS 和 MapReduce 从 Nutch 中转移出来成为一个独立的 Lucene 子项目，就是现在流行的开源云计算平台 Hadoop。与此同时，卡廷加入雅虎，雅虎提供专门的团队和资源将 Hadoop 发展成一个能够处理 Web 数据的系统，并由 Doug Cutting 领导 Hadoop 的开发。

☆ 2008 年 2 月，雅虎宣布其搜索引擎产品部署在一个拥有 1 万个内核的 Hadoop 集群上。

☆ 2008 年 4 月，Hadoop 打破世界纪录，成为对 1TB 的数据排序最快的系统，它采用一个由 910 个节点构成的集群进行运算，排序时间只用了 209 秒。

☆ 2009 年 5 月，Hadoop 更是把 1TB 数据排序时间缩短到 62 秒。从此，Hadoop 名声大振，迅速发展成为大数据时代最具影响力的开源分布式开发平台，并成为事实上的大数据处理标准。

☆ 2011 年 12 月，Hadoop 1.0.0 版本发布，标志着 Hadoop 已经初具生产规模。

☆ 2013 年 10 月，发布 Hadoop 2.2.0 版本，Hadoop 正式进入 2.x 时代。

☆ 2014 年，先后发布了 Hadoop 2.3.0、Hadoop 2.4.0、Hadoop 2.5.0 和 Hadoop 2.6.0。

☆ 2015 年，发布 2.7.0 版本（稳定版）。

☆2016 年，发布 Hadoop 3.0 – alpha 版本，预示着 Hadoop 进入 3.x 时代。

☆2017 年 12 月，Hadoop 3.0.0 GA 版本正式发布，这是 Hadoop 3 的第一个稳定版本，有很多重大的改进。

☆目前，Hadoop 最新版本更新到 Hadoop 3.2.2 版本。

1.2.3　Hadoop 版本及生态系统

Hadoop 的项目从诞生开始就不断丰富与发展，Apache Hadoop 版本已历经三代，从第一代 Hadoop 1.x、第二代 Hadoop 2.x，目前最新版本是第三代 Hadoop 3.x，并逐步形成一个丰富的 Hadoop 生态系统。

1. Hadoop 1.0 时代的生态系统

第一代 Hadoop 包含三个大版本，分别是 0.20.x，0.21.x 和 0.22.x，其中，0.20.x 最后演化成 1.0.x，变成了稳定版，而 0.21.x 和 0.22.x 则增加了 Name Node HA 等新的重大特性。Hadoop 1.0 即第一代 Hadoop，由分布式文件存储系统 HDFS 和分布式计算框架 MapReduce 组成，其中 HDFS 由一个 NameNode 和多个 DateNode 组成，MapReduce 由一个 JobTracker 和多个 Task-Tracker 组成，其生态系统结构如图 1–4 所示。

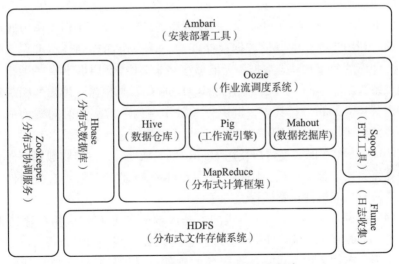

图 1–4　Hadoop 1.0 时代的生态系统

Hadoop 1.0 时代的生态系统包括 HDFS、MapReduce、HBase、ZooKeeper、Oozie、Pig、Hive、Sqoop、Flume、Mahout 等组件。

（1）HDFS 是一种分布式文件系统，是 Hadoop 的基础组件，可以将大量分布式数据存储到计算机的集群上，是 Hadoop 体系中数据存储管理的基础，是一个高度容错的系统，数据被一次性写入，但可多次读取，能检测和应对硬件故障，用于在低成本的通用硬件上运行。其他工具如 HBase 等的底层存储技术都是分布式存储技术 HDFS。

（2）MapReduce 是 Hadoop 的主要执行框架，它是一个用于数据处理的分布式并行编程模型。第一代 MapReduce 计算框架由两部分组成：编程模型（Programming Model）和运行时环境（Runtime Environment），其中，基本编程模型是将问题抽象成 Map 和 Reduce 两个阶段，Map 阶段将输入数据解析成 Key/Value，迭代调用 map（）函数处理后，再以 key/value 的形式输出到本地目录，而 Reduce 阶段则将 key 相同的 value 进行规约处理，并将最终结果写到 HDFS 上；而运行时环境由两类服务组成：JobTracker 和 TaskTracker，其中，JobTracker 负责资源管理和所有作业的控制，而 TaskTracker 负责接收来自 JobTracker 的命令并执行它。一个 MapReduce 作业的执行过程中使用 HDFS 存储的数据，并通过将处理过程移向数据的计算方式，以保证数据的快速访问与快速处理。

（3）HBase 是 Google Bigtable 的克隆版，HBase 使用 HDFS 作为底层数据存储，利用集群提供海量数据存储能力，是一个面向列、高可靠、高性能、可伸缩的分布式动态数据库，能够存储非结构化和半结构化的数据。与传统关系数据库不同，HBase 采用了 BigTable 的数据模型：增强的稀疏排序映射表（Key/Value），其中，键由行关键字、列关键字和时间戳构成，其底层存储构建技术就是 HDFS，能够对大规模数据进行快速读取和写入，同时，HBase 中保存的数据可以使用 MapReduce 来处理，它能将数据存储和并行计算完美地结合在一起。HBase 通过 ZooKeeper 监控与管理自身组件，以确保其所有功能组件正常运行。

（4）ZooKeeper 是一个分布式的、开放源码的分布式应用程序协调服务，是 Google 的 Chubby 的开源实现。它可以在大规模计算机集群上运行，是一个为分布式应用提供一致性服务的软件，提供的功能主要包括配置维护、域名服务、分布式同步、组服务等。ZooKeeper 的目标就是封装好复杂易出错的关键服务，将简单易用的接口和性能高效、功能稳定的系统提供给用户。ZooKeeper 为 Hadoop 提供了一个高可用性的操作管理服务，其他组件大都依赖它才能正常运行。

（5）Pig 是对 MapReduce 复杂性编程的抽象调用工具，用于分析较大的数据集，并将它们表示为数据流。Pig 通常与 Hadoop 一起使用，可以使用 Pig 在 Hadoop 中执行所有的数据处理操作，主要包含用于分析 Hadoop 数据集的执行环境和 Pig Latin（脚本语言）。要编写数据分析程序，程序员可以使用 Pig Latin 语言提供的各种操作符编写脚本，开发自己的用于读取、写入和处理数据的功能，所有这些脚本都在内部通过 Pig 的编译器翻译为 MapReduce 程序可执行的操作序列，即一系列 Map 任务和 Reduce 任务。因此，使用 Pig，可以让不太擅长编写 Java 程序的程序员来进行大数据分析处理。

（6）Hive 是一种基于 Hadoop 的数据仓库，由 Facebook 开源，最初用于解决海量结构化的日志数据统计问题。Hive 定义了一种类似于 SQL 的高级查询语言（HSQL），类似于 Pig，Hive 是一个抽象层，会将 SQL 转化为 MapReduce 作业在 Hadoop 上执行，能够让不熟悉 MapReduce 的开发人员通过较熟悉的 SQL 形式的查询语句，用于执行对存储在 Hadoop 中数据的查询。通常用于离线分析。

（7）Sqoop 是一款开源工具，主要用在 Hadoop、Hive 与传统数据库（Mysql、Oracle 等）间进行数据传递和迁移，可以将关系型数据库数据导入到 Hadoop 的 HDFS 中，也可以将数据从 HDFS 中导入关系型数据库中；Sqoop 工具可以利用数据库来描述导入/导出的数据模式，再使用 MapReduce 实现并行操作与容错。

（8）Flume 是知名大数据发行商 Cloudera 设计开发的一个开源的日志收集工具，具有分布式、高可靠、高容错、易于定制和扩展的特点。它将数据从产生、传输、处理并最终写入目标路径的过程抽象为数据流，在具体的数据流中，数据源支持在 Flume 中定制数据发送方，从而支持收集各种不同协议数据。同时，Flume 数据流提供对日志数据进行简单处理的能力，如过滤、格式转换等。此外，Flume 可以借助简单可扩展的数据模型，在日志系统中定制各类数据发送方，能够将来自多台机器上的大量日志数据高效地收集、聚合并移动到 Hadoop 中实现分布式存储。

（9）Mahout 是一个分布式机器学习与数据挖掘的程序库，提供了大量统计建模和机器学习模型（分类、聚类、回归、推荐引擎（协同过滤）、频繁集挖掘等）常见算法的 MapReduce 实现。除了算法，Mahout 还包含数据的输入/输出工具、与其他存储系统（如数据库、MongoDB 或 Cassandra）集成等数据挖掘支持架构。

（10）Ambari 是一个开源的大数据集群管理组件，可以用来部署、管理、监视、操作 Hadoop 集群，并为用户提供 WEB 可视化管理界面来简化 Hadoop 的安装和管理工作。

2. Hadoop 2.0 时代的生态系统

Hadoop2.0 主要包括 0.23.x 和 2.x 两个版本，它们与 Hadoop1.0 不同，是一套全新的架构实现。Hadoop 的 2.0 版本的模块主要包括：HDFS（Hadoop Distributed File System）、YARN（Yet another Resource Negotiator）和 MapReduce，其中 HDFS 是支持数据高吞吐量访问的分布式文件系统，YARN 是主要用于作业调度和集群资源管理框架，MapReduce 是基于 YARN 的大数据并行处理系统。Hadoop 2.x 版本后来又增加了 NameNode HA（High Availability，高可用性）和 Wire – compatibility（兼容性）两个重要的特性。Hadoop 0.23.x 版本包含了 HDFS 联邦（Federation）和 YARN 两个新组件。

Hadoop 2.0 针对 Hadoop 1.0 中的不足进行了三方面的改进：

（1）针对单 NameNode 对 HDFS 扩展性制约的问题，Hadoop 2.0 设计了 HDFS 联邦（Federation）机制，多个 NameNode 分管不同的目录进而实现访问隔离和横向扩展，彻底解决了 NameNode 单点故障的问题。

（2）针对 MapReduce 在扩展性和多框架支持的不足，Hadoop 2.0 将 JobTracker 中的资源管理和作业控制功能分开，引入了资源管理框架 YARN，包括负责所有应用程序的资源分配 Resource Manager 和负责管理一个应用程序的 Application Master 实现。

（3）YARN 是一个通用的资源管理模块，可为各类应用程序进行资源管理和调度，不仅限于 MapReduce，还支持 Tez、Spark、Storm 等计算框架。

如图 1 – 5 所示，Hadoop 2.0 架构最底层是分布式文件系统 HDFS。在分布式文件系统之上是资源管理与调度系统 YARN。YARN 相当于一个操作系统，基于 YARN 可以部署离线批处理计算框架 MapReduce、交互式分布式计算框架 Tez，内存计算框架 Spark，流式计算框架 Storm 等多种框架。上层可以运行 Hive、Pig 等。Hive 是一种类似于 sql 的分布式数据库，可以构建数据仓库。Pig 是一种流数据库语言。Oozie 可以方便地执行多个连续的分布式计算任务。HBase 是面向列存储的分布式数据库，其查询速度很快，可用于海量数据的存储。ZooKeeper 是分布式协调服务。Flume 可用来构建日志分析系统。Sqoop 用于将传统数据库中的数据导入 HDFS。

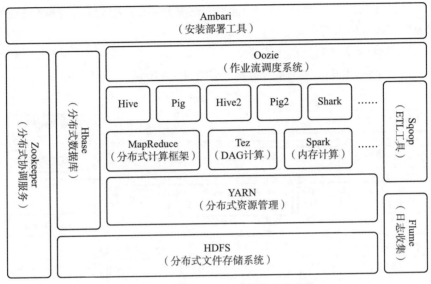

图 1-5　Hadoop 2.0 时代的生态系统

（1）MapReduce 2.0（MRv2）。

MRv2 具有与 MRv1 相同的编程模型，唯一不同的是运行时环境（Runtime Environment）。MRv2 是在 MRv1 基础上经加工之后，运行于资源管理框架 YARN 之上的 MRv1，它不再由 JobTracker 和 TaskTracker 组成，而是变为一个作业控制进程 Application Master，且 Application Master 仅负责一个作业的管理，至于资源的管理，则由 YARN 完成。因此，MRv1 是一个独立的离线计算框架，而 MRv2 则是运行于 YARN 之上的 MRv1。

（2）YARN。

YARN 是一种新的 Hadoop 资源管理器，它是一个通用资源管理系统，可为上层应用提供统一的资源管理和调度。它将资源管理和处理组件分开，它的引入为集群在利用率、资源统一管理和数据共享等方面带来了巨大好处。可以把它理解为大数据集群的操作系统。可以在上面运行各种计算框架（包括 MapReduce、Spark、Storm、MPI 等）。

（3）Oozie。

Oozie 是一个管理 Hadoop job 的可扩展工作流系统，它可以将多个 MapReduce 作业组合到一个逻辑工作单元中调度执行，通过大量复杂的基于外部事件触发执行大规模任务。目前，已经被 Hadoop 集成到自身软件栈中，成为生态系统的一部分。

3. Hadoop 3.0 时代的生态系统

在 Hadoop 3.0 的生态系统架构，如图 1 - 6 所示。

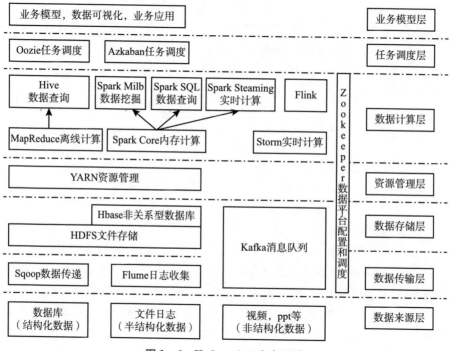

图 1 - 6　Hadoop 3.0 生态系统

（1）Spark。

Spark 是一个通用计算引擎，能对大规模数据进行快速分析，可用它来完成各种各样的运算，包括 SQL 查询、文本处理、机器学习等，而在 Spark 出现之前，我们一般需要学习各种各样的引擎来分别处理这些需求。

Spark 是一种基于内存的分布式计算框架，它不再依赖于 MapReduce，而是使用自己的数据处理框架。Spark 中的 Job 中间输出的结果可以保存在内存中，使用内存进行计算，不再需要频繁地读写 HDFS，因此，Spark 运行速度更快，能更好地适用于数据挖掘与机器学习等需要迭代的 MapReduce 的算法。Spark 本身就是一个生态系统，除了核心 API 之外，Spark 生态系统中还包括其他附加库，可以在大数据分析和机器学习领域提供更多的能力，如 Spark SQL，Spark Streaming，Spark MLlib，Spark GraphX，BlinkDB，Tachyon 等。

（2）Storm。

Storm 是 Twitter 开源的分布式实时大数据处理框架，最早开源于 github，从 0.9.1 版本之后，归于 Apache 社区，被业界称为实时版 Hadoop。Storm 可以对数据流做连续查询，在计算时就将结果以流动形式输出给用户，用于"连续计算"。它与 Spark Streaming 的最大区别在于，Storm 是逐个处理流式数据事件，而 Spark Streaming 是微批次处理，因此，它比 Spark Streaming 更实时。

（3）Impala。

Impala 是 Cloudera 公司主导开发的用于处理存储在 Hadoop 集群中大量数据的 MPP（大规模并行处理）SQL 查询引擎，它提供 SQL 语义，能查询存储在 Hadoop 中的 HDFS 和 HBase 中的 PB 级大数据。Hive 系统虽然也提供了 SQL 语义，但由于 Hive 底层执行使用的是 MapReduce 引擎，仍然是一个批处理过程，难以满足查询的交互性。

而 Impala 与 Hive 不同，它不基于 MapReducer 算法，它实现了一个基于守护进程的分布式结构，负责在同一台机器上运行的查询执行所有方面，执行效率高于 Hive，相比之下，Impala 的最大特点就是快速，而且 Impala 可与 Hive 结合使用，它可以直接使用 Hive 的元数据库 Metadata。

（4）Kafka。

Kafka 是一种高吞吐量的分布式发布/订阅的消息系统，类似于消息队列的功能，可以接收生产者（如 WebService、文件、HDFS、HBASE 等）的数据，本身可以缓存起来，然后可以发送给消费者（同上），起到缓冲和适配的作用。

（5）Hue。

Hue 是一个开源的 Apache Hadoop UI 系统，通过使用 Hue 可以在浏览器端的 Web 控制台上与 Hadoop 集群进行交互来分析处理数据，例如操作 HDFS 上的数据，运行 MapReduce Job 等。

（6）Flink。

Flink 是一种基于内存的分布式计算框架，用于实时计算场景较多。

1.3　Hadoop 关键技术

Hadoop 平台的核心主要包含三个组件：分布式文件系统 HDFS、分布式并行处理框架 MapReduce 和分布式资源管理框架 YARN，其中，HDFS 主要解决大数据分析中的存储问题；MapReduce 主要解决大数据分析中的数据处理问题；YARN 主要解决大数据分析中的资源监控问题。Hadoop 中所包含的三部分组件如图 1 - 7 所示。

图 1 - 7　**Hadoop** 的主要组成部分

（1）HDFS 将数据分成若干小块，并将其存储在集群环境中多台计算机上，实现大量数据的存储。然后，通过在多个主机上复制数据来保证数据的可靠性。

（2）MapReduce 框架将计算问题划分成若干个子任务，并将这些子任务分配给不同的计算机，这些计算机使用本地存储的数据执行处理程序。

（3）YARN 是一个用于改善集群调度和链接到高层应用的资源管理系统，能够确保不同组件之间可以密切协同地工作。

1.3.1　分布式文件系统

1. HDFS 体系结构

HDFS 源自 Google 公司 2003 年 10 月发表的关于 GFS（Google File System）的论文，HDFS 是 GFS 的开源版，是 Hadoop 中数据分布式存储管理的主要组件。HDFS 采用主从架构设计，在集群中的一台计算机是主节点（MasterNode），也称为名称节点（NameNode），其余的是从节点（Slave Node），也被称为数据节点（DataNode）。主节点管理集群中所有的无数据信息，从节点主要完成读/写请求服务。其体系结构如图 1−8 所示。

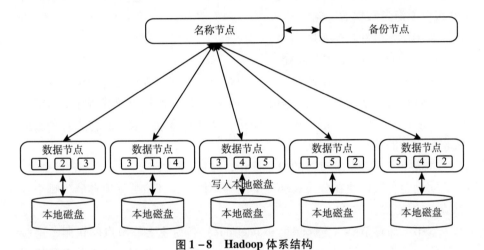

图 1−8　Hadoop 体系结构

资料来源：https：//technocents. files. wordpress. com/2014/04/hdfs − architecture. png（accessed on Aug 10，2018）.

HDFS 是一个用 Java 实现的基于软件的分层文件系统，它位于本地文件系统之上，数据存储在目录中。在进行分布式存储时，HDFS 是将每个文件切分成若干个数据块（每个数据块通常为 128 MB），而不是处理整个文件，这样就可以使用多台机器对文件块进行分布式处理。例如，对于 1GB 文件 file1，可以按照 128MB 为单位分为 8 个数据块来存储，可以存储在不同的机器上。块大小可以固定为 64MB、128MB、256MB 或 512MB，也可以随需要而定。

在 HDFS 中对每个数据块采用冗余复制原则，以确保节点发生故障时数据的高可用性。即在任何给定时间，每个数据块都要存储多个数据副本，存储副本的数量由复制因子设定，复制因子默认为 3。例如，如果将复制因子设置为 3，则每个存储块在分布式集群中都要存储 3 份，则分布式文件系统中 file1 要存储 24 个块。

另外，HDFS 提供了一个高容错的分布式文件存储系统，它可以在普通硬件上运行，不需要专门昂贵的硬件，可在低成本的通用硬件上运行，并且将数据切分、容错、负载均衡等功能透明化。简化了用户的操作。HDFS 简化了文件的一致性模型，被优化为一个有效的大文件处理系统，非常适合于一次写入多次读取应用程序的读写操作，通过流式数据访问，可以提供高吞吐量应用程序数据访问功能，适合带有大型数据集的应用程序，特别适合 PB 级以上海量数据的存储。

2. HDFS 组件功能及区别

（1）NameNode 的主要功能。

①所有文件读写请求的接口，客户端通过该接口进行文件的读写操作。

②管理文件系统的命名空间，还负责维护所有数据块及其所在存储节点的列表。命名空间负责维护集群中的所有文件和目录列表，它包含各种数据块相互关联的所有元数据信息。

③执行与文件系统有关的典型操作，如打开/关闭文件、重命名目录等。

④确定各数据块在分布式环境下的存储位置，即将数据块存储到哪个数据节点的信息。

⑤第二名称节点（Secondary NameNode）备份主名称节点的快照，这些快照称为检查点。第二名称节点每隔一个固定时间段获取主名称节点的快照信息，并将快照保存在目录中，当主名称节点发生故障时，用来替换主名称节点。

（2）DataNode 的主要功能。

①DataNode 是实际存储数据并处理来自客户端的读/写请求。

②DataNode 负责数据块的创建、复制和删除。这些操作命令来自 NameNode，并由 DataNode 执行。

（3）NameNode 与 DataNode 的主要区别。

①NameNode 包含文件系统中所有内容的元数据，如文件名、文件权限和每个文件的每个块的位置，因此，NameNode 是 HDFS 中最重要的组件。DataNode 依赖于 NameNode 来获得关于文件系统中内容的所有元数据信息，

并将数据块存储在 HDFS 中的物理节点上。如果 NameNode 没有任何信息，DataNode 将无法从任何想要读写的 HDFS 客户端上读/写数据。

②NameNode 和 DataNode 均可以在单台计算机上运行，HDFS 集群由运行 NameNode 进程的服务器和数千台运行 DataNode 进程的计算机组成。为了能够快速访问 NameNode 中存储的元数据信息，HDFS 将整个元数据结构加载入内存中进行存储；为了防止因 NameNode 故障而导致数据丢失的风险，HDFS 采用第二名称节点（Secondary NameNode）或备用名称节点（StandBy NameNode）来备份主 NameNode 的内存结构快照；为了防止因 DataNode 节点故障而导致数据节点中的数据丢失，HDFS 采用冗余复制机制，通过数据块的复制因子记录快速恢复故障节点中存储的数据块。

3. HDFS 分布式存储策略

与名称节点（NameNode）不同，数据节点（DataNode）一般存储容量较大，当某个数据节点发生故障时，HDFS 仍能够继续正常运行，其原因如下：当数据节点发生故障时，名称节点会自动停止向出现故障的数据节点复制数据，并确保建立这些数据的备份数量。由于名称节点中存储了所有数据块的位置信息，因此，连接到集群中的所有客户端都仍然能够正常访问到数据，不会受到影响。图 1-9 描述了名称节点文件块中的映射、块存储以及数据节点中副本的存储情况。

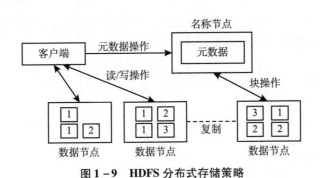

图 1-9　HDFS 分布式存储策略

假设要存储一个 350MB 的文件到 HDFS 中，步骤如图 1-10 所示。

（1）文件被分成大小相等的数据块（Block）。块大小是在集群构建过程中已经设定的，块大小通常为 64MB 或 128MB。因此，假设数据块大小为 128MB，则要存储的文件将被分成三个块（Block）：块 1，块 2 和块 3。

（2）按照复制因子复制每个数据块。假设复制因子为 3，那么总块数为
9，如，块 1 复制为：B1R1，B1R2，B1R3，如图 1 - 10 所示，其中，BnRn
表示块（Block）Bn 的复制块（Replicas）Rn。

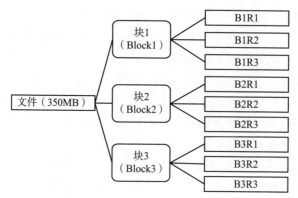

图 1 - 10　将一个 350MB 的文件存储到 HDFS 中的表示方式

（3）将第一个数据块的三份拷贝按照数据块放置政策分发到数据节点
并储存起来。其他块进行类似操作一起存储在数据节点上。数据节点中的数
据块存储情况如图 1 - 11 所示，名称节点按照块存储策略，将块存储在不同
数据节点中。另外，当节点 1 和节点 2 部署在 Rack1（机架 1）上，节点 3
和节点 4 部署在 Rack2（机架 2）上时，处在相同机架中的计算机访问速度
相比跨不同机架连接的计算机的速度更快。

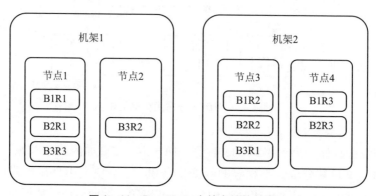

图 1 - 11　DataNode 中的存储块的表示

1.3.2　分布式计算框架

1. MapReduce 体系结构

MapReduce 是 Google MapReduce 开源版本。MapReduce 集群由一个负责分配任务的作业跟踪器（JobTracker）和多个负责执行任务的任务跟踪器（TaskTracker）构成。一个作业的进入如图 1 - 12 所示，当 MapReduce 执行时，它将任务分解为多个任务小块，再通过作业跟踪器将这些任务块分配给每个任务跟踪器执行。

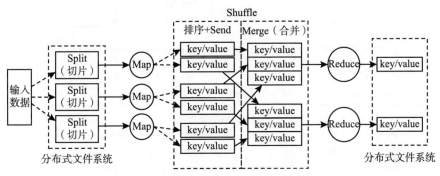

图 1 - 12　MapReduce 体系结构

MapReduce 组件的主要功能包括：

（1）作业跟踪器（JobTracker）：负责协调所有 MapReduce 任务、管理作业队列和调度、监控任务跟踪器，并使用检查点对失败进行修复。

（2）任务跟踪器（TaskTracker）：负责执行任务跟踪器分配的单个 map/reduce 任务，并将信息写入到本地磁盘中去（而非 HDFS）。

（3）作业（Job）：指在整个数据集上执行 Mapper 作业和 Reducer 作业的完整计算机程序。

（4）任务（task）：指一个驻留在本地计算机上的数据执行代码的单元。其中，一个作业是由多个任务组成的。

MapReduce 这种体系结构，非常适合在大规模分布式并行计算环境下进行数据分析应用。

2. MapReduce 计算模型

MapReduce 这种计算模型，将计算问题分为 Map 和 Reduce 两个独立的阶段来执行计算任务。在 Map 阶段，数据节点（DataNode）在各自本地计算机资源上运行与 Mapper 相关的代码。当所有的 Mapper 都运行完毕，MapReduce 就会对数据进行排序和 shuffle 操作，最后在 Reduce 阶段按照给定逻辑，运行组合（combine）或聚合（aggregate）操作来完成所需要的计算任务。计算结果被表示为键值对（key – value）的形式。用户通常必须实现两个接口，Map（in – key，in – value）、Reduce（out – key，medium – value）列表。MapReduce 程序的总体实现流程如图 1 – 13 所示。

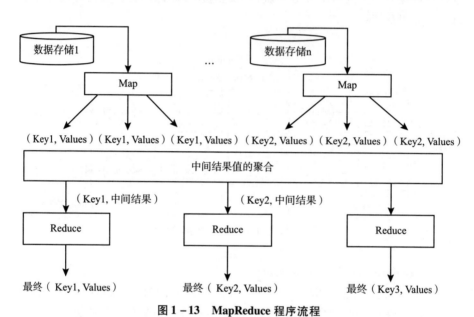

图 1 – 13　MapReduce 程序流程

资料来源：https：//www.slideshare.net/acmvnit/hadoop – map – reduce.

其中，Map 对数据集上的独立元素进行指定的操作，生成键 – 值对形式的中间结果。Reduce 则对中间结果中相同的"键"对应的所有"值"进行规约，得到最终结果。

Hadoop 大数据分布在数百/数千台机器上，要求在规定的时间内完成数据处理任务。为实现这一点，最好将程序分发到多台独立运行的机器上。这种分发在每台机器上都要执行相同的任务，但是需要使用不同的数据集，因此也被称为无共享架构，因为 MapReduce 是一种无共享的架构，即任务彼此之间不相互依赖，所以适合于并行计算。另外，MapReduce 程序可以使用

JAVA、Python、C 及其他编程语言来编写。

3. MapReduce 的相关特性

MapReduce 编程的特性主要包括：

（1）代码向数据靠拢。在 MapReduce 应用程序编程中，采用代码向数据移动，而不是将数据向代码移动的方式，以减少数据传输的开销。

（2）允许程序透明地伸缩——MapReduce 允许程序伸缩，计算以不存在数据过载的方式执行。

（3）易编程——允许开发人员只构建计算逻辑，由 MapReduce 计算框架处理其他事情。

MapReduce 这种组成使其具有良好的扩展性；高容错性；适合 PB 级以上海量数据的离线处理。另外，MapReduce 是一个可用于分析 HDFS 数据集的编程框架。除了负责执行用户编写的代码之外，MapReduce 还提供了一些重要的特性，如并行化和分发、监控和容错。MapReduce 是高度可扩展的，可以扩展到多 TB 的数据集应用。

1.3.3　分布式资源管理与调度

YARN 是 Hadoop 的集群资源管理系统，主要负责对多种数据类型的应用程序进行统一管理和资源调度，在 Hadoop 2.0 之前作为一个集成模块发布，之后它作为一个独立的组件为整个系统提供更好的资源管理服务。另外，YARN 可以创建 Spark、HBase、Hive 等高级应用程序与 HDFS 之间的链接，为多种计算框架在一个集群中运行合理的分配资源。

1. YARN 体系结构

YARN 自带多种用户调度器，具有良好的扩展性和可用性，其体系结构如图 1 - 14 所示。资源管理器（Resource Manager）主要负责监控集群中的资源和调度应用程序；节点管理器（Node Manager）主要负责监控节点上的CPU、内存、硬盘和网络资源，还负责日志数据的收集并向资源管理器反馈这些信息；应用程序主机（Application Master）主要负责将心跳信号发送给资源管理器，心跳信号包含每个数据节点的运行状态信息。

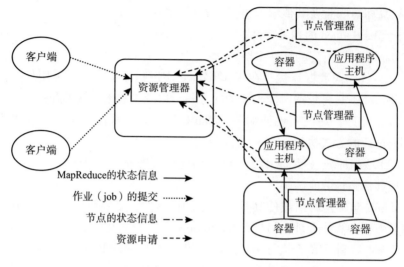

图 1-14 Apache Hadoop YARN 的体系结构

资料来源：https：//data-flair.training/blogs/hadoop-yarn-tutorial/.

当客户端运行应用程序时，YARN 向资源管理器发出请求信息，资源管理器为节点管理器分配一个容器，用于在可用节点上创建应用程序实例。当应用程序实际运行时，YARN 将消息发送给资源管理器并管理所创建的应用程序。

2. YARN 的容器

一个容器用于运行任务和单个节点上所分配的 CPU（核心）和内存情况，容器由资源管理器调度建立，运行中由节点管理器监督执行。一旦启动应用程序主机后资源管理器将与应用程序主机进行协商获得集群中的容器资源，所创建的容器一些被指定为 Mappers 容器，另一些被指定为 Reducers 容器。

YARN 使不同的应用程序在请求和执行容器上的任务时能够更好地共享集群资源。但随着集群规模的增长，资源利用的效率将会降低。为了解决这种问题，在 Hadoop 3. X 中引入了机会容器（Opportunistic Container）不像现有的 YARN 容器，需要获取资源后才可以被调度到相应节点，机会容器允许先调度到相应节点不会立即运行，但是会排队等待，直到可以获取到资源，也可以在 NodeManager 上将其分派执行。在这种情况下，这些机会容器将在 Node Manager 处排队，等待资源，等获得所需的资源就可以启动它，这样将提高集群的利用率。

1.4　Hadoop 的优势与不足

Hadoop 能够在大数据处理应用中得到广泛应用，得益于其自身在数据提取、变形和加载（ETL）方面的天然优势。Hadoop 的分布式架构，将大数据处理引擎尽可能地靠近存储，对像 ETL 这样的批处理操作相对合适，因为类似这样操作的批处理结果可以直接走向存储。Hadoop 的 MapReduce 功能实现了将单个任务打碎，并将碎片任务（Map）发送到多个节点上，然后再以单个数据集的形式加载（Reduce）到数据仓库里。

1.4.1　Hadoop 的优势

Hadoop 是一个能够对大量数据进行分布式处理的软件框架，并且是以一种可靠、高效、可伸缩的方式进行处理的，它具有以下几个方面的优点：

（1）高可靠性。Hadoop 能自动地维护数据的多份复制，并且在任务失败后能自动地重新部署计算任务，具有很强的容错性，性能可靠。它可能不依赖于设备来适应可访问性的非关键性故障，而是在应用层使用库本身识别并处理故障。

（2）高效性。可以通过普通机器组成的服务器集群来分发数据，Hadoop 可以在数据所在的节点上并行地处理它们，这使得处理非常地快速。这些服务器集群可达数千个节点。

（3）高可扩展性。Hadoop 是在可用的计算机集簇间分配数据并完成计算任务的，这些集簇可以方便地扩展到数以千计的节点中，能可靠地存储和处理千兆字节（PB）的数据，而且服务器可以方便地引入到组中或从组中排除，并且不受干扰。

（4）成本低。尽管编程高效，但程序将信息分散在 PC 上工作，因此 Hadoop 使用了以 CPU 为中心的基本分布式系统。与一体机、商用数据仓库以及 QlikView、Yonghong Z—Suite 等数据集市相比，Hadoop 是开源的，项目的软件成本大大降低。

（5）运行在 Linux 平台上，支持多种编程语言。Hadoop 带有用 Java 语言编写的框架，因此运行在 Linux 平台上是非常理想的。Hadoop 上的应用程序不仅支持 Java 语言，也可以使用其他多种语言编写，如 C ++ 。

1.4.2 Hadoop 的不足

Hadoop 在大数据管理方面具有独特的优势，但是其在数据管理领域仍然存在一些不足之处，大致如下：

（1） Hadoop 以及 MapReduce 所处的环境并非 SQL 环境。

（2）不善于处理小而多的文件。由于 NameNode 把文件的元数据存储在内存中，所以大量的小文件会产生大量的元数据。但是，只需将较小的文件合并为较大的文件即可解决此问题，以便 HDFS 可以轻松读取。也可以通过采用序列文件，即将文件名分配给键，文件内容分配为值来解决。

（3）不适合低延迟数据访问。由于 MapReduce 将工作分解成较小的部分非常耗时，HDFS 是为了处理大型数据集分析任务的，主要是为达到高的数据吞吐量而设计的，如果要处理一些用户要求时间比较短的低延迟应用请求，则 HDFS 不适合。

（4）不支持多用户写入及任意修改文件。在 HDFS 的一个文件中只有一个写入者，而且写操作只能在文件末尾完成，即只能执行追加操作，目前 HDFS 还不支持多个用户对同一文件的写操作，也不支持在文件任意位置进行修改操作。

（5）没有加密的概念。Hadoop 在保护数据方面比较落后。由于没有对数据进行加密，因此数据的安全防护能力较低。

（6）不能在内存中缓存数据。Hadoop 将数据直接存储在磁盘而不是内存中。它在执行处理性能上受到了影响，需要更高的性能时应使用 Spark 代替。

Hadoop 的缺陷最终导致 Apache Spark 和 Apache Flink 等新的开发框架的出现，它们可以提供不同编程语言的高级 api，如 Java、Python、Scala 和 R。

1.5 本章小结

本章首先介绍了大数据的基础知识，主要包括大数据的定义、发展历程、大数据的 5V 特征以及大数据时代面临的各种挑战；然后介绍了 Hadoop 的起源、发展进程中的各个版本及相应的生态系统架构；着重介绍了 Hadoop 的三种关键技术：HDFS、MapReduce 和 YARN；最后介绍了 Hadoop 的优势和不足。

本 章 习 题

一、填空题

1. Hadoop 的关键技术主要包括：（　　）、YARN 和（　　），其中，（　　）为海量数据提供了存储，（　　）为海量数据提供了分布式计算。

2. HDFS 采用（　　）架构设计，在集群中节点可以分为两类：（　　）和数据节点。

3. HBase 是一个建立在（　　）之上、面向（　　）的针对结构化数据的可伸缩、高可靠、高性能、分布式动态模式数据库。

4. 大数据的发展经历了（　　）、（　　）和大规模应用期三个阶段，每个阶段都有各自的特点。

5. 大数据的 5V 特征，主要包括（　　）、（　　）、（　　）、价值性（Value）和（　　）。

6. 在 Hadoop 1.0 中，HDFS 由一个（　　）和多个（　　）组成，MapReduce 由一个（　　）和多个（　　）组成。

7. 第一代 MapReduce 计算框架由两部分组成：编程模型和运行时环境，其中编程模型将问题抽象成（　　）阶段和（　　）阶段；而运行时环境由（　　）和（　　）两类服务组成。

8. Pig 是对 MapReduce 复杂性编程的抽象调用工具，通常用（　　）脚本语言进行编程实现，这些脚本通过 Pig 的编译器翻译为 MapReduce 程序可执行的操作序列。

9. Hive 是一种基于 Hadoop 的数据仓库，它定义了一种类似于（　　）的高级查询语言，会将查询语句转化为（　　）在 Hadoop 上执行，用于对存储在 Hadoop 中的数据进行查询。

10. Sqoop 是一种可以在 Hadoop、Hive 与传统数据库间进行数据

（　　）和迁移的开源工具。

11. Flume 是一种开源的能够对日志数据进行（　　）、（　　）和聚合的系统，它能够将来自多台机器上的大量日志数据高效的收集、聚合并移动到 Hadoop 中实现分布式存储。

12. Yarn 是一种通用资源管理系统，开源为上层应用提供统一的（　　）和调度，可以在上面运行各种计算框架，包括（　　）、（　　）、Storm、MPI 等。

13. Spark 是一种基于（　　）的分布式计算框架，不再依赖于 MapReduce，而是使用自己的数据处理框架，Spark 中的 Job 中间输出的结果可以保存在（　　）中，不需要频繁的读写 HDFS。

14. Spark 生态系统可以包含 Spark Core、Spark SQL、（　　）、（　　）以及 Spark GraphX 等。

15. Kafka 是一种高吞吐量的分布式发布/订阅的（　　）系统，可以接收（　　）的数据，本身可以缓存起来，然后可以发送给（　　），起到缓冲和适配的作用。

16. 在 HDFS 中存储文件时，会将文件切分成若干个数据块，在 Hadoop 2.2 以后的版本中，数据块的大小通常是（　　）MB。

17. 在 HDFS 中，对每个数据块采用（　　）原则，以确保节点发生故障时数据的（　　）。在 HDFS 中，每个数据块都要存储多个数据副本，存储副本的数量由复制因子设定，默认的复制因子为（　　）个。

18. 在 MapReduce 体系结构中，MapReduce 集群由一个负责分配任务的（　　）和多个负责执行任务的（　　）构成。

19. 在 YARN 的体系结构中，主要包括（　　）、（　　）、应用程序主机和容器等组件。

20. YARN 是 Hadoop 的集群资源管理系统，主要负责（　　）。

二、简答题

1. 简述数据产生方式经历的各个阶段的特点。

2. 简述 Hadoop 中的 Zookeeper 组件的作用。

3. 简述 Hadoop 1.0 和 Hadoop 2.0 的区别。

4. 简述大数据时代的挑战和机遇。

5. 简述 NameNode 的功能。

6. 简述 DataNode 的功能。

7. 简述 MapReduce 体系结构。

8. 简述 YARN 的体系结构。

本章主要参考文献：

［1］维克托·迈尔舍恩伯格，肯尼斯·库克耶. 大数据时代：生活、工作与思维的大变革［M］. 盛杨燕，周涛，译. 杭州：浙江人民出版社，2012.

［2］林子雨. 大数据技术原理与应用——概念、存储、处理、分析与应用（第 2 版）［M］. 北京：人民邮电出版社，2017.

［3］马海祥. 详解大数据的 4 个基本特征［EB/OL］.（2014 - 09 - 12）http：//www. mahaixiang. cn/sjfx/803. html.

［4］陶雪娇，胡晓峰，等. 大数据研究综述［J］. 系统仿真学报，2013，8（25）：142 - 146.

［5］张引，陈敏，等. 大数据应用的现状及展望［J］. 计算机研究与发展，2013，50（S2）：216 - 233.

［6］犀牛云. 企业如何致胜数字化转型的四大挑战［EB/OL］.（2020 - 08 - 03）https：//cto. xiniu. com/news/details. html？id = 420.

［7］云上贵州系统平台官网. 大数据的发展背景和研究意义［EB/OL］.（2022 - 06 - 17）http：//xjdkctz. com/xiezuo/gongwen/744067. html.

［8］铁路之家.“猎鹰”战役精确锁定倒票黄牛［EB/OL］.（2015 - 01 - 14）http：//news. tielu. cn/pinglun/2015 - 01 - 14/51127. html

［9］严霄凤，张德馨. 大数据研究［J］. 计算机技术与发展，2013，4（4）：168 - 172.

［10］徐宗本，陈国青，等. 大数据驱动的管理与决策前沿课题［J］. 管理世界，2014（11）：158 - 163.

［11］王世伟. 论大数据时代信息安全的新特点与新要求［J］. 图书情报工作，2016，3（6）：5 - 14.

［12］范渊. 大数据安全与隐私保护态势［J］. 中兴通讯技术，2016，4（2）：53 - 56.

［13］刘雅辉，张铁赢. 大数据时代的个人隐私保护［J］. 计算机研究与发展，2015，52（01）：229 - 247.

［14］王元卓，靳小龙等. 网络大数据：现状与展望［J］. 计算机学报，

2013，6（6）：1125－1138.

［15］匡文波，黄琦翔. 大数据热的冷思考［J］. 国际新闻界，2016，08（8）：134－148.

［16］方巍，郑玉，徐江. 大数据：概念、技术及应用研究综述［J］. 南京信息工程大学学报（自然科学版），2014，5：405－419.

［17］王秀磊，刘鹏. 大数据关键技术［J］. 中兴通讯技术，2013，4：17－21.

［18］程学旗，靳小龙，杨婧，等. 大数据技术进展与发展趋势［J］. 科技导报，2016，14：49－59.

［19］孙大为，张广艳，郑纬民. 大数据流式计算：关键技术及系统实例［J］. 软件学报，2014，4：839－862.

［20］刘琼. 专家解读大数据时代的美国经验与启示［EB/OL］.（2014－08－25）. http：//theory. people. com. cn/n/2013/0521/c112851－21551972. html（LIU Qiong. Expert interpretation：American experience and enlightenment for Big Data era［EB/OL］.［2014－08－25］. People's Daily Online：People's Tribune，http：// eory. people. com. cn/n/2013/0521/c112851－21551972. html.）

［21］中国人民大学经济学论坛. 大数据应用与案例分析［EB/OL］.（2014－08－25）. http：//bbs. pinggu. org/. Economics Forum of Renmin University of China. bigdata Application and analysis of Big Data［EB/OL］.（2014－08－25）. http：//bbs. pinggu. org/bigdata.

［22］Goodhope K，Koshy J，Kreps J，et al. Building linkedIn's real－time activity datapipeline［J］. IEEE Data Engineering Bulletin，2012，35（2）：33－45.

［23］Neumeyer L，Robbins B，Nair A，et al. S4：Distributed stream computing platform. Proceedings of the IEEE international Conference on Data Mining Workshops（ICDMW'10），Dec 14－17，2010，Sydney，Australia. Los Alamitos，CA，USA：IEEE Computer Society，2010：170－177.

［24］Douglas，Laney. The Importance of "Big Data"：A Definition［EB/OL］.（2012－06－21）http：//www. gartner. com/resid＝2057415.

［25］刘超的通俗云计算［EB/OL］.（2018－03－04）. https：//www. cnblogs. com/popsuper1982/p/8505203. html.

我们要坚持对马克思主义的坚定信仰、对中国特色社会主义的坚定信念，坚定道路自信、理论自信、制度自信、文化自信，以更加积极的历史担当和创造精神为发展马克思主义作出新的贡献，既不能刻舟求剑、封闭僵化，也不能照抄照搬、食洋不化。

——引自二十大报告

第 2 章

Hadoop 大数据分布式环境

本章学习目的

- 了解 Linux 发展史和 Linux 体系结构。
- 掌握 Linux 图形界面和命令行界面。
- 掌握大数据环境中常用的 Linux 命令。
- 熟悉 Hadoop 系统部署的三种方式（本地部署、伪分布式部署、完全分布式部署）。
- 掌握 Hadoop 3. x 环境搭建的主要步骤。

2.1 大数据 Linux 基础

2.1.1 Linux 的发展史[①]

Linux，全称 GNU/Linux，是一套免费使用和自由传播的类 Unix 操作系

---

① 张金石. Ubuntu Linux 操作系统（第二版）［M］. 北京：人民邮电出版社，2016，08.

统，是一个基于 POSIX（Portable Operating System Interface，可移植操作系统接口）标准和 Unix 的多用户、多任务、支持多线程和多 CPU 的操作系统。Linux 继承了 Unix 系统的特性，不仅功能强大，性能稳定，而且是开源软件，可以自由免费试用。随着 Internet 的不断发展，Linux 在桌面应用、服务器平台、高性能集群计算、嵌入式应用等领域都得到了很好的发展，已经形成了自身的产业环境，包括芯片制造商、硬件厂商、软件提供商等，市场份额也不断增加。Linux 操作系统有五个重要支柱：Unix 操作系统、GNU 计划、POSIX 标准、MINIX 系统和 Internet 网络。

1. Unix 操作系统

Unix 操作系统是一个强大的多用户、多任务操作系统，能够支持多种处理器架构，属于分时操作系统。1969 年，肯·汤普逊（Ken Thompson）、丹尼斯·里奇（Dennis Ritchie）、道格拉斯·麦克罗伊（Douglas McIlroy）以及乔伊·欧桑纳在美国电话电报公司 AT&T（American Telephone & Telegraph）贝尔实验室开发了 Unix 的原型系统，并于 1971 年首次发布，最初是完全用汇编语言编写的。随后，丹尼斯·里奇使用 C 语言将内核和 I/O 以外的内容进行了重新编写和编译，提升了系统的兼容性，以能够运行在各种计算机上，甚至是大型、巨型计算机上。目前，Unix 的商标权由国际开放标准组织所有，但当前 Unix 版本大多要与硬件相配套，典型代表包括 HP–UX、IBM AIX 等。

2. GNU 计划

GNU 是 "GNU's Not UNIX" 的递归缩写。GNU 计划是由自由软件之父理查德·斯托曼（Richard Stallman）于 1983 年 9 月 27 日公开发起的自由软件集体协作计划，其目标是创建一套完全自由的操作系统 GNU 和一个基于自由软件的软件体系。为保证 GNU 软件可以自由的 "使用、复制、修改和发布"，1985 年，理查德·斯托曼发起并创办了自由软件基金会，并于 1989 年撰写了通用公共许可证 GPL（General Public License），规定所有 GNU 软件都包含一份在禁止其他人添加任何限制的情况下，授权所有权利给任何人的协议条款。任何软件得到 GPL 的授权后，即成为自由的软件。自由软件协定主旨是任何人均可下载获得自由软件及其源代码，也可根据需要修改自由软件的源代码，但是应该把修改后的源代码上传回报给网络社会，供其他人参考使用。GPL 极大地推动了软件的共享与合作，包括 Linux 在内的大量软件都是在 GPL 的推动下开发和发布的。

3．POSIX 标准

POSIX 表示可移植操作系统接口（Portable Operating System Interface），是一个非常庞大的标准族，定义了操作系统应该为应用程序提供的接口标准。该标准基于现有的 Unix 实践和经验，描述操作系统的调用服务接口，用于保证编写的应用程序在源代码一级上可以移植到多种操作系统上运行。

电气和电子工程师协会（Institute of Electrical and Electronics Engineers，IEEE）最初开发 POSIX 标准，是为了提高 Unix 环境中应用程序的可移植性，但 POSIX 并不局限于 Unix，许多其他的操作系统（如 DEC OpenVMS 和 Microsoft Windows NT），也都支持 POSIX 标准，例如提供了源代码级别的 C 语言应用编程接口（API）的 POSIX 1.0 已经被国际标准化组织接受。

Linux 刚起步时，IEEE POSIX 标准为 Linux 提供了极为重要的信息，使得 Linux 能够在标准的指导下进行开发，并能够与绝大多数 Unix 操作系统兼容。

4．Minix 系统

Minix 是一种采用微内核（Micro – Kernel）架构的轻量级类 Unix 操作系统，由安德鲁·斯图尔特·塔能鲍姆（Andrew S. Tanenbaum）为计算机专业教学而设计研发。因为 AT&T 在 Unix 第七版发布的新使用条款中将 Unix 源代码私有化，这意味着在大学教学中不能再继续使用 Unix 源代码。塔能鲍姆教授为避免大学授课中的版权争议，决定在不再使用 AT&T 的源码，自行开发与 Unix 兼容的操作系统。

Minix 是小型 Unix（mini – Unix）之意，但是没有抄袭 Unix 的任何代码，并对从事大学教学和研究工作的学者免费开放使用。与此同时，由于 Minix 没有商业发行的打算，尽管存在一些漏洞，但是保持了其最原始的风范，被大量下载学习。其中最著名的学生用户就是林纳斯·托瓦兹（Linus Torvalds）。

5．Linux 系统

Linux 是一种自由、开放源代码的类 Unix 操作系统，它的名字来源于一只叫 Tux 的企鹅，该操作系统的内核在 1991 年由托瓦兹首次发布。在他的带领下，众多开发者共同参与开发和维护 Linux 内核，其中理查德·斯托曼领导的自由软件基金会就提供大量支持 Linux 内核的 GNU 组件。与此同时，一些个人和企业开发的第三方非 GNU 组件也提供了对 Linux 内核的支持，包括有内核模块、用户应用程序和库等内容。Linux 社区或企业也都推出了一些重要的 Linux 发行版本，它是由一些组织、团体、公司或者个人制作并发行的版本，包括 Linux 内核和支撑内核的实用程序和库、一套安装工具，还有各种 GNU 软件和其他的一些自由软件。常见的 Linux 发行版本包括：Debian（及其派生版本 Ubuntu、Linux Mint）、Fedora（及其相关版本 Red Hat Enterprise Linux、CentOS）和 openSUSE 等。发行版 Linux 内核版本一般包括稳定版和开发版，其中稳定版具有工业级强度，而开发版主要以试验各种解决方案为目的，所以更新变化速度很快。

虽然，Linux 严格来说指操作系统的内核，但对于个人计算机使用的 Linux 发行版，通常指的是包含 X Window 和一个相应的桌面环境，如 GNOME 或 KDE 是一个完整的 Linux 桌面操作系统。由于 Linux 是自由软件，任何人都可以根据自己的需要，创建所需求的 Linux 发行版，所以 Linux 发行版非常丰富。目前，Linux 已经被用到许多计算机硬件平台上，包括大型主机和超级计算机之上。Linux 在嵌入式系统上也有广泛的应用，如手机、平板电脑、路由器、电视和游戏机等。当前在移动设备上常用的 Android 操作系统也是基于 Linux 内核研发的。

2.1.2 Linux 主要特点

Linux 操作系统的特点主要包括：

1. 完全免费

Linux 用户可以通过网络或其他途径免费获得并任意修改其源，是一款完全免费的操作系统。正因如此，无数来自全世界的程序员参与了 Linux 的修改与编写工作，程序员可以根据自己的所需及兴趣对其进行系统个性化定制，这让 Linux 用户和应用范围不断扩大。

2. 完全兼容 POSIX 1.0 标准

Linux 与 POSIX 1.0 标准完全兼容，使得它和其他类型的 Linux 系统之间可以很方便地相互移植平台上的应用软件。因此可以通过相应的模拟器在 Linux 下运行 DOS、Windows 的程序，这使得 Windows 用户转为 Linux 用户变得更容易。

3. 多用户、多任务

Linux 是一种支持多用户、多任务的操作系统。多用户是指各用户对于自己的文件和设备拥有独立的权限，各用户之间互不影响。多任务则是指多个 Linux 应用程序可以同时独立地执行，互不干扰。

4. 良好的人机界面

在 Linux 操作系统中可以同时使用两种方式进行人机交互，包括命令行操作界面和图形操作界面。用户可以通过 Linux 的命令行界面通过输入命令来进行操作。同时，也提供了类似 Windows 的图形用户界面 X – Window 系统，它可以为用户提供一种具有多种窗口管理功能的对象集成环境，用户可以使用鼠标在视窗下进行操作。

5. 多种平台支持

Linux 可以运行在多个处理器硬件平台上。此外，Linux 也是一种嵌入式操作系统，可运行在手机、掌上电脑、机顶盒等设备上。同时，新版 Linux 也支持 Intel 64 位多处理器技术，多个处理器并行工作，能够提升系统的性能。

2.1.3　Linux 体系结构

内核是 Linux 操作系统的主要部分，它可实现进程管理、内存管理、文件系统、设备驱动和网络系统等功能。Linux 操作系统由于采用单内核模式，内核代码紧凑，执行速度快，可以为核外的所有程序提供运行环境。

如图 2 - 1 所示，Linux 采用 4 层设计，从上到下包括：用户应用程序层、操作系统服务、Linux 内核、硬件系统。各层只能与相邻层进行通信，靠上的层依赖靠下的层，反之却不存在依赖。

图 2 –1　Linux 的分层结构

系统的各分层功能如下：

1. 用户应用程序层

系统最顶层是在 Linux 系统上运行的应用程序的集合，常用的用户应用程序有文字处理、多媒体以及网络应用程序等。

2. 操作系统服务层

该层位于用户应用程序与系统内核层之间，为用户提供服务，并且执行操作系统的部分功能，为应用程序提供系统内核调用的接口。X – Window

系统、Shell 命令解释系统、内核编程接口等都属于操作系统服务的子系统，因此，这一部分也被称为系统程序。

3. Linux 内核层

Linux 内核实现了对硬件资源的抽象和访问调度，为上层调用提供了一个统一的虚拟机器接口，是整个操作系统的核心。内核的存在屏蔽了程序运行时所使用的各种类型的计算机物理硬件以及临界资源问题。在内核之上运行的程序一般分为系统程序和用户程序两类，他们都运行在用户模式之下，必须通过系统调用才能进入内核中调度运行。

4. 硬件系统层

硬件系统处于 Linux 系统的最底层，包括所使用的物理设备，如 CPU、内存、硬盘以及网络存储设备等。

如图 2 - 2 所示，Linux 操作系统的体系架构由用户态和内核态（或者用户空间和内核）组成。内核是一种控制计算机硬件资源的软件，为上层应用程序提供运行环境。用户态是指图中的应用程序，其执行必须依托内核所提供的资源，如 CPU 资源、存储资源、I/O 资源等。内核为上层应用提供访问应用程序的系统调用接口，而公用函数库中的库函数能够实现对系统调用的封装，将简单的业务逻辑接口呈现给用户，方便用户调用，借助于库函数，可以简化程序员复杂的任务细节。常见的库函数标准有不同的实现版本，如 ISO C 标准库、POSIX 标准库等。

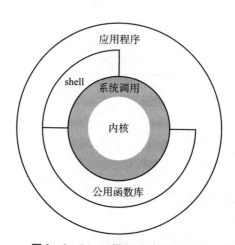

图 2 - 2　Linux 操作系统体系架构

　　Shell 是一个基于命令行的应用程序，其本质上是一个命令解释器，向下可以进行系统调用，向上能够操作各种应用程序，起着"胶水"的作用，从而增强各个程序的功能。同时，Shell 可以执行符合 Shell 语法的脚本，通过编程可以实现一个非常大的功能。一般情况下，一个 Shell 对应一个终端，呈现给用户一个图形化窗口，可通过这个窗口输入、输出文本消息，该文本信息直接传递给 Shell 进行分析解释和执行。

2.1.4　Linux 图形界面与命令行界面

1. Linux 图形界面

　　（1）X‑Window。

　　X‑Window 系统是一种软件视窗系统，源自 1984 年麻省理工学院的研究成果，X‑Window 系统并不是一个软件，而是一个协议（protocal）。再之后变成 Unix、类 Unix，以及 OpenVMS 等操作系统适用的标准化软件工具包及显示架构的运作协议。X‑Window 系统通过软件工具及架构协议来建立操作系统所用的图形用户界面，后逐渐扩展到各类其他操作系统上，目前几乎对所有的操作系统都能支持。常见的 GNOME 和 KDE 也都是基于 X‑Window 系统构建的。

　　X‑Window 系统由服务端（Server）、客户端（Client）和通讯通道 3 个相关的基本部件组合而来。X‑Window 向用户提供基本的窗口功能支持，而显示窗口的内容、模式等可由用户自行定制，可以定制的窗口环境给用户带来了个性化与灵活性。

　　（2）GNOME。

　　GNOME（GNU Network Object Model Environment）是 GNU 网络对象模型环境的缩写，也是 Linux 操作系统发行版中应用最广的图形桌面系统之一。许多 Linux 发行版都将 GNOME 作为默认桌面系统环境，如 Debian、Fedora 等。GNOME 是 GNU 计划组成部分，是源代码完全开放的自由软件。

　　GNOME 的设计易于使用、对新手非常友好，可以通过图形界面进行选项设置及界面的定制。GNOME 的桌面应用非常多，包括 Nautilus 文件管理器、totem 视频播放器、rhythmbox 音乐播放器、图形处理软件 GIMP、gedit 文本编辑器，还包括邮件客户端 evolution 等。总体来说，GNOME 具有自由性、设定模式简单、多语言支持的典型特征。

（3）KDE。

KDE（K Desktop Environment）是另外一款十分流行的 Linux 桌面系统，也是公认与 Windows 界面最为相近的 Linux 桌面系统。它上面的界面布局、开始菜单、主题风格与 Windows 十分相似，对习惯于 Windows 的用户来说，非常有亲和力。KDE 是一个网络透明的自由图形桌面环境，支持 Linux、FreeBSD、Unix、其他类 Unix、Mac OS X 以及微软的 Windows，面板上的主要组件包括：系统主菜单、显示桌面按钮、输入法图标、系统声音、网络连接状态、时钟、状态和通知、任务条等。KDE 桌面系统的主要特点是：网络存取透明、用户环境配置图形化、支持鼠标的拖放（Drag – and – Drop）等。

（4）Unity。

Unity 是 Canonical 公司基于 GNOME 桌面环境为 Ubuntu 操作系统开发的用户界面。最初出现在 Ubuntu Netbook 10.10 中，其利用了来自 GNOME 3 中的一些关键组件，但 Unity 并没有使用来自 GNOME Shell 的任何代码，而是被设计成更高效地使用屏幕空间，但消耗的系统资源却更少。

Unity 桌面环境是 Ubuntu 自家开发的桌面环境。Ubuntu 原来使用的是 GNOME 桌面环境，从 2011 年 4 月的 Ubuntu 11.04 起，Ubuntu 开始使用 Unity 作为默认的用户界面，放弃了全新的 GNOME Shell。Unity 改变了传统的 GNOME 面板配置，顶面板由应用程序 Indicator、窗口 Indicator，以及活动窗口的菜单栏组成。同时 Unity 环境利用了来自 GNOME 3 中的一些关键组件。

2. Linux 命令行界面

与 Unix 操作系统相同，Linux 提供了大量的命令。命令行是为具有操作系统使用经验、熟悉所用命令和系统结构的人员设计的，功能强大、使用方便的命令行是 Linux 系统的显著特征。支持命令行的系统程序是命令解释程序，主要功能是接收用户输入的命令，然后予以解释并执行。在 Linux 系统中，通常将命令解释程序称为 shell。用户在提示符后输入命令，由 shell 予以解释执行，这是 Linux 与用户的交互界面。各种 Linux 环境下都安装了多种 shell，这些 shell 由不同的人编写，最常见的是 Bourne shell（sh）、C shell（csh）、Bourne Again Shell（bash）和 Korn shell（ksh）。

在 Linux 环境下，利用命令可以有效地完成大量的工作，如文件操作、目录操作、进程管理、文件权限设定、软盘使用等。所以，在 Linux 上工作，离不开系统提供的命令。用户从系统的联机帮助和用户手册中可以找到这些命令的功能、格式和用法等重要信息。

系统命令是与 Linux 操作系统进行交互的最直接方式。bash 提供了几百条系统命令，虽然这些命令的功能不同，但它们的使用方式和规则都是统一的。Linux 系统提供的命令需要在 shell 环境下运行，因此要从图形界面进入 shell 界面，即命令行界面。

2.1.5　大数据环境中常用的 Linux 命令

1. 文件管理命令

（1）复制文件命令 cp，cp 命令用来将一个或多个源文件或目录复制到指定的目标文件或目录中。它可以将单个源文件复制成一个指定文件名的具体文件或一个已经存在的目录下。cp 命令还支持同时复制多个文件，当一次复制多个文件时，目标文件参数必须是一个已经存在的目录，否则将出现错误。

命令格式:cp［选项］源文件/目录 目标文件/目录

　　　　　cp［选项］源文件 1 源文件 2 源文件 3　目标目录

参数：

源文件/目录：指定源文件/目录列表。默认情况下，cp 命令不能复制目录，如果要复制目录，则必须使用 – R 选项。

目标文件/目录：指定目标文件/目录。当"源文件"为多个文件 A 时（用空格隔开），要求"目标文件"为指定的目录。

［选项］部分常用的参数如表 2 – 1 所示。

表 2 – 1　　　　　　　　　　　　复制文件命令 cp 的参数

参数	说明
– a	此选项通常在复制目录时使用，它保留链接、文件属性，并复制目录下的所有内容。其作用等同于同时指定" – dpR"参数组合
– d	当复制符号连接时，把目标文件或目录也建立为符号连接，并指向与源文件或目录连接的原始文件或目录。这里的链接相当于 Windows 系统的快捷方式

续表

参数	说明
– f	强行复制文件或目录，不论目标文件或目录是否已存在，覆盖已经存在的目标文件而不给出提示
– i	与 – f 选项相反，在覆盖目标文件之前给出提示，要求用户确认是否覆盖，回答 "y" 时目标文件将被覆盖
– p	保留源文件或目录的属性；除复制文件的内容外，还把修改时间和访问权限也复制到新文件中
– r/R	递归处理，若给出的源文件是一个目录文件，此时将复制该目录下所有的子目录和文件
– l	不复制文件，只是对源文件建立硬连接，生成链接文件
– s	对源文件建立符号连接，而非复制文件
– u	使用这项参数后只会在源文件的更改时间较目标文件更新时或是名称相互对应的目标文件并不存在时，才复制文件
– S	在备份文件时，用指定的后缀 "SUFFIX" 代替文件的默认后缀
– b	覆盖已存在的文件目标前将目标文件备份
– v	详细显示命令执行的操作

实例：

1）将当前目录下的 hello. txt 文件复制到 cpdir 目录下。

cp hello. txt cpdir

所有目标文件指定的目录必须是已经存在的，cp 命令不能创建目录。如果没有文件复制的权限，则系统会显示出错信息。

2）将文件 file 复制到目录/usr/men/tmp 下，并改名为 file1。

cp file /usr/men/tmp/file1

3）将目录/usr/men 下的所有文件及其子目录复制到目录/usr/zh 中。

cp – r /usr/men /usr/zh

4）交互式地将目录/usr/men 中以 m 开头的所有 . c 文件复制到目录/usr/zh 中。

cp - i /usr/men/m * . c /usr/zh

（2）查看文件目录命令 ls，ls 命令是 linux 中最常用的命令之一，主要用来列出指定目录下的文件，ls 命令的输出信息可以进行彩色加亮显示，以分区不同类型的文件。

命令格式：ls［选项］［目录或文件名］

参数：

目录：指定要显示列表的目录，也可以是具体的文件。

常用的选项参数如表 2 - 2 所示。

表 2 - 2　　　　　　　　　　查看文件目录命令 ls 的参数

参数	说明
- a	显示所有文件及目录，包括以"."开头的隐含文件（ls 内定将文件名或目录名称开头为"."的视为隐藏档，默认不会列出）
- d	仅显示目录名，而不显示目录下的内容列表。显示符号链接文件本身，而不显示其所指向的目录列表
- l	除文件名称外，也将文件形态、权限、拥有者、文件大小等详细信息列出
- r	将文件以相反次序显示（默认按照英文字母次序）
- t	将文件根据建立时间的先后次序列出
- A	同 - a，但不列出"."（目前目录）及".."（父目录）中的文件
- F	在列出的文件名称后加一符号；例如可执行档则加" * "，目录则加"/"
- R	将目录下所有的子目录的文件都列出来，相当于编程中的"递归"实现

例如：

1）列出/home/example 文件夹下的所有文件和目录的详细资料。

ls - l - R /home/example 或者用 ls - lR /home/example

2）列出当前目录中所有以"t"开头的目录的详细内容。

ls - l t *

3）列出/opt/soft 文件下所有的子目录。

ls - R /opt/soft

4）显示当前目录及其子目录中所有的文件和文件夹。

ls－R

5）按时间先后次序罗列出当前目录下所有名称以 s 开头的档案。

ls－ltr s＊

（3）文件解压缩命令 tar。打包是指将多个文件（或目录）合并成一个文件，以方便在不同节点之间传递或在服务器集群上部署。压缩或打包文件常见扩展名包括 ＊.tar，＊.tar.gz，＊.gz，＊.bz2，＊.Z。Linux 下最常用的打包程序就是 tar，使用 tar 程序打出来的包常称为 tar 包，tar 包文件的命令通常都是以 .tar 结尾的。生成 tar 包后，就可以用其他的程序来进行压缩。

tar 命令是 Unix/Linux 系统中备份文件的可靠方法，可以将文件夹打包，也能将包解开成文件夹。几乎可以工作于任何环境中，它的使用权限是所有用户。

命令格式：tar［必要参数］［选择参数］文件或目录。

功能：用来压缩和解压文件。tar 本身不具有压缩功能。它是调用压缩功能实现的。

例如：

①tar－czvf test.tgz test　　　//将当前目录下的 test 文件夹打包为 test.tgz

②tar－xzvf test.tgz　　　　　//将 test.tgz 解压到当前目录

③tar－xzvf test.tgz－C /usr//将 test.tgz 解压到指定目录/usr 下

④tar－zxvf /usr/local/jdk－8u161－linux－x64.tar.gz －C /usr/local/jdk1.8

将压缩文件 jdk－8u161－linux－x64.tar.gz 解压到/usr/local/jdk1.8 目录下。

注意：参数 C 必须大写。

另外，需要注意的是：使用 tar 命令时，必须选择一个必要参数（仅选一个，如－x），选择参数是辅助选项，是可选的，可以根据需要选择（－f 必选）。

［必要参数］主要包括以下参数，如表 2－3 所示。

表 2 – 3　　　　　　　　　　　　tar 命令的必要参数

必要参数	说明	必要参数	说明
– c	建立压缩档案	– r	向压缩归档文件末尾追加文件
– x	解压	– u	更新原压缩包中的文件
– t	查看内容		

注意：这五个是独立的必要参数，压缩解压都要用到其中一个，可以和别的命令连用但只能用其中一个。

［选择参数］是根据需要在压缩或解压档案时可选的，如表 2 – 4 所示。

表 2 – 4　　　　　　　　　　　　tar 命令的选择参数选项

参数	说明	参数	说明
– z	有 gzip 属性的	– v	显示所有过程
– j	有 bz2 属性的	– O	将文件解开到标准输出
– Z	有 compress 属性的		

另外，还有一个特殊参数 – f。

– f：使用档案名字，这个参数是最后一个参数，后面只能接档案名。

注意：– f 为必选。

实例：

1）将文件全部打包成 tar 包。

tar – cvf log. tar log2012. log　　　　//仅打包,不压缩!

tar – zcvf log. tar. gz log2012. log　　//打包后,以 gzip 压缩

tar – zcvf log. tar. bz2 log2012. log　//打包后,以 bzip2 压缩

注意：在参数 f 之后的文件名是用户自定义的，习惯上都用 . tar 来作为辨识。如果加 z 参数，则以 . tar. gz 或 . tgz 来代表 gzip 压缩过的 tar 包；如果加 j 参数，则以 . tar. bz2 来作为 tar 包名。

2）查阅上述 tar 包内有哪些文件。

tar – ztvf log. tar. gz

　　说明：由于是使用 gzip 压缩的 log. tar. gz，所以要查阅 log. tar. gz 包内的文件时，需要加上 z 这个参数。

　　3）将 tar 包解压缩，并显示所有过程。

tar – zxvf /opt/soft/test/log. tar. gz

在预设的情况下，可以将压缩档案在任何地方解开。

　　4）只将/tar 内的部分文件解压出来。

tar – zxvf /opt/soft/test/log30. tar. gzlog2013. log

可以先通过 tar – ztvf 来查阅 tar 包内的文件名称，如果单只要一个文件，就可以通过这个方式来解压部分文件！

　　5）文件备份下来，并且保存其权限。

tar – zcvpflog31. tar. gzlog2014. loglog2015. loglog2016. log

当要保留原本文件的属性时要使用 – p 参数。

　　6）将目录里所有 jpg 文件打包成 tar. jpg。

tar – cvf jpg. tar ＊. jpg

　　7）将目录里所有 jpg 文件打包成 jpg. tar 后，并且将其用 gzip 压缩，生成一个 gzip 压缩过的包，命名为 jpg. tar. gz。

tar – czf jpg. tar. gz ＊. jpg

　　8）将目录里所有 jpg 文件打包成 jpg. tar 后，并且将其用 bzip2 压缩，生成一个 bzip2 压缩过的包，命名为 jpg. tar. bz2。

tar – cjfjpg. tar. bz 2 ＊. jpg

　　9）将目录里所有 jpg 文件打包成 jpg. tar 后，并且将其用 compress 压缩，生成一个 umcompress 压缩过的包，命名为 jpg. tar. Z。

tar – cZf jpg. tar. Z ＊. jpg

　　（4）文件删除命令 rm。rm 命令的主要功能是：

　　1）可以删除一个目录中的一个或多个文件或目录。

　　2）可以将某个目录及其下属的所有文件及其子目录均删除掉。

　　3）对于链接文件，只是删除整个链接文件，而原有文件保持不变。

命令格式：rm［参数］文件或目录列表

参数的选择说明（见表 2 – 5）：

表 2 – 5　　　　　　　　　　　　rm 命令的参数

参数	说明
– d	直接把欲删除的目录的硬连接数据删除，删除该目录（只限超级用户）
– f	强制删除文件或目录，略过不存在的文件，不显示任何信息
– i	交互模式，删除已有文件或目录之前先询问用户
– r 或 – R	递归删除处理，将指定目录下的所有文件与子目录一并处理
– – preserve – root	不对根目录进行递归操作
– v	显示指令的详细执行过程

文件：指定被删除的文件列表，如果参数中含有目录，则必须加上 – r 或者 – R 选项。

例如：

1）删除当前目录下 fruit. txt 文件

sudo rm fruit. txt

2）删除 dir1 目录及其子目录

sudo rm – r dir1

3）以安全询问方式删除目录 newdir

sudo rm – r – i newdir

4）删除当前路径下以 tx 为首的所有目录

sudo rm – r tx *

5）删除当前路径下的 mydir1、mydir2 和 mydir3 三个子目录。

sudo rm – r mydir1 mydir2 mydir3 #用空格隔开

（5）查看文件 cat。

cat 命令用以将文件、标准输入内容打印至标准输出。常用于显示文件内容、创建文件、向文件中追加内容。cat 主要有三大功能：

1）一次显示整个文件：cat 文件名

2）从键盘创建一个文件：cat > 文件名只能创建新文件，不能编辑已有文件。

3）将几个文件合并为一个文件：cat file1 file2 > file

命令格式：cat［参数］［文件名 1］［文件名 2］

说明：把档案串连接后传到基本输出设备上进行输出（屏幕或加" >文件名"到另一个档案），常用来显示文件内容。

参数（见表 2 - 6）：

表 2 - 6　　　　　　　　　　　　**cat 命令的常用参数**

参数	说明
- A	显示所有字符，包括换行符、制表符及其他非打印字符
- n 或 - - number	由 1 开始对所有输出的行进行编号，并显示行号
- b 或 - - number - nonblank	除了空行不编号外，文件中其他行都进行编号并显示行号
- s 或 - - squeeze - blank	将连续的空行压缩为一个空行

实例：

1）显示当前目录中 hello. txt 文件中的内容

cat hello. txt

2）显示当前目录中 hello. txt 文件中的内容，并显示行号

cat - n hello. txt

3）在当前目录下创建文件 username

cat > username//注意：用 cat 命令创建文件，需要以 root 身份，否则提示权限不够；输入内容完毕，可以按 ctrl + C 结束

4）将 username 和 hello. txt 文件的内容进行合并，生成 userhello 文件

cat username hello. txt > userhello

5）将 hello. txt 文件中的内容追加到 username 文件中

cat hello. txt >> username

（6）文件移动 mv。

mv 命令用来移动文件或目录，还可在移动的同时修改文件或目录名。

命令格式：mv［选项］＜源文件或目录＞＜目标文件或目录＞

参数说明：

源文件或目录：是要移动的文件或目录。

目标文件或目录：要把指定的文件或目录移动到的目的位置。

［选项］的说明见表 2 – 7。

表 2 – 7　　　　　　　　　　　　**mv 命令的参数**

参数	说明
– f	表示 force，强制直接移动而不询问
– i	若目标文件（destination）已经存在，就会询问是否覆盖
– u	若目标文件已经存在，且源文件比较新，才会更新

实例：

1）将当前目录下 hello. txt 文件移动到/usr/mydir 下

sudo mv hello. txt /usr/mydir　　//注意：移动文件一般需要用 sudo

2）将/test1 目录下的 file1 移动到/test3 目录，并将文件名改为 file2

mv /test1/file1 /test3/file2

2. 目录管理命令

（1）切换目录命令 cd。

cd 命令主要用于切换当前目录，它的参数是要切换到的目录的路径，可以是绝对路径，也可以是相对路径。

命令格式：cd［相对路径或绝对路径］

常用的 cd 命令有：

cd ~（或不带参数）进入用户主目录

cd – 进入此目录之前的目录

cd‥ 返回上一级目录

cd‥／‥ 返回上两级目录（后面可以一直添加‥/返回更上一级目录）

cd / 进入根目录

cd . 当前目录

其中，绝对路径是指目录下的绝对位置，如/etc/sysconfig/network - scripts/ifcfg - ens33；

相对路径指相对于当前盘符的位置，如在 sysconfig 目录中进入 network - scripts 目录的相对路径可以写为:/sysconfig/network - scripts

（2）文件/目录权限变更命令 chmod。chmod 命令用来变更文件或目录的权限。在 Linux 系统中，文件或目录权限的控制分别以读取（r）、写入（w）、执行（x）3 种一般权限来区分。用户可以使用 chmod 指令去变更文件与目录的权限，设置方式采用文字或数字代号皆可。符号连接的权限无法变更，如果用户对符号连接修改权限，其改变会作用在被连接的原始文件。

命令格式(一):chmod［ - vR］mode 文件名

参数说明:

mode 为权限设置字串，格式为:［ugoa］［ + - = ］［rwx］；

- v 显示权限改变的详细资料；

- R 表示对当前目录下的所有文件和子目录进行相同的权限更改。

其中，mode 涉及的参数如表 2 - 8、表 2 - 9、表 2 - 10 所示。

表 2 - 8 文件拥有者参数

参数	说明
u	User，即文件或目录的拥有者
g	Group，即文件或目录的所属群组
o	Other，除了文件或目录拥有者或所属群组之外，其他用户皆属于这个范围
a	All，即全部的用户，包含拥有者，所属群组以及其他用户

表 2 - 9 权限调整参数

参数	说明
+	表示增加权限
-	表示取消权限
=	表示唯一设置权限

表 2 - 10　　　　　　　　　　　　　　权限的参数选项

参数	说明
r	读取权限，数字代号为"4"
w	写入权限，数字代号为"2"
x	执行或切换权限，数字代号为"1"
-	不具任何权限，数字代号为"0"
s	特殊功能说明：变更文件或目录的权限

模式（mode）的书写方式如表 2 - 11 所示。

表 2 - 11　　　　　　　　　　　　　　模式的书写示例

模式	说明
a + rw	为所有用户增加读、写的权限
a - rwx	为所有用户取消读、写、执行的权限
g + w	为组群用户增加写权限
o - rwx	取消其他人的所有权限（读、写、执行）
ug + r	为所有者和组群用户增加读权限
g = rx	只允许组群用户读、执行，并删除其写的权限

实例：

1）将当前目录下 mylinux 这个文件的权限修为所有用户拥有该文件的读取、写入、执行的权限。

sudo chmod a + rwx mylinux

或者用

sudo chmod ugo + rwx mylinux

2）要为此目录及子目录中所有用户拥有该文件的读取、写入、执行的权限，此时需要加 - R。

sudo chmod a + rwx ~ R mylinux

命令格式(二):chmod［- vR］［No］文件名

其中，［No］参数是三位代表相应权限的数字（如764），从左向右，分别代表文件拥有者（u）对该文件的权限、群组（g）用户对该文件的权限、其他（o）用户对该文件的权限。每一个数字对应该级用户拥有的权限即为 rwx 位置上相应的数字之和。

如：

1）如果要让所有用户对当前目录下 mylinux 文件都具有读、写、执行的权限，则可以用以下两种方式：

sudo chmod a + rwx mylinux

sudo chmod 777 mylinux

注意：二者等价。

2）如果要让当前目录下的 mylinux 文件夹的权限修为该文件的拥有者（u）有该文件的读取（r）、写入（w）、执行（x）的权限，群组（g）和其他（o）的用户只有读取（r）和执行（x）的权限。

$sudo chmod 755 mylinux

3）如果要设置当前目录下 mylinux 目录及子目录所有用户拥有该文件的读取、写入、执行的权限，此时需要加 – R。

$sudo chmod 777 mylinux – R

4）对当前文件夹下文件 f01 设置自己可以执行，组员可以写入的权限。

$chmod u + x,g + w f01

5）对当前文件夹下文件 f01 设置为当前用户可以读、写、执行，群组用户可以读、写，但不可以执行，其他用户可以读的权限。

$chmod u = rwx,g = rw,o = r f01

或者用 $chmod 764 f01

6）对当前文件夹下文件 f01 设置所有的用户（u，g，o）都具有可执行权限。

$chmod a + x f01　　//对文件 f01 的 u,g,o 都设置可执行属性

（3）创建目录命令 mkdir。Linux 中用 mkdir 命令来创建指定的名称的目录，要求创建目录的用户在当前目录中具有写权限，并且指定的目录名不能

是当前目录中已有的目录。

命令格式：mkdir［选项］目录 ...

命令功能：通过 mkdir 命令可以实现在指定位置创建以 DirName（指定的文件名）命名的文件夹或目录。要创建文件夹或目录的用户必须对所创建的文件夹的父文件夹具有写权限。并且，所创建的文件夹（目录）不能与其父目录（即父文件夹）中的文件名重名，即同一个目录下不能有同名的（区分大小写）。

参数如表 2 - 12 所示。

表 2 - 12　　　　　　　　　　mkdir 命令的参数

参数	说明
- m，- - mode = 模式	设定权限 < 模式 >（类似 chmod），而不是 rwxrwxrwx 减 umask。对新建目录设置存取权限，也可以用 chmod 命令设置
- p	可以是一个路径名称。若路径中的某些目录尚不存在，加上此选项后，系统将自动建立好那些尚不存在的目录，即一次可以建立多级目录
- v	每次创建新目录都显示信息
- - help	显示此帮助信息并退出
- - version	输出版本信息并退出

实例：

1）使用 mkdir 命令在当前目录下创建一个子目录，子目录名为 mydir。

$sudo mkdir mydir

$ls

2）在/tmp 目录下建立一个名为 test 的目录，然后在 test 目录下再创建一个 test1/test2/test3 的目录。

$cd /tmp

$mkdir test　#创建一个 test 目录,此时用的是相对路径

$ls　#查看 test 目录是否已经创建成功

$cd test　　#进入 test 文件夹

　　$mkdir – p test1/test2/test3　#在 test 文件夹中创建多层目录,必须加 – p 参数

　　注意：此时如果不加 – p 参数，则会提示 "mkdir：无法创建目录 test1/test2/test3：没有那个文件或目录" 的错误。

　　3. 软件更新命令 apt

　　apt 命令可以说是 Linux 系统下最为重要的命令，安装、更新、卸载软件，升级系统内核都离不开 apt 命令。apt 的全称是 Advanced Packaging Tool 是 Linux 系统下的一款安装包管理工具。

　　apt 常用命令如表 2 – 13 所示。

表 2 – 13　　　　　　　　　　　　　　apt 常用命令

命令	功能
apt update	更新软件源中的所有软件列表。一般返回三种状态：命中，获取，忽略。其中，命中表示连接上网站，包的信息没有改变；获取表示有更新并且下载；忽略表示无更新或更新无关紧要无需更新
apt list – – upgradeable	显示可升级的软件包
apt list – – installed	显示已安装的软件包
apt upgrade	执行完 update 命令后，就可以使用 apt upgrade 来升级软件包。执行命令后系统会提示有几个软件需要升级。在用户同意后，系统即开始自动下载安装软件包
apt install <软件包名>	安装指定软件。此命令需管理员权限。可以输入要软件名的一部分，系统会给出名字相近的软件包名的提示
apt remove <软件包名>	用来卸载指定软件
apt autoremove	用来自动清理不再使用的依赖和库文件
apt show <软件包名>	显示软件包具体信息。例如：版本号，安装大小，依赖关系，bug 报告等
apt – get	用于安装和更新软件

　　apt – get 在 Ubuntu 系统中用于安装和更新软件的命令，和 Yum 相比，它不需要安装 Yum 源，可以直接使用，命令简单又好用。常用的 apt – get 命令如表 2 – 14 所示。

表 2 – 14　　　　　　　　　　　　常用的 apt – get 命令

命令	功能
apt – get install package	安装 package
apt – get install package – – reinstall	重新安装包 package
apt – get – f install	修复安装
apt – get update	更新源
apt – get upgrade	更新已安装的包
apt – get dist – upgrade	升级系统
apt – get remove package	删除包
apt – get remove package – – purge	删除包，包括配置文件等
apt – get clean && sudo apt – get autoclean	清理无用的包

4. 文本编辑命令

（1）vi 编辑器。

vi 编辑器是所有 Unix 及 Linux 系统下标准的编辑器。对 Unix 及 Linux 系统的任何版本，vi 编辑器是完全相同的，它是 Linux 中最基本的文本编辑器。

vi 编辑器有 3 种基本工作模式，分别是命令模式、文本编辑模式和末行模式，这三种工作模式的说明如表 2 – 15 所示。

表 2 – 15　　　　　　　　　　　　vi 编辑器的工作模式

工作模式	说明
命令模式	命令模式是进入 vi 编辑器后的默认模式，该模式主要用于管理自己的文档，此时从键盘上输入的任何字符都被当作编辑命令来解释
文本编辑模式	在该模式下，用户输入的任何字符都被 vi 编辑器当作文件内容保存起来，并将其显示在屏幕上
末行模式	在该模式下，vi 编辑器会在显示窗口的最后一行（通常也是屏幕的最后一行）显示一个冒号（:）作为末行模式的说明符，等待用户输入命令，多数文件管理命令（如保存等）都是在末行模式下执行的，末行命令执行完后，vi 编辑器会自动回到命令模式

在 shell 终端输入"vi filename"命令后，则默认进入 vi 编辑器的命令

工作模式，即等待命令输入而不是文本输入，此时输入的字母都将作为命令来解释执行。从命令工作模式可以按冒号（:）键转换至末行模式。而不管用户处于何种模式，只要按下"Esc"键即可进入命令工作模式。

使用"文本修改命令"可以将 vi 编辑器从命令工作模式切换到文本编辑模式，这时用户输入的字符将被当作是文本内容。主要的文本修改命令及含义如表 2-16 所示。

表 2-16   vi 编辑器的"文本修改命令"

功能	命令	说明
插入文本	i 命令	将文本插入到光标所在位置前，此时 vi 处于文本插入状态，屏幕最下行显示"－－INSERT－－"说明信息
	I 命令	将文本插入当前行的行首；当输入 I 命令后，光标自动移到该行的行首
追加文本	a 命令	将新文本追加到光标当前所在位置之后
	A 命令	将新文本追加到所在行的行尾。当输入 A 命令后，光标自动移到该行的行尾
空行插入	o 命令	将在光标所在行的下面插入一个空行，并将光标置于该行的行首
	O 命令	在光标所在行的上面插入一个空行，并将光标置于该行的行首

vi 编辑器可以在编辑模式和命令模式下删除文本。在编辑模式下，可以使用退格键或 Del 键删除文本。在命令模式下，vi 提供了许多删除命令，可以分为删除单个字符和删除多个字符两类，具体命令要求如表 2-17 所示。

表 2-17   vi 编辑器中"文本删除命令"

功能	命令	说明
删除单个字符	x 命令	删除光标处的字符。若在 x 之前加上一个数字 n，则删除从光标所在位置开始向右的 n 个字符
	X 命令	删除光标前面的字符。若在 X 之前加上一个数字 n，则删除从光标前面那个字符开始向左的 n 个字符

续表

功能	命令	说明
删除多个字符	dd 命令	该命令删除光标所在的整行。在 dd 前可加上一个数字 n，表示删除当前行及其后 n－1 行的内容
	D 命令	删除从光标所在处开始到行尾的内容
	d0 命令	该命令删除从光标前一个字符开始到行首的内容
	dw 命令	该命令删除一个单词。若光标处在某个词的中间，则从光标所在位置开始删至词尾。同 dd 命令一样，可在 dw 之前加一个数字 n，表示删除 n 个指定的单词

　　对于文本的复制，vi 编辑器也可以在编辑模式和命令模式下进行，常用的命令如表 2－18 所示。

表 2－18　　　　　　　vi 编辑器中的"文本复制"及相关命令

功能	命令	说明
复制文本	yy 命令	复制光标所在的整行。在 yy 前可加一个数字 n，表示复制当前行及其后 n－1 行的内容
	Y 命令	复制从光标所在处开始到行尾的内容
	yw 命令	复制一个单词，若光标处在某个词的中间，则从光标所在位置开始复制至词尾，同 yy 命令一样，可在 yw 之前加一个数字 n，表示复制 n 个指定的单词
文本粘贴	p 命令	粘贴命令，粘贴当前缓冲区中的内容
文本选择	v 命令	在命令模式下进行文本选择。在需要选择的文本的起始处按下 v 键进入块选择模式，然后移动光标到块尾处。这之间的部分被高亮显示，表示被选中
	V 命令	在命令模式下按行进行文本选择。在需要选择的文本的第一行按下 V 键，然后移动光标到块的最后一行。这之间的所有行被高亮显示，表示被选中

　　撤销命令是非常有用的，它可以撤销前一次的误操作或不合适的操作对文件造成的影响。在 vi 编辑器中，撤销命令分为以下 u 命令和 U 命令两种。具体如表 2－19 所示。

表 2 – 19   vi 编辑器中的"撤销命令"

功能	命令	说明
撤销命令	u 命令	该命令撤销上一次所做的操作。多次使用 u 命令会依次撤销之前做过的操作（在一次切换到文本输入模式中输入的所有文本算一次操作）
	U 命令	该命令会一次性撤销自上次移动到当前行以来做过的所有操作，再使用一次 U 命令则撤销之前的 U 命令所做的操作，恢复被撤销的内容

在使用 vi 编辑器对文本进行编辑结束之后，要退出 vi 编辑器，必须在命令工作模式下按"ESC"键进入末行状态。退出 vi 编辑器的方式有多种，具体如表 2 – 20 所示。

表 2 – 20   退出 vi 编辑器及相关命令

功能	命令	说明
保存文件	: w 新文件名	vi 保存当前编辑文件，但并不退出，而是继续等待用户输入命令。在使用 w 命令时，可以再给当前编辑文件起一个新文件名
	: w! 新文件名	与: w 命令相同，不同的是，即使指定的新文件存在，vi 编辑器也会用当前编辑文件对其进行替换，而不再询问用户
退出 Vi 编辑器	: q	如果退出时当前编辑文件尚未保存，则 vi 并不退出，而是继续等待用户的命令，并且会在显示窗口的最末行进行说明
	: q!	该命令不论文件是否改变都会强行退出 vi 编辑器，用户应当慎用
	: x	若当前编辑的文件曾被修改过，则 vi 会保存该文件。否则 vi 直接退出，不保存该文件
保存退出	: wq	vi 将先保存文件，然后退出 vi 返回到 shell。如果当前文件尚未取名，则需要先指定一个文件名

（2）gedit 编辑器。

gedit 是一个 GNOME 桌面环境下兼容 UTF – 8 的文本编辑器，是 Linux 下的一个纯文本编辑器，可以把它当成是一个集成开发环境（IDE），它会根据不同的语言高亮显现关键字和标识符。它还支持包括多语言拼写检查和一个灵活的插件系统，可以动态地添加新特性。还能够进行行号显示、括号匹配、文本自动换行、当前行高亮以及自动文件备份等功能。

　　gedit 编辑器可以从菜单启动，也可以从命令行中执行"gedit"命令进行启动。如果要同时打开多个文件，则可以将多个文件的文件名作为参数，中间用空格隔开，命令格式如下：

gedit file1 file2 file3

　　gedit 命令也可以和其他命令一起形成管道命令，如，将 ls 命令的输出显示在 gedit 窗口的一个新文件中，可以用 ls｜gedit 命令。

　　5. 用户管理

　　常用的用户管理命令如表 2 - 21 所示。

表 2 - 21　　　　　　　　　　　　用户管理常用命令

命令	功能
useradd　新用户名	创建一个新用户，如果不设定它属于哪个组，它会默认在创建它的用户的组里
passwd 新用户名	设置密码
more group	查看所有组的简单信息
groupadd　新的组名	设置新的组
useradd　新用户名　- g　新的用户组	创建新用户并把它放在新的组里，不在默认的组
usermod - g　旧用户名　需要放在的组的名	把旧用户改变组
userdel　组名	删除组，但是它的目录还没有被删除
rm　- rf　被删除的组名	删除组的目录
su　别的用户名	切换用户，从新的用户状态下输入"exit"即可退回到刚才的用户状态

　　例如：

　　（1）创建用户 testuser

　　useradd testuser

　　创建新用户后，同时会在 etc 目录下的 passwd 文件中添加这个新用户的相关信息。

（2）给已创建的用户 testuser 设置密码

passwd testuser

说明：新创建的用户会在/home 下创建一个用户目录 testuser。

（3）修改用户这个命令的相关参数

usermod －－help。

（4）删除用户 testuser

userdel testuser。

（5）删除用户 testuser 所在目录

rm － rf testuser。

6. 关机命令、重启命令

linux 下常用的关机命令有 shutdown、halt、poweroff、init；重启命令有 reboot。

（1）关机命令

①halt：立刻关机。

②poweroff：立刻关机。

③shutdown － h now 立刻关机（root 用户使用）。

④shutdown － h 10：10 分钟后自动关机，如果是通过 shutdown 命令设置关机的话，可以用 shutdown － c 命令取消重启。

（2）重启命令

①reboot。

②shutdown － r now：立刻重启（root 用户使用）。

③shutdown － r 10：过 10 分钟自动重启（root 用户使用）。

④shutdown － r 20：35：在时间为 20：35 时候重启（root 用户使用）如果是通过 shutdown 命令设置重启的话，可以用 shutdown － c 命令取消重启。

2.2　Hadoop 系统部署方式

Hadoop 常见的部署方式有三种：本地部署模式、伪分布式部署模式以及完全分布式部署模式。

2.2.1　本地部署模式

本地部署模式就是在单台服务器上进行开发和调试，无须运行任何守护进程（daemon），该模式不使用分布式文件系统（HDFS），而是使用本地计算机的文件系统。所有程序都在本机 JVM 上执行，处理本地 Linux 系统的数据。Hadoop 不启动 NameNode、DataNode、JobTracker 和 TaskTracker 等服务进程，同一进程提供了所有的服务。该模式常用于开发和调试 MapReduce 程序阶段，验证程序逻辑的正确性。如表 2 - 22 所示，本地部署模式仅需要配置 Hadoop - env. sh 这一个参数文件即可。

表 2 - 22　　　　　　　　　　　本地部署模式的配置

配置文件	配置对象	参数描述
Hadoop - env. sh	Hadoop 运行配置参数	定义了 Hadoop 运行环境的有关配置信息，如 JAVA_HOME（JAVA 路径）等

2.2.2　伪分布式部署模式

伪分布式部署模式是指在一台主机上来模拟多个主机的运行方式，也就是说，Hadoop 的所有服务进程会在本地计算机上单独地运行，并非运行在真正的分布式环境下，而是在单台计算机上模拟集群运行环境。在此模式下，有四个主要的进程将被启动，包括：DataNode、NameNode、Task-Tracker 和 JobTracker。在 Linux 命令行下可使用 jps 命令查看当前运行的进程情况。

该模式与单机模式的主要区别是增加了代码调试功能，允许进行内存检查，使用 HDFS 进行输入与输出，和与守护进程之间进行交互。与完全分布式模式非常接近，通常使用该模式进行 Hadoop 程序开发和测试，这也是本书推荐使用的部署模式（见表 2 - 23）。

表 2 – 23   伪分布式模式的配置文件

配置文件	配置对象	参数描述
hadoop – env. sh	Hadoop 运行配置参数	用来定义 Hadoop 相关的运行环境配置
hdfs – site. xml	HDFS 配置参数	Hadoop 守护进程的配置项，NameNode 和 DataNode 的存放位置、文件副本个数、文件读取权限、SecondaryNameNode 等
core – site. xml	全局配置参数	Hadoop 的核心配置选项，用于定义系统级别的参数，如 HDFS URL、MapReduce 常用的 I/O 设置、Hadoop 的临时目录等
mapred – site. xml	MapReduce 配置参数	MapReduce 守护进程的配置项，包括 JobTracker 和 TaskTracker 等
yarn – site. xml	集群资源管理系统参数	配置 ResourceManager、NodeManager 的通信端口、Web 监控端口等

2.2.3 完全分布式部署模式

在真正的生产环境中，应该使用完全分布式部署模式。在该模式下，通常用几十至上百台主机部署组成一个集群环境，集群中的所有主机需要安装 JDK 和 Hadoop，守护进程运行在多台主机构建的集群上。集群中的这些主机上运行 HDFS、MapReduce 组件，构建真正的分布式系统环境来充分利用全部主机的存储与计算能力。通过 jps 命令查看启动的进程节点：NameNode、DataNode、JobTracker 和 TaskTracker（见表 2 – 24）。

表 2 – 24   完全分布式模式的配置文件

配置参数	配置对象	参数描述
hadoop – env. sh	Hadoop 运行配置参数	定义 Hadoop 运行环境相关的参数配置
hdfs_site. xml	HDFS 配置参数	Hadoop 守护进程的配置项，包括 NameNode 和 DataNode 的存放位置、文件副本的个数、文件的读取权限、SecondaryNameNode 等

续表

配置参数	配置对象	参数描述
core – site. xml	集群全局参数	Hadoop 的核心配置选项,用于定义系统级别的参数,如 HDFS URL、MapReduce 常用的 I/O 设置、Hadoop 的临时目录等
mapred – site. xml	MapReduce 配置参数	MapReduce 守护进程的配置项,包括 JobTracker 和 TaskTracker 等
yarn – site. xml	集群资源管理系统参数	配置 ResourceManager、NodeManager 的通信端口、Web 监控端口等
masters	主节点配置参数	运行 Secondary NameNode 的机器列表(每行一个)
slaves	从节点配置参数	运行 DataNode 和 TaskTracker 的机器列表(每行一个)

2.3　Hadoop 3. x 环境搭建

Hadoop 3. 1 的基本安装步骤包括:

(1) 安装部署 Hadoop;

(2) 安装 SSH 并设置无密码登录;

(3) 安装 Java 环境;

(4) 下载并安装 Hadoop3. 1. 3;

(5) Hadoop 非分布式单机配置;

(6) Hadoop 伪分布式配置;

下面将根据以上步骤介绍 Hadoop 3. 1. 3 的部署,部署用到的环境是在 Virtual Box 6. x 虚拟机操作系统中已经安装了 Ubuntu 16. 04。

2.3.1　安装部署 Hadoop

1. 创建 Hadoop 用户

在 Ubuntu 中打开命令窗口(ctrl + alt + t),键入如下命令,创建一个名为 hadoop 的新用户,并自动创建该用户的列表,使用/bin/bash 作为 shell,命令如下:

$sudo useradd – m hadoop – s/bin/bash

2. 为 hadoop 用户设置密码

使用如下命令为 hadoop 用户设置密码，并按提示两次输入密码，其命令如下：

$sudo passwd hadoop

3. 为 hadoop 用户赋予管理员权限

赋予 hadoop 用户管理员权限，可以将用户"hadoop"添加到"sudo"组，具体命令如下：

$sudo adduser hadoop sudo

2.3.2　安装 SSH 并设置无密码登录

Hadoop 的伪分布式与分布式安装中，名称节点（NameNode）需要启动集群中所有机器的守护进程，这个过程需要通过 SSH 登录来实现。

1. 安装 SSH

Ubuntu Linux 中默认已安装了 SSH client 工具，只需要再安装 SSH server 工具即可：

$sudo apt – get install openssh – server

2. 软件安装过程中，需要用户输入"Y"确认安装。安装后，可以使用如下命令登录本机：

$ssh localhost

SSH 首次登录会要求确认，输入"yes"，然后按屏幕的提示输入 hadoop 系统用户名和密码：

3. 配置无密码登录 SSH

退出已经登录的 SSH localhost

$exit

利用 ssh – keygen 生成密钥，并对密钥进行授权：

$cd ~/. ssh/

若没有该目录，则需要先执行一次 ssh localhost。

$ssh – keygen – t rsa

其中，ssh – keygen 命令生成密钥，生成过程中有交互提示，按回车键完成。– t rsa 表示使用 rsa 算法加密，所生成的密钥存放在/home/hadoop/. ssh 目录下，私钥为 id_rsa，公钥为 id_rsa. pub。

名称节点所生成的密钥，需要把公共密钥发送给集群中的其他节点机器，将公钥 id_rsa. pub 内容添加到需要匿名登录机器的 "~/. ssh/authorized_keys" 文件中，名称节点就能够免密登录这台机器了。

$cat . /id_rsa. pub >> ~/. ssh/authorized_keys

加入授权后，再执行 ssh localhost 命令时，就没有输入密码的提示了。

2.3.3　安装部署 Java 环境

1. 下载安装 JDK

Hadoop 3. 1. 3 需要 JDK 1. 8 及以上版本才能安装。首先，从 Oracle 官网（https：//www. oracle. com/java/technologies/javase/javase – jdk8 – downloads. html）上下载 Hadoop 3. 1. 3 所需的 JDK 版本（本书使用 jdk1. 8. 0_162）。

在目录/usr/local 下手动创建 Java 目录，将该压缩包放到/usr/local/Java 目录下，然后进行解压，完成之后，在/usr/local/java 目录下将生成一个 jdk1. 8. 0_162 文件目录。

2. 设置环境变量

$cd　~　　　#进入主目录
$vi　~/. bashrc

使用 vi 编辑器打开了 hadoop 这个用户的环境变量的参数配置文件，点击 "i" 键进入插入状态。最后，在这个文件的开头输入以下几行代码：

export JAVA_HOME =/usr/local/java/jdk1. 8. 0_162

export JRE_HOME = ${JAVA_HOME}/jre

export CLASSPATH = . : ${JAVA_HOME}/lib: ${JRE_HOME}/lib

export PATH = ${JAVA_HOME}/bin: $PATH

点击 "ESC" 键进入命令状态，输入 "：wq" 保存 . bashrc 文件并退出 vi 编辑器。然后，继续执行 source 命令让 . bashrc 文件的配置生效：

$source ~/. bashrc。

3. 查看 jdk 是否安装成功

可以使用如下命令查看 jdk 是否安装成功，在屏幕上返回 java 版本号信息时，说明安装部署成功。

$java – version。

2.3.4 下载安装 Hadoop

1. 下载 Hadoop 3.1.3

从 Hadoop 官网下载 hadoop – 3.1.3. tar. gz 至/usr/local/java/hadoop 中。Hadoop 解压缩之后即可使用。

$cd /usr/local/java/hadoop　#进入 hadoop 目录

$sudo tar – zxvf　hadoop – 3.1.3. tar. gz　#解压安装文件至文件夹

$sudo chown – R hadoop ./hadoop　　　#修改文件夹的权限

2. 查看 Hadoop3.1.3 版本信息

检查 Hadoop 是否部署成功，成功会显示 Hadoop 版本信息，如图 2 – 3 所示。

$cd /usr/local/java/hadoop/Hadoop – 3.1.3

$./bin/hadoop version

```
hadoop@bigdata-VirtualBox:/usr/local/java/hadoop$ cd /usr/local/java/hadoop/hadoop
hadoop@bigdata-VirtualBox:/usr/local/java/hadoop/hadoop$ ./bin/hadoop version
Hadoop 3.1.3
Source code repository https://gitbox.apache.org/repos/asf/hadoop.git -r ba631c436b806728f8ec2
f54ab1e289526c90579
Compiled by ztang on 2019-09-12T02:47Z
Compiled with protoc 2.5.0
From source with checksum ec785077c385118ac91aadde5ec9799
This command was run using /usr/local/java/hadoop/hadoop/share/hadoop/common/hadoop-common-3.1
.3.jar
hadoop@bigdata-VirtualBox:/usr/local/java/hadoop/hadoop$
```

图 2 – 3　查看 Hadoop 版本信息

2.3.5 Hadoop 本地部署配置

Hadoop 的默认为本地部署模式（非分布式模式），无须进行其他任何配置即可运行。本地部署模式使用单 Java 进程，方便进行程序的调试。Hadoop 安装包中有很多例子，如 wordcount、terasort、join、grep 等，可以用于借鉴学习。

1. 查看 Hadoop 自带的例子

$. /bin/hadoop jar. /share/hadoop/mapreduce/hadoop – mapreduce – examples – 3. 1. 3. jar

2. 运行 Hadoop 自带的例子

以自带的 grep 为例，该例子是将 input 文件夹中的所有文件作为输入内容，筛选其中符合正则表达式 dfs[a – z.] + 并统计单词出现的次数，最后将结果输出到 output 文件夹中。

$cd /usr/local/java/hadoop/Hadoop – 3. 1. 3

$mkdir . /input

$cp . /etc/hadoop/ * . xml . /input　　#将配置文件作为输入文件

$. /bin/hadoop jar . /share/hadoop/mapreduce/hadoop – mapreduce – examples – 3. 1. 3. jar grep . /input . /output 'dfs[a – z.] +'

执行之后，可以通过查看 output 中的输出内容，命令如下：

$cat . /output/ *　　　　　# 查看运行结果

运行后，输出符合正则表达式的单词是 dfsadmin，有且出现了 1 次，结果如下：

1 dfsadmin

2.3.6　Hadoop 伪分布式部署配置

Hadoop 伪分布式部署是在单台机器上模拟一个小的集群运行环境的部署方式。在该部署环境下，Hadoop 进程由分离的多个 Java 进程来运行，该计算机同时担当名称节点（NameNode）和数据节点（DataNode）的双重角色。另外，与单机部署方式另一个不同点在于文件读取方式是从分布式文件系统（HDFS）中读取文件。

1. 修改配置文件

Hadoop 的配置文件位于/usr/local/java/hadoop/hadoop – 3. 1. 3/etc/hadoop/中（其中/usr/local/java/hadoop/hadoop – 3. 1. 3 为 hadoop 的安装路

径），伪分布式部署需要修改 core – site. xml 和 hdfs – site. xml 这两个配置文件。Hadoop 的配置文件都是 xml 格式的，每个配置项都是以声明 property 中的 name 和 value 值的方式来实现。

其中，将 core – site. xml 配置文件修改如下：

```
< configuration >
< property >
< name > hadoop. tmp. dir </ name >
< value > file：/usr/local/java/hadoop/Hadoop – 3. 1. 3/tmp </ value >
< description > Abase for other temporary directories. </ description >
</ property >
< property >
< name > fs. defaultFS </ name >
< value > hdfs：//localhost：9000 </ value >
</ property >
</ configuration >
```

在 core – site. xml 文件用于设置存放 Hadoop 系统的一些基本配置，其中几个重要的参数如下：

（1）hadoop. tmp. dir 设置其他临时目录的父目录。

（2）fs. defaultFS 设置默认的 HDFS 端口等。

```
< configuration >
< property >
< name > dfs. replication </ name >
< value > 1 </ value >
</ property >
< property >
< name > dfs. namenode. name. dir </ name >
< value > file：/usr/local/java/hadoop/hadoop – 3. 1. 3/tmp/dfs/name </ value >
</ property >
< property >
< name > dfs. datanode. data. dir </ name >
< value > file：/usr/local/java/hadoop/Hadoop – 3. 1. 3/tmp/dfs/data </ value >
```

</ property >

</ configuration >

hdfs – site. xml 配置文件用于设置名称节点路径等一些基本配置，几个重要的参数如下：

- dfs. replication 用来设置 hdfs 数据块复制的份数，默认为 3 份。
- dfs. namenode. name. dir 用来设置 NameNode 节点中元数据保存路径
- dfs. datanode. data. dir 用来设置 DataNode 数据节点的保存路径。

在 hdfs – site. xml 配置文件中，其他常用的配置项参数如下：

- dfs. block. size 用来设置分布式系统单个文件块的大小，Hadoop 2. X 默认是 64M，Hadoop 3. X 默认是 128M。
- dfs. heartbeat. interval 用来设置 DataNode 节点的心跳检测时间的间隔（单位为秒）。
- dfs. namenode. handler. count 用来设置 NameNode 节点启动后的线程数量。

2. NameNode 节点的初始化

配置完成后，执行 NameNode 进行格式化。

$cd ／usr／local／java／hadoop／hadoop

$. ／bin／hdfs namenode　– format

3. 启动 Hadoop 服务

打开 NameNode 和 DataNode 的守护进程命令如下：

$cd ／usr／local／java／hadoop／hadoop – 3. 1. 3

$. ／sbin／start – dfs. sh 或 . ／sbin／start – all. sh

使用 $. ／sbin／start – all. sh 可以启动 hadoop 的所有进程。

4. 查看已启动 Hadoop 服务进程

检查 Hadoop 是否已经启动，可以通过 jps 命令来进行测试。成功启动后，将打印如下进程：NameNode、DataNode 和 SecondaryNameNode，结果如图 2 – 5 所示。

$jps

```
hadoop@bigdata-VirtualBox:/usr/local/java/hadoop/hadoop$ ./sbin/start-dfs.sh
Starting namenodes on [localhost]
Starting datanodes
Starting secondary namenodes [bigdata-VirtualBox]
hadoop@bigdata-VirtualBox:/usr/local/java/hadoop/hadoop$ jps
2742 NameNode
3227 Jps
2861 DataNode
3039 SecondaryNameNode
hadoop@bigdata-VirtualBox:/usr/local/java/hadoop/hadoop$ #
```

图 2 – 5　启动 Hadoop 服务进程

如果 SecondaryNameNode 进程没有出现，可能的原因是该节点尚未启动完成，可以先通过如下命令关闭进程，然后再重新启动 Hadoop 服务，命令如下：

$. /sbin/stop – dfs. sh 或者 $. /sbin/stop – all. sh

如果 NameNode 或 DataNode 进程没有出现，可能原因一般是 hadoop 配置未成功的问题，则需重新部署，或通过查看启动日志排查可能的原因。

5. 通过 Web 界面查看 Hadoop 的启动情况

通过在浏览器中访问 http：//localhost：9870 可以查看 NameNode 和 DataNode 节点的状态信息，以及 HDFS 中存储的文件信息，如图 2 – 6 所示。

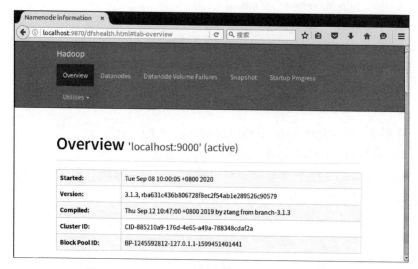

图 2 – 6　通过 Web 界面查看 Hadoop 的启动情况

6. 伪分布式部署环境中的运行实例

在伪分布式部署环境中，运行 MapReduce 实例的方式与单机模式相同，只是读取的文件系统是分布式文件系统（HDFS）中的文件（这更接近于正式的分布式系统开发环境）。

$.\ /bin/hadoop\ jar\ .\ /share/hadoop/mapreduce/hadoop - mapreduce - examples - 3.1.3. jar\ grep\ input\ output\ 'dfs[a - z.] + '$

执行完毕后，系统会在 HDFS 中（不是本地文件系统中）生成一个 output 文件夹来存储运行后的结果。可查看在 HDFS 上 output 文件夹的运行结果，使用命令如下：

$.\ /bin/hdfs\ dfs - cat\ output/ *$

在重复执行前执行时，需要将 HDFS 中的 output 文件夹先删除或者改一个名字，然后再执行程序，否则将会报错。

2.4　本章小结

本章从大数据的 Linux 基础知识开始，介绍了 Linux 的发展史、主要特点、体系结构以及 Linux 的主要图形界面和命令行界面的知识，详细介绍了大数据环境中常用的 Linux 命令，为部署和配置 Hadoop 集群环境提供准备；然后，具体介绍了三种 Hadoop 系统部署方式以及 Hadoop 3. X 环境搭建的过程。

本 章 习 题

一、填空题

1. Linux 的发展有五个重要支柱，主要包括（　　）、（　　）、POSIX 标准、MINIX 系统和 Internet 网络。

2. GNU 是（　　）的递归缩写。

3. POSIX 是（　　）的缩写，表示可移植操作系统接口。

4. MINIX 系统是采用（　　）架构的轻量级类 Unix 操作系统。Linux 是采用（　　）架构。

5. Linux 采用（　　）模式，内核代码紧凑，执行速度快，可以为核外的所有程序提供运行环境。

6. Linux 采用四层设计，从上到下包括用户应用程序层、（　　）、（　　）、硬件系统，各层只能与相邻层进行通信，靠上的层依赖靠下的层，反之却不存在依赖。

7. Shell 本质上是一个（　　），向下可以进行系统调用，向上能够操作各种应用程序，起着"胶水"的作用，从而增强各个程序的功能。

8. X–Window 系统由（　　）、客户端和（　　）三个相关的基本部件组合而来，向用户提供基本的窗口功能支持。

9. GNOME 是（　　）的缩写，是 Linux 发行版中应用最广的图形桌面系统之一。

10. Ubuntu 的桌面系统从 11.04 版本起，开始使用（　　）作为默认的用户界面。

11. 在 Linux 环境下，安装了多种 shell，最常见的有 sh、csh、（　　）和 ksh。

12. 如果要复制多个源文件到指定目录，多个源文件之间需要用（　　）隔开。

13. 如果要强行复制文件或目录，而不论文件或目录是否存在都不会给出提示，则需要在复制命令中加入参数（　　）。

14. 如果要复制一个目录文件中的所有子目录及相应文件，则需要在复制命令中使用（　　）参数。

15. 要查看某个指定目录中所有的文件（包括隐藏文件）的详细信息，则需要在 ls 命令中加入参数（　　）和参数（　　）。

16. 如果在删除文件之前先询问用户，则需要在删除命令中使用参数（　　）。

17. 在 Linux 中，对文件或目录的权限控制分别是读取（r）、写入（w）和（　　）三种。

18. 在用数字表示用户权限时，读取权限的数字代号是（　　），写入权限的数字代号是（　　），不具有任何权限的数字代号是（　　）。

19. 如果要级联创建多级目录，需要在创建目录时使用参数（　　）。

20. 在 vi 编辑器中从命令工作模式转换至末行模式，使用（　　）键。

21. 在 vi 编辑器中，如果要在光标所在行的下面插入一个空行，需要在命令模式下按（　　）键。

22. 在 vi 编辑器中，如果要删除当前光标所在的行，需要在命令模式下按（　　）键。

23. Hadoop 常见的部署方式有：本地部署模式、伪分布式部署模式和（　　）。

24. 伪分布式部署模式是 Hadoop 所有的服务进程都在本地计算机上单独运行，并非在真正的分布式环境下，但是需要启动四个主要进程，包括：DataNode、（　　）、JobTracker 和（　　）。

25. 在 Linux 中，要查看当前运行的进程情况，需用（　　）命令。

26. 如果要设置 HDFS 中数据块复制的份数，需要配置的参数是（　　），该参数是在配置文件（　　）中。

27. 查看 jdk 是否安装成功所使用的命令是（　　）。

28. 关闭 Hadoop 服务可以使用的命令是（　　）或（　　）。

29. 如果要设置默认的 HDFS 端口需要在配置文件（　　）进行配置（　　）参数。

30. Hadoop 的配置文件都是（　　）格式的，每个配置项都是以声明 property 中的 name 和 value 值的方式来实现。

二、操作题

1. 将/usr/hadoop 目录中的所有文件都移动到/usr/dir 目录中。

2. 要将文件 hello. txt 复制到/usr/hadoop/tmp 目录中，并改名为 hellouser. txt。

3. 列出/usr/opt 目录及其子目录中所有的文件和文件夹的详细信息。

4. 将/usr/opt 目录中的所有文件夹打包成 opt. tgz

5. 删除当前路径下以 he 开头的所有目录

6. 查看/usr/hadoop/file1. txt 文件的内容，显示在屏幕上。

7. 创建一个新文件 helloworld. txt，并将/usr/hadoop/file1. txt 中的文件追加到 helloworld. txt 文件中。

8. 为所有用户添加对 helloworld. txt 文件的执行权限。

9. 查看当前安装的 hadoop 的版本号。

10. 启动 Hadoop 服务中所有的进程。

三、简答题

1. 简述 Linux 操作系统的特点。

2. 简述 Linux 的体系结构及各部分的主要作用。

3. Linux 有哪几种常见的图形界面？请简述其特点。

4. 简述 vi 编辑器的三种状态，以及三种状态的转换方式。

5. 简介 Hadoop 的三种部署方式及其特点。

6. 简述 Hadoop3. x 环境部署的过程。

本章主要参考文献：

张金石. Ubuntu Linux 操作系统（第二版）［M］. 北京：人民邮电出版社，2016，08.

我们要以科学的态度对待科学、以真理的精神追求真理，坚持马克思主义基本原理不动摇，以满腔热忱对待一切新生事物，不断拓展认识的广度和深度，敢于说前人没有说过的新话，敢于干前人没有干过的事情，以新的理论指导新的实践。

——引自二十大报告

第 3 章

Hadoop 分布式文件系统原理

本章学习目的
- 了解计算机集群与分布式系统的概念。
- 掌握 HDFS 的架构与组件、体系结构等。
- 熟悉 HDFS 的高可用机制。
- 掌握 HDFS 的读写原理。
- 熟悉 HDFS 的联邦机制。

3.1 集群与分布式文件系统

3.1.1 计算机集群

面对互联网技术的快速发展与数据量的爆炸式增长，个人、企业均面临数据管理困难、数据维护成本高、数据存储可靠性低等现实问题。随着计算机技术的不断提高与发展，单台计算机性能、可靠性虽然能够满足日常应用的需求，但在一些科学计算、系统仿真领域，单台计算机的计算能力仍然难以满足应用的需要。计算机集群是一种用特定方法把相对于超级计算机便宜许多的普通计算机设备加以连接，采用并行处理的方式，提供与超级计算机几乎相当性能的计算和存储能力。这种集群技术在 20 世纪 70 年代就已经被人提出了，但是受限于当时网络交换技术的发展，集群系统的性能赶不上其他并行处理系统，直到近些年 ATM 技术、千兆以太网技术成熟后，集群系统才具备了与超级计算机几乎相当的性能。

1. 计算机集群的概念

计算机集群（简称集群 Cluster）的定义是相互独立的一组计算机节点通过松散的计算机软硬件集成在一起，通过高速网络和紧密协作，共同完成计算工作的计算机系统。一个网络客户端（Client）与集群系统连接时，集群内部通过网络互联来连接多个相互独立的运算系统，这些运算系统一起协同工作，但整个集群从外部来看仍呈现为一个服务系统或一台独立的服务器。集群中的单个计算机也被称为节点或计算节点，一般是通过局域网进行连接，但也支持其他连接方式。集群计算机能够充分利用计算资源进行协同工作，它将工作负载从一个超载的节点迁移到集群中的其他节点上，可以提升单台计算机的计算速度、可靠性与可扩展性。因此，一般部署集群比使用单个计算机的性价比高。

通常情况下，集群中的计算机节点会被存放在若干个机架上（Rack）上，每个机架可部署 8 ~ 64 个计算节点，同一机架上的不同计算节点之间通过网络互联连接在一起，不同机架上的计算节点之间采用交换机进行连接，如图 3 - 1 所示。在集群系统中的每个计算节点都是一个独立的服务器，各自运行独立的进程，各节点之间可以相互通信。集群中所使用的计算机可以是性能一般、价格低廉的普通计算机，它们通过集成技术，可以承担超级计算机才能做的工作。集群中的计算节点既能够作为单独的计算节点，也能够协同为用户提供服务。当单个计算节点出现故障或性能出现瓶颈，难以完成客户请求的时候，集群会将部分请求自动转移到集群中的其他节点进行处理。这个过程对用户是完全透明的，即用户完全意识不到集群系统底层的运行细节，也不必去了解集群系统是如何工作的。集群系统具有良好的可伸缩性，可以通过增加或减少其中的计算节点的数量或者提高单个计算节点的性能来提升系统的处理能力。

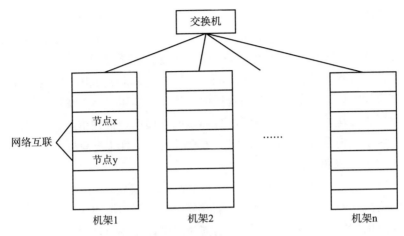

图 3 - 1　集群的基本架构

总之，集群系统利用时间片处理技术、负载均衡技术将多台计算机联结起来，它的处理性能通常比单台计算机要强大许多，能够为用户提供高性能、高可靠的计算、存储等服务。而且，集群系统还可以保证最终用户数据及应用程序的高可用性，也就是说集群系统中的单个计算节点出现故障不会影响整个集群系统的服务，冗余节点会代替故障节点，从而保证集群系统仍能正常运行。因此，集群系统在构建高性能计算、高吞吐量计算、分布式计算中具有广阔的应用前景。

2. 计算机集群的特点

计算机集群主要具有以下几个特点：

（1）强数据处理能力。一些计算密集型应用需要计算节点有很强的运算和处理能力，当这种应用需求超出了大型机胜任的限度时，人们首先会考虑是否可以集中更多计算节点的运算能力来提高整体的处理性能以满足实际需要，计算机集群就是这样一种系统。计算机集群通过负载均衡、并行处理、时间片处理等技术，利用多台计算机组成高性能计算机集群，对外提供强大的数据处理和高性能计算的能力。

（2）高可扩展能力。集群系统具有良好的可伸缩性。当用户需要提升集群系统的处理能力、计算能力时，除了提升集群中单个计算机节点的处理能力，如增加 CPU 数量、增加内存大小等，还可以通过增加集群节点数量，将计算节点动态添加到集群系统中，从而提高集群的整体性能。这样，通过向集群中添加、删除计算节点，集群的处理能力、存储能力、网络能力可以被动态伸缩，而负载均衡技术将集群环境下的资源均匀分配给不同的任务，大大提升了应用程序的吞吐量，增强了系统整体处理能力，实现了集群系统的扩容。

（3）强容错能力。计算机集群采用高可用性运算架构，当某个计算节点发生故障时，故障节点拥有的资源以及运行的应用程序能够被运转正常的节点所接管，从而保证整个系统运行环境的连续性。这种单点故障自动恢复的能力对于增强系统数据的可用性、安全性与可靠性十分重要。

3. 计算机集群的分类

集群系统一般都具备两大能力：负载均衡与错误恢复。按照集群环境、功能和结构的不同，可以将计算机集群分成：负载均衡的计算机集群、高可用的计算机集群、高性能的计算机集群和网格计算/网格集群。

（1）负载均衡的计算机集群（Load Balancing Clusters，LBC）。负载均衡集群一般用于大规模计算环境。LBC 中全部节点都处于运行活动状态，分摊系统的工作负载，可以分成两个主要部分：负载均衡调度器与后台计算服务器。其中，负载均衡调度器的功能是接收用户的服务请求信息，为其分配相关任务并运算。负载均衡集群运行时，一般通过一个或者多个负载均衡调度器，将客户请求负载按照事先定义的规则分发到后台的一组服务器上进行处理，从而提升整个集群系统的性能与可用性。负载均衡集群可以在接到请求时，发现哪些服务器请求较少且不繁忙，就把请求转移到这些服务器上。平时常见的 Web 服务器集群、数据库集群、应用服务集群都是属于这种类型。另外，Linux 操作系统上的虚拟化服务器项目（Linux Virtual Server，LVS）也是一个负载均衡集群应用软件的典型实例。

（2）高可用性的计算机集群（High Availability Clusters，HAC）。高可用性集群一般是指当集群中的某些节点失效时，其上运行的任务会自动转移到其他正常运转的节点上，或者使某节点离线后再上线，整个集群系统的运行不会因为该节点的失效而受到影响。也就是说，HA 集群试图解决服务运行中不被中断的问题。高可用性的计算机服务器集群技术，通过确保用户的业务程序对外提供不间断服务，实现故障检测和业务自动切换，降低因软件、硬件、人为等原因所造成的损失。

高可用性集群以一个整体的方式向用户提供不间断的网络服务。为了提升服务器系统的运行与响应速度，它利用多台机器上运行的冗余节点相互之间协同工作。当有某个运行节点宕机的时候，其他候选节点将能够在极短的时间内完成节点上服务的迁移。因此，也将 HAC 称为"永远不会停机"的计算机集群。

（3）高性能的计算机集群（High – Performance Clusters，HPC）。高性能计算集群是旨在提升计算机集群的科学计算能力，是计算机并行计算的基础，应用场景很广泛。HPC 一般采用 Linux 操作系统及其他一些免费软件，这些软件往往调用特定的软件运行库，如 MPI 库（一种专为科学计算领域设计的函数库）。HPC 是一种主—从架构的体系结构，主节点服务器主要运行相应的控制程序，能够把一个规模较大的计算任务分解成若干个子任务，再将子任务分配到集群中的各个子节点服务器，子节点各自进行计算，再将中间结果传送到主节点服务器做最后计算或输出结果。HPC 集群非常适合于各计算节点之间发生大量数据通信的计算作业，如基因分析、化学分析等都是利用了 HPC 集群能够充分利用每一台计算节点的资源，实现复杂的并行计算的能力这一特征。

（4）网格计算/网格集群（Grid Computing/Cluster）。网格计算是另外一种集群计算技术，与传统集群不同，网格连接的计算机彼此之间是互不信任的，即所有计算节点之间组成了一个不相互信任的计算机集群。相比其他集群，网格集群中的计算节点不是一个独立的计算机，网格要比一般集群支持更多种类的计算机节点。网格对许多独立作业的工作任务进行了优化，计算过程中不用在做作业之间互相共享数据，数据无须做优化即可使用。但是在所有节点共享各种资源，如存储资源，但是作业运算产生的中间结果与其他网格节点上作业计算的进展是独立分割的，不会互相影响。

综上所述，实际使用中四种类型的计算机集群是交叉、交融的。高可用性集群也可以做负载均衡来用；同时，编写应用程序的集群运行环境可以在节点之间执行负载均衡操作。因此，集群划分仅仅是相对的。

3.1.2　分布式文件系统

传统条件下，计算机系统是通过文件系统来进行数据的管理及存储的，在存储、处理大量数据的时候对计算机的硬件性能要求很高。伴随着大数据时代的到来，人们能够获取的数据规模成倍地增长，采用增加硬盘数量的方式来提高计算机文件系统的存储容量方式已经越来越难以胜任，其主要原因来自几方面：首先，从数据管理的角度上来说，数据安全、数据备份、数据管理和维护的要求越来越高，难以满足。其次，配备存储、处理海量数据的计算机系统所需的软硬件环境需要花费昂贵的资金及大量维护人员。为了能够整合集群中的各种资源以获得更多的存储容量和更好的并发访问性能，人们提出了分布式文件系统的解决方案。

1. 分布式文件系统的概念

分布式文件系统（Distributed File System，DFS）指的是通过计算机网络相互连接的多个分布式部署的网络计算机节点上所提供的文件管理系统。与单机文件系统不同，分布式文件系统管理的物理存储资源不一定在本地计算机节点上，而是在整个集群的某一台或者几台计算机节点上。在分布式系统中的物理资源的位置要求比较宽泛，将固定的单个计算机文件系统，扩展到集群中任意地点和任意节点的文件系统所组成的网络，通过网络在节点之间进行数据通信及数据传输。用户使用分布式文件系统时，不用考虑数据真正存储在哪个物理节点上，也不需要考虑数据是从哪个节点中获得的，可以像使用本地文件系统一样管理和操作存储在分布式文件系统中的数据。分布式文件系统可以将文件部署到成千上万的计算机集群节点上，而且，在计算机集群中可以使用普通的、廉价的计算机硬件，这大大节约了设备成本。

分布式文件系统的基本架构如图 3 - 2 所示，采用"客户机/服务器（Client/Server）"模式，客户端通过网络连接服务器，发出文件访问的请求，并可以设置访问权限以限制请求方对底层数据块的访问权限。分布式文件系统通过网络在多台主机上进行数据共享，实现了多个用户文件及存储空间分享的目的。

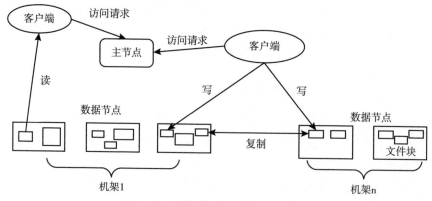

图 3 - 2　分布式文件系统的基本架构

2. 分布式文件系统的特点

分布式文件系统是由计算机集群中的多个节点构成的，其节点包括两类：一类是 Master Node（主节点），也叫作名称节点（NameNode），主要负责存储元数据，管理文件、数据块（Data Block）、数据节点（DataNode）之间的映射关系等。除此之外，NameNode 还负责文件和目录的创建、删除及重命名等。因此，客户端必须先访问 NameNode，找到客户端请求的文件对应的文件块，以及文件块所在数据节点的位置信息，进而才能到 DataNode 上读取所需的文件块数据。

另一类是从节点（Slave Node），也叫作数据节点（DataNode），主要负责存储磁盘文件内容，维护数据块 ID（Block id）到 DataNode 本地文件间的映射关系。除此之外，DataNode 还负责数据的存储和读取。在存储数据时，NameNode 为存储请求分配存储位置，然后将数据直接写入集群指定的 DataNode 中；在读取数据时，客户端首先从 NameNode 获得 DataNode 与文件块间的映射关系，然后从对应的 DataNode 访问文件块数据。

总之，分布式文件系统（DFS）具有如下典型特征：

（1）用户访问的透明性。分布式文件系统在物理上构建了基于网络访问的集群文件存储系统，然而对客户端用户这种分布式结构却是透明的，即客户端访问分布式文件系统就像访问本地计算机的磁盘一样，而不需要知道访问的数据具体在集群的哪个节点上。

（2）分布式存储的容错性。由于采用了分布式冗余存储备份技术，数据块被多次复制并分散存储到系统的多个冗余节点上。客户端在请求访问数据时，可以采用就近原则或者根据网络拥塞情况来访问 DataNode；而如果要访问的 DataNode 出现故障，无法存储和读取，此时并不会发生数据丢失，系统仍然可以从其他节点访问数据块，持续保持对外提供服务。

3.1.3　Hadoop 分布式文件系统（HDFS）

Hadoop 是 Apache 软件基金会下的一个开源项目，它起源于谷歌的云计算设计思想，是其开源实现版本。Hadoop 分布式文件系统（Hadoop Distributed File System，HDFS）的前身是为 Apache 的 Nutch 开源项目，HDFS 是 Hadoop 的核心组件之一，负责整个分布式系统的数据存储管理、文件管理及错误处理等工作。

1. HDFS 的基本结构

HDFS 是 Hadoop 分布式计算框架数据存储管理的基础，应用对象主要是为了访问流数据和处理超大文件的需求而设计的。图 3 – 3 给出了 HDFS 的基本结构，HDFS 集群采用主/从（Master/Slave）体系结构，主要由四个部分组成，包括客户端（Client）、数据节点（DataNode）、名称节点（NameNode/Primary NameNode）以及第二名称节点（Secondary NameNode）组成。其中名称节点在 HDFS 中作为中心节点，负责管理文件系统的命名空间、数据块的映射信息以及客户端对文件的访问等。数据节点由单台或者多台计算机组成，负责原始数据的实际存储。

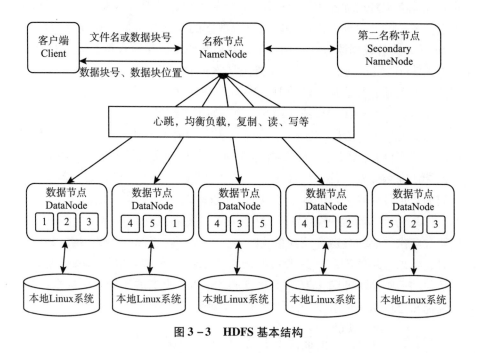

图 3 – 3　HDFS 基本结构

HDFS 中的命名空间主要由块、文件和目录三级组成。另外，在 Hadoop 1. x 时代，HDFS 集群中只有一个命名空间和唯一的名称节点，该节点管理 HDFS 的整个命名空间。HDFS 也使用了分级文件体系，数据虽然被分散存储在不同的数据节点上，但是对于普通用户来说，可以像使用本地普通文件系统一样，创建、删除、重命名文件及目录或者在目录间转移文件。

通常情况下，对 HDFS 的操作主要是通过客户端来完成的，HDFS 的客户端是一个库，提供了 HDFS 文件系统的调用接口。客户端是独立于 HDFS 的部分，支持打开、读取、写入等常见的文件系统操作。用户可以通过两种方式来操作 HDFS 中的数据：一种是提供类似 Shell 命令行的方式来操作 HDFS 中的数据；另一种方式是通过 Java API 的客户端编程接口访问文件系统，可以对 HDFS 执行更复杂的操作。

HDFS 分布式文件系统在集群上的网络传输通信协议构建在 TCP/IP 协议基础上，客户端通过一个可配置的端口向名称节点主动发起 TCP 连接。与数据节点的交互是通过 RPC（Remote Procedure Call，远程过程调用）来实现的。名称节点响应来自客户端和数据节点的 RPC 请求，一般名称节点不主动发起 RPC，而名称节点与数据节点之间的交互是通过数据节点协议来完成。

HDFS 中的数据读写请求执行过程与分布式文件系统类似，名称节点负责处理客户端发出的读写请求，名称节点收到请求后将在统一调度下对数据块的创建、删除和复制等操作进行处理。集群中数据节点存储的数据实际保存在本地文件系统中。这些数据节点每隔一段时间（可以由用户进行设置）向名称节点发送"心跳"请求消息，报告自己当前的状态，如果某个数据节点未按时发送心跳信息，名称节点则会停止给它分配 I/O 请求，并将其标记为"故障"节点。

在 HDFS 中，一个数据文件会被切分成若干个数据块（Data Block），这些数据块被分散存储在各个数据节点上。当客户端请求访问集群中的某个文件时，HDFS 执行的过程如下：首先，客户端将文件名发送给名称节点，名称节点接收到文件查询请求后，查找文件所包含的所有数据块所在的数据节点信息，把实际数据节点位置（故障节点上数据块位置信息会被过滤）发送给客户端；最后，客户端就可直接从数据块所在数据节点读取数据，名称节点并不参与数据块的传输过程。

2. HDFS 的主要特性

HDFS 的设计目标是实现一种具有高并发读写能力的大型分布式文件系统，能够在通用的计算机硬件设备所组成的集群上进行部署。具体来说，HDFS 的基本特性如下：

（1）数据存储具有分布性。在 HDFS 中的文件系统是以数据块（Block）为单位来存储数据的，一个文件被分割成若干个小文件块，每个文件块的大小默认为 64MB 或 128MB（可以配置）。同一个文件块复制多个备份分发到网络集群中的不同数据节点上存储起来。这种分布式存储方式不受单个数据节点的存储容量限制，有利于大型文件的存储。

（2）数据访问具有透明性。在 HDFS 中文件被分割成数据块（文件块）存储在不同数据节点的物理计算机上，当用户访问所需要的数据（文件）时，访问 HDFS 的方式与访问本地磁盘文件方式相同，用户不必考虑具体实现细节。用户通过客户端首先向名称节点请求文件块存储位置的元数据映射信息，再根据元数据映射信息到实际存储数据的数据节点上访问对应的数据块（文件块）。该访问操作与 Linux 命令行的接口访问方式类似，用户使用简单方便。

（3）数据块的冗余存储具有容错性。HDFS 中复制因子的大小决定了冗余数据块的复制数量，即如果复制因子的数量是 3，同一个数据块将被复制到 3 台数据节点上进行冗余备份。因此，一定数量的数据节点发生故障不会影响数据的正常访问，系统将从其他数据节点获得数据，不会造成数据的丢失和停机的损失。

（4）具有对流式数据的访问性。HDFS 客户端对数据进行访问时，采用"一次性写入，多次进行读取"的工作方式，对大型数据文件采用流式访问的方式，将数据作为连续流来传输。也就是说，客户端在读取数据、接收数据的时候，都不是将所有数据收集到一起后才进行处理的，而是一旦获得部分数据流就立即进行处理，这种方式使得 HDFS 进行数据处理的效率大大提升。

（5）集群具有良好的可伸缩性。HDFS 的文件系统具有高可伸缩性，集群中的存储空间不够时，可以水平扩展到任意数量的节点来增加存储容量。HDFS 非常适合存储大规模的大文件，而不适合存储大规模的小文件。这是由于 HDFS 是为处理大数据而设计的，海量小文件消耗主节点上更多的内存，导致 HDFS 整体处理性能降低。因此，在 HDFS 中所设置的数据块大小一般小于或等于存储文件的大小。

（6）主节点具备高可用性。HDFS 的文件系统被设计成一个高可用性的系统，客户端的每一次读、写请求都将发送到名称节点即主名称节点（Primary NameNode）进行检查，主名称节点上存储了数据节点上真实数据的位置信息，如果主名称节点发生单点故障，整个 HDFS 将瘫痪。因此，Hadoop 提供了第二（备用）名称节点（Secondary NameNode），在主名称节点访问失败时会接管其职能。在最新的 HDFS 3.x 架构中进一步提升了系统的可用性和健壮性，允许两个以上的名称节点存在并可以同步运行。

3. HDFS 的优势和不足

结合 HDFS 运行机制，HDFS 优势和不足总结如表 3 - 1 所示。

表 3 - 1 　　　　　　　　　　　　HDFS 的优势与不足

HDFS 优势	HDFS 不足
（1）采用冗余数据备份，单个节点的故障不易丢失数据，容错能力强	（1）不适合低延时（实时）数据的访问
（2）支持 TB/PB 级大文件或百万以上数量数据集的处理	（2）无法高效存储大量小文件数据，吞吐效率低
（3）兼容通用及廉价计算机硬件进行部署，具有强大的跨平台兼容性	（3）不支持多用户并发写入和数据文件任意修改
（4）具有高可扩展性，可以水平扩展到任意数量的节点	
（5）可以采用数据流方式访问文件系统	
（6）文件模型具有简单一致性	

总之，HDFS 能够运行在由廉价的普通机器组成的集群上，具有高容错性，支持流数据读取，保证在硬件出错的环境中实现数据的完整性，非常适用于大数据集的应用。

3.2 　HDFS 架构和组件

3.2.1 　HDFS 3. x 架构

HDFS 3. x 的体系结构由数据组和管理组两部分组成。按照功能划分，数据组主要包括文件存储的相关流程及组件，而管理组主要由一系列数据管理操作组成，如数据读取、写入、截断、删除等。按照组件划分，数据组包括数据块、复制、检查点和文件元数据的组件；管理组中主要包括 NameNode、DataNode、JournalNode（日志节点，简称 JN）和 ZooKeeper。HDFS 的体系结构及其逻辑组件构成，如图 3 - 4 所示。

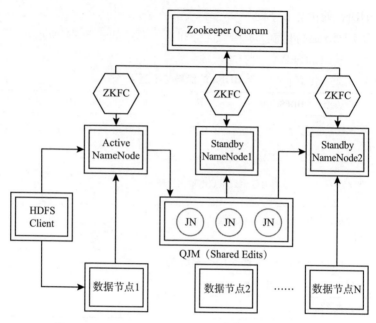

图 3 - 4   HDFS 体系结构和逻辑组件 （Hadoop 3. X）

3. 2. 2   名称节点 （NameNode）

1. 名称节点

在 HDFS 中，名称节点（NameNode）也称为 Master 节点或元数据节点，主要负责管理 HDFS 文件系统的命名空间（NameSpace），维护着整个文件系统树（File System Tree），以及文件/目录的元信息和文件的数据块索引，即每个文件对应的数据块列表在数据节点上的映射。这些信息以三种文件形式存储在本地文件系统中：一是文件系统名称空间；二是命名空间镜像文件 FSImage（File System Image，文件系统镜像）；三是命名空间镜像的编辑日志文件 EditLog。如图 3 - 5 所示。

FSImage 是某一时刻 HDFS 的元数据信息的快照，即文件系统在某个时间点的状态信息，包含所有相关 DataNode 节点文件块映射关系和命名空间（NameSpace）信息，存储在 NameNode 本地文件系统中；EditLog 用于记录客户端（Client）发起的每一次操作信息，即保存对文件系统的所有修改操作，包含最后一个 FSImage 文件创建后对每个 HDFS 文件所作的操作记录

（包括创建、修改、截断或删除等操作），用于定期和当前的 FSImage 合并成最新的 FSImage 镜像（将 FSImage 文件与编辑日志 EditLog 文件合并的过程称为检查点 CheckPoint），保证 NameNode 元数据信息的完整，存储在 NameNode 本地和共享存储系统 QJM（Quorum Journal Manager，简称 QJM，日志管理器）。在 NameNode 启动时会将 FSImage 文件中的内容加载到内存中，之后再执行 EditLog 文件中的各项操作，这将使内存中的元数据和实际数据同步，并且内存中的元数据支持客户端的读操作。

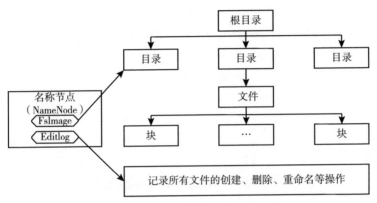

图 3 - 5　名称节点的基本数据结构

　　NameNode 本地的 FSImage 文件和 EditLog 日志文件的具体格式如图 3 - 6 所示。EditLog 文件有两种状态：inprocess 和 finalized。其中，inprocess 表示正在写的日志文件，文件名形式为：editsinprocess［start - txid］；finalized 表示已经写完的日志文件，文件名形式为：edits［start - txid］［end - txid］。FSImage 文件也有两种状态：finalized 和 checkpoint。其中，finalized 表示已经持久化磁盘的文件，文件名形式为：fsimage_［end - txid］；checkpoint 表示合并中的 FSImage。在 Hadoop 2. x 版本中，checkpoint 过程在 Standby NameNode（备用名称节点）上进行，Standby NameNode 会定期将本地 FSImage 文件和从日志管理器 QJM 上取回的 Active NameNode 的 EditLog 进行合并，合并完成后再通过 RPC 传回 Active NameNode。

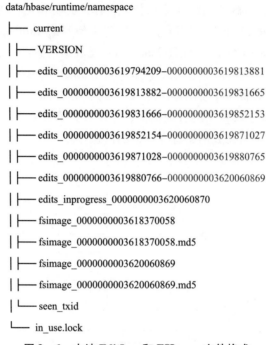

```
data/hbase/runtime/namespace
├── current
│   ├── VERSION
│   ├── edits_0000000003619794209-0000000003619813881
│   ├── edits_0000000003619813882-0000000003619831665
│   ├── edits_0000000003619831666-0000000003619852153
│   ├── edits_0000000003619852154-0000000003619871027
│   ├── edits_0000000003619871028-0000000003619880765
│   ├── edits_0000000003619880766-0000000003620060869
│   ├── edits_inprogress_0000000003620060870
│   ├── fsimage_0000000003618370058
│   ├── fsimage_0000000003618370058.md5
│   ├── fsimage_0000000003620060869
│   ├── fsimage_0000000003620060869.md5
│   └── seen_txid
└── in_use.lock
```

图 3-6　本地 EditLog 和 FSImage 文件格式

在命名空间中，还有一个重要文件 seen_txid，该文件用于保存 EditLog 最新结束事务的事务 ID。当 NameNode 重启时，会顺序遍历从 edits_0000000000000000001 到 seen_txid 所记录的 txid 所在的日志文件，进行元数据恢复，如果该文件丢失或记录的事务 ID 有问题，会造成数据块信息的丢失。

2. 文件块 Block 管理

NameNode 记录着每个文件所包含的各个块（Block）所在的 DataNode 的位置信息（元数据信息）。但是它并不是持久化存储这些信息，因为 NameNode 会在每次启动系统时动态重建这些信息。这些元数据信息主要包括：文件名到数据块的映射以及数据块到 DataNode 列表的映射。其中，"文件到数据块"的映射保存在磁盘上进行持久化存储，NameNode 上不保存；"数据块到 DataNode 列表"的映射是通过 DataNode 上报给 NameNode 建立的。NameNode 执行文件系统的名称空间操作，例如打开、关闭、重命名文件和目录，同时确定文件数据块到具体 DataNode 节点的映射。

可见，NameNode 的主要功能可以概括为：

（1）NameNode 维护着 HDFS 中全部数据的元数据，包括所存储的文件和目录的元数据。这些元数据主要包括文件创建/修改时间戳、访问控制列表、块的副本信息以及文件当前状态。

（2）NameNode 控制着对数据的所有操作。在 HDFS 上的所有操作，都需要首先通过 NameNode，然后再传递到 Hadoop 的相关组件。NameNode 根据其存储的访问控制列表，得到用户对每个 DataNode 中的块或副本的访问权限。如果对于某个块，某个操作不允许用户执行，则 NameNode 会拒绝该操作。

（3）NameNode 向客户端提供系统数据块信息，以及应该从哪个数据块进行读/写。

（4）NameNode 负责向 DataNode 发出一些特殊命令，如：删除损坏的数据块，以保持一个健康的 DataNode 数据块列表。

（5）NameNode 在内存中还维护一个称为 inode 的数据结构。inode 包含关于文件和目录的所有信息，包含文件或目录名、用户名、组名、权限、授权、修改时间、访问时间和磁盘空间配额等信息。

3.2.3　第二名称节点（Secondary NameNode）

1. 第二名称节点

FSImage，即命名空间镜像文件，实际上是 HDFS 文件系统元数据的一个永久性检查点（CheckPoint），但不能频繁进行写操作来更新这个文件，因为 FSImage 文件一般都很大（通常 GB 级别），如果对其频繁的进行写操作，会导致系统运行十分缓慢。为了解决这个问题，在 NameNode 中引入了编辑日志文件 EditLog，这样 NameNode 就可以将命名空间的改动信息或更新操作写入命名空间的编辑日志文件（EditLog）中，每次执行写操作之后，且在向客户端发送成功代码之前，EditLog 文件都需要同步更新。但是，随着 HDFS 的更新操作不断写到 EditLog 中，EditLog 文件也会随之逐渐增大。这样一旦 NameNode 发生故障，那么将需要花费很长的时间进行回滚操作。

另外，当 NameNode 重启时，需要先将大文件 FSImage 中的所有内容加载到内存中，然后再逐条执行 EditLog 中的各项日志操作，以保持内存中的元数据和实际的数据同步。当 EditLog 文件非常大时，会导致 NameNode 的启动操作非常慢，启动时间也会比较长；而在 NameNode 重启过程中，一直处于安全模式，这样就会造成 NameNode 长时间处于不可用状态，从而造成长时间无法响应客户端的读操作请求，这非常不符合 Hadoop 的设计初衷。

因此，像传统的关系型数据库一样，HDFS 采用定期对 FSImage 文件和 EditLog 文件进行合并的方法，以避免由于 EditLog 文件过大，使得合并操作占用大量的 CPU 时间以及占用与 NameNode 相当的内存资源的情况；然而，如果在 NameNode 为集群提供服务时还要负责执行合并操作，就有可能导致 NameNode 的运行资源不足。因此，引入了第二名称节点（Secondary NameNode）。

第二名称节点（Secondary NameNode）也被称为备用名称节点，是 HDFS 主从架构中的备份元数据信息的备份节点。如图 3−7 所示，引入 Secondary NameNode 可以定时对 NameNode 中的数据快照（snapshots）进行备份，其主要的工作是：Secondary NameNode 定期获得 FSImage 文件和 EditLog 文件进行合并，生成新的 FSImage 文件，并清空原 EditLog 文件，然后，把新的 FSImage 文件发给 NameNode 进行更新。这样使 EditLog 文件的大小保持在限制范围内，减轻 NameNode 的负担，减少重新启动 NameNode 时消耗的启动时间，还起到了冷备份的作用，即，一旦 HDFS 的 NameNode 架构失效，就可以借助 Secondary NameNode 进行数据恢复，不会造成 NameNode 重启时长时间不可访问的情况。

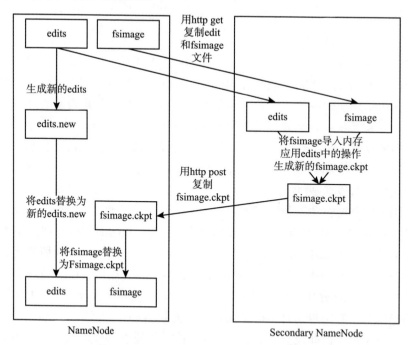

图 3−7　Secondary NameNode 的工作原理

如图 3 - 7 所示，Secondary NameNode 进行检查点（CheckPoint）的处理过程是：

（1）Secondary NameNode 请求和 NameNode 通信，在 NameNode 上创建一个新的 EditLog 文件 edits. new，并将新生成的操作记录写入。

（2）Secondary NameNode 通过 HTTP GET 方式从 NameNode 上读取 FSImage 和 EditLog 文件。

（3）Secondary NameNode 将下载的 FSImage 载入内存，执行 EditLog 文件中的各项更新操作，将 EditLog 和 FSImage 文件合并，生成一个新的 FSImage 文件 fsimage. ckpt。至此新的检查点被创建完成。

（4）Secondary NameNode 会通过 HTTP POST 方式，将新的 FSImage 文件 fsimage. ckpt 传送到 NameNode，NameNode 使用新的 FSImage 文件 fsimag. ckpt 替换旧的 FSImage 文件，同时用新的 EditLog 文件 edits. new 替换旧的 EditLog 文件，这个过程称为一个检查点。

2. 名称空间管理

NameNode 负责管理 HDFS 的名称空间（NameSpace），主要维护着 FSImage 和 EditLog 两个核心的数据结构。其中，FSImage 是 NameNode 对整个文件系统的快照；EditLog 负责记录文件系统对所有文件的创建、删除、重命名等操作记录。

FSImage 文件包含了 HDFS 文件系统中所有目录和文件 idnode 的序列化信息。每个 idnode 是一个文件或目录的元数据的内部表示，并包含以下信息：

（1）对于文件，则存储文件的复制等级、修改和访问时间、访问权限、块的大小以及组成文件的块；

（2）对于目录，则存储修改时间、权限和配额元数据。

但是，FSImage 却并没有记录数据块存储在哪个 DataNode 中，而是由 NameNode 把这些映射保留在内存中，当 DataNode 加入 HDFS 集群时，DataNode 会把自己所包含的块列表告知 NameNode，此后会定期执行这种告知操作，以确保 NameNode 的块映射是最新的。

FSImage 是内存中的元数据在硬盘上的检查点（checkpoint），是一种序列化的格式，并不能在硬盘上直接修改。要启动检查点进程由两个参数控制：第一个参数是 dfs. namenode. checkpoint. period，主要用于指定两个连续检查点之间的最大时间间隔，其默认值为 1 小时。第二个参数是

dfs. namenode. checkpoint. txns，它定义了 NameNode 上新增事务的数量，默认设置为 1000000。当时间间隔达到设定阈值或当事务数达到设定阈值，都会启动检查点进程。

3.2.4　数据节点（DataNode）

HDFS 是基于主/从架构（Master/Slave）构建的，其中，NameNode 是主节点（Master Node），主要用于存储并管理元数据，而 DataNode 是从节点（Slave Node），主要负责数据的存储。

在磁盘存储过程中，每个磁盘都有默认的数据块大小，它是磁盘进行数据读写的最小单位。而文件系统数据块（Block）的大小通常为磁盘数据块的整数倍。由于 HDFS 中存储的文件通常比较大，为了减少寻址开销，减少磁盘一次读取的时间，HDFS 中数据块（Block）的大小通常会设置得比较大，默认为 128MB（在 Hadoop 2.2 版本之前，默认为 64MB）。这样，HDFS 将每个文件分成若干个数据块（Block），以数据块序列的形式进行存储，除了最后一个数据块，所有的数据块具有同样的大小。因此，在 DataNode 中不仅存储数据块的内容，而且还包含在其上存储的数据块的 ID 以及它们之间的映射关系。

一般情况下，HDFS 通常采用冗余复制的方式对数据进行存储。即，一个数据块（Block）会在多个 DataNode 中存储多个副本，而一个 DataNode 对同一个数据块最多只能包含一个备份。复制因子（即数据块的副本数量）可以通过 hdfs – site. xml 文件中的 dfs. replication 属性进行设置，一般默认是 3 个。实际上，每个 DataNode 中的数据被保存在各自节点的本地 Linux 文件系统中，每个数据块就是一个普通文件，可以在 DataNode 存储块的对应目录下看到（默认在 $(dfs. data. dir) /current 的子目录下），块的名称是 blk_blkID 的形式。

在一个 HDFS 集群中，可能包含成百上千个 DataNode 节点，这些 DataNode 节点通常是以机架形式进行组织的，而机架通过一个交换机将所有系统连接起来，机架内部的节点之间的传输速度大于机架间节点的传输速度。整个集群如果要正常工作，需要 DataNode 定期和 NameNode 进行通信，以保持联系。

总的来说，DataNode 主要完成以下工作：

（1）DataNode 从 NameNode 或 HDFS 客户端可以接收指令，并根据接收到的指令执行相应的数据块操作（如创建、复制、修改或删除等）。具体地，客户端向 NameNode 发送一个请求，NameNode 返回一组读写 DataNode 的操作来响应。然后，DataNode 打开一个套接字（socket）连接，让客户端从它的存储中对数据块进行读写。

（2）DataNode 按所配置的时间间隔，周期性地将自己所存储的块的列表信息发送给 NameNode，以更新 NameNode 上的映射表。

（3）DataNode 需要定期向 NameNode 发送一个心跳（Heartbeat）信号保持联系，默认时间间隔为 3 秒，以便让 NameNode 了解 DataNode 是否能正常工作，是否可以满足来自客户端的读取、写入和删除请求。如果 DataNode 在一段时间内没有发送心跳信号，默认 10 分钟 NameNode 没有收到 DataNode 的心跳信息，则认为其失去联系，NameNode 将该 DataNode 标记为"宕机"，将不会再将任何读和写请求发送到该 DataNode。

（4）每个数据块对应一个元数据信息文件，描述这个数据块属于哪个文件，是第几个数据块等信息。一个 DataNode 接收来自另一个 DataNode 的数据块写请求，DataNode 定期向 NameNode 发送块报告，以使 NameNode 中每个块的位置及其他信息都保持最新。

（5）DataNode 之间也会相互通信，执行数据块复制或删除数据等任务。

3.2.5　日志节点（JournalNode）

由于在 Hadoop 1.x 中只有一个名称节点 NameNode，保存着集群中所有的元数据，如果该 NameNode 失效，则整个集群也就处于基本不可用状态，这就是 Hadoop 1.x 中存在的单点故障问题。为了解决这个问题，在 Hadoop 2.x 中，引入了双 NameNode 架构，即包括两种 NameNode 节点：活动名称节点（Active NameNode，ANN）和备用名称节点（StandBy NameNode，SNN）。为了维护 NameNode 的高可用性，就需要管理 Active NameNode 和 StandBy NameNode 之间的编辑日志 EditLog 文件和 HDFS 的元数据。因此，引入了日志节点（JournalNode）。

为了保证 Active NameNode 和 StandBy NameNode 节点状态同步，每个 DataNode 除了需要向两个 NameNode 都要发送数据块（Block）位置和心跳信息外，还需要构建一组独立的守护进程，这组守护进程就是日志节点（JournalNode）。JournalNode 是高可用（High Availability，HA）集群中 Active NameNode 和 StandBy NameNode 之间元数据共享的传输介质，主要用于两个 NameNode 之间保持 EditLog 的共享同步。Active NameNode 和 StandBy NameNode 通过这组 JournalNode 相互通信，即 Active NameNode 往 Journal-Node 中写入 EditLog 数据，StandBy NameNode 再从 JournalNode 中读取 EditLog 数据进行同步，如图 3-8 所示。

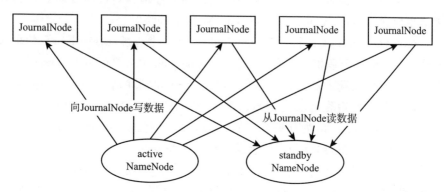

图 3-8 Active NameNode 和 StandBy NameNode 通过 JournalNodes 进行通信

JournalNodes 在存储管理 EditLog 过程中，执行并发写锁定操作，以确保编辑日志 EditLog 一次只能由一个处于 Active 状态的 NameNode 写入，即两个 NameNode 均共享 EditLog，也都可以读取 EditLog 中的数据；但 EditLog 只有 Active 状态的 NameNode 节点可以执行写操作。JournalNodes 采用这种级别的并发控制，是为了避免 NameNode 的状态同时被两个不同的服务操作而产生管理混乱。而这种编辑日志 EditLog 由两个服务同时管理的现象称为 HDFS 的脑裂（brain-split），它会导致数据丢失或不一致的状态。Journal-Node 通过一次只允许一个 NameNode 来编辑日志，从而可以避免这种情况，以便在两个 NameNode 之间更有效的共享 EditLog 和元数据。

3.2.6 Zookeeper 故障转移控制器（ZKFC）

随着 NameNodes 中高可用性（High Availability，HA）的引入，还引入了故障自动转移。没有故障自动转移的 HA 集群需要在发生故障时进行手动干预，以恢复 NameNode 服务，但这是不理想的。为了在 HDFS 中实现自动化的故障转移，Hadoop 社区引入了两个新的组件：Zookeeper quorum（仲裁）和 Zookeeper Failover Controller 进程（Zookeeper 故障转移控制器，简称

ZKFC）。Zookeeper 是一个高可用的服务，维护着有关 NameNode 运行状况和连接性的数据，监控客户端并在其发生故障时通知其他的客户端；Zookeeper 与每个 NameNode 维护一个活动的持久会话，并且该会话在到期时由每个 NameNode 进行更新；如果 NameNode 发生故障或崩溃，则失效的 NameNode 不会更新过期的会话，这时 Zookeeper 会通知其他的备用名称节点启动故障转移过程。

ZKFC 是一个新的组件，是在 NameNode 服务器上安装的一个 ZooKeeper 客户端，它的主要职责包括：

（1）健康监测。每台运行 NameNode 的机器都运行着一个 ZKFC，它们之间是一对一的关系。ZKFC 通过定期运行 ping 信号来监测 NameNode 的运行状况，如果 NameNode 及时响应这些 ping 信号，则 ZKFC 认为该 NameNode 是健康的；如果没有，则 ZKFC 认为它是不健康的，并相应地将其通知给 Zookeeper 服务器。

（2）ZooKeeper 会话管理。当本地 NameNode 是健康的，ZKFC 将在 ZooKeeper 中保持一个打开的会话（Session）；如果本地 NameNode 是活动（Active）的，那么 ZKFC 会在 Zookeeper 服务器上占用一个类型为短暂类型的特殊的锁 znode，此锁 znode 本质上是临时的，会话期满后将自动删除。当本地 NameNode 出现故障时，这个 znode 将会被删除，然后由备用 NameNode 得到这把锁，升级为主 NameNode，同时标记状态为 active；当宕机的 NameNode 重新启动，它会再次注册 ZooKeeper，发现已经有 znode，就自动变为 standby 状态，如此往复循环，保证高可靠性。

（3）基于 ZooKeeper 的选举。通过在 Zookeeper 中维持一个短暂类型的锁 znode，来实现抢占式的锁机制，从而判断哪个 NameNode 为 Active 状态。如果本地 NameNode 是健康的，而 ZKFC 认为目前没有其他节点持有锁，它本身就会尝试获取锁。如果它成功了，那么它已经"赢得了选举"，并负责运行故障转移以使其本地 NameNode 处于 Active 状态。故障转移过程类似于手动故障转移：首先，如果需要则会对前一个活动进行隔离，然后本地 NameNode 转换到 Active 状态。

3.3 HDFS 的高可用机制

3.3.1 集群高可用性 (High Available，HA)

一个数据块以多副本的形式存储在集群中不同的 DataNode 上，集群通过持续的状态监控能够快速检测 DataNode 上的冗余错误，并快速、自动恢复丢失的数据，保证集群的安全可靠性。然而，集群中的 NameNode 是唯一存储元数据与块地址映射的地方。在 Hadoop 1. x 版本之前，由于只有一个 NameNode，如图 3-9 所示，所有元数据由唯一的 NameNode 负责管理，如果该 NameNode 失效，则任何与集群有关的历史操作都将失效，整个集群也就处于基本不可用状态，会造成无法挽回的损失，这就是在 Hadoop 1. x 时代集群中存在的单点故障。

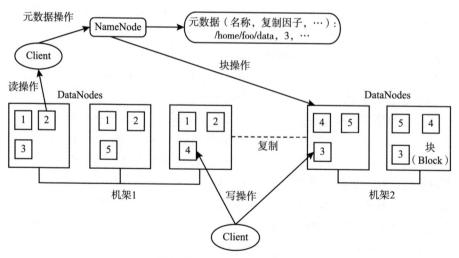

图 3-9　Hadoop 1. x 架构图

在 Hadoop 2.x 版本中，引入了双 NameNode 架构，即活动名称节点（Active NameNode）和备用名称节点（StandBy NameNode），在集群中同时运行的两个 NameNode 形成互备，如图 3-10 所示。在任何时候，Active NameNode 都作为主节点，始终处于活动状态，负责集群中的客户机请求，能够对外提供读写服务；StandBy NameNode 作为从节点，始终处于备用状态，始终保持其状态与 Active NameNode 同步，以便在发生故障时提供快速的故障转移。当 Active NameNode 失效时，StandBy NameNode 会接管它的任务，将原 NameNode 命令空间的元数据镜像导入到内存中，重演编辑日志文件，并开始接收来自客户端的任务请求，期间没有明显的中断，允许机器在崩溃时快速进行故障转移，从而解决了 Hadoop 1.x 中存在的单点故障，确保了集群的高可用性。

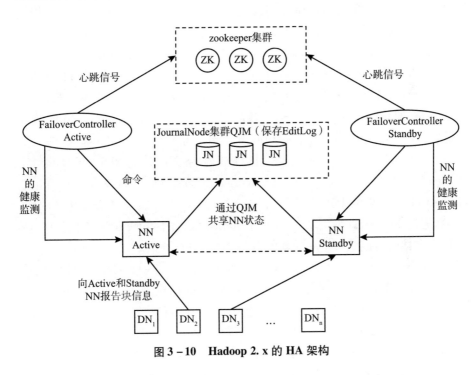

图 3-10　Hadoop 2.x 的 HA 架构

图 3-10 是 Hadoop2.X 高可用性架构，其中 NN 代表的是 NameNode，DN 代表的是 DataNode，ZK 代表的是 ZooKeeper，JN 代表 Journal Node，在集群中有两个 NameNode，一个处于 Active 状态，另一个处于 Standby 状态，

NameNode 是受 Zookeeper 控制的，但是又不是直接受 Zookeeper 控制，有一个中间件 FailoverController（也就是 ZKFC 进程），每一个 NameNode 所在的机器都有一个 ZKFC 进程，ZKFC 可以给 NameNode 发送一些指令，如切换指令。同时 ZKFC 进程还负责监控 NameNode 的健康状态，一旦它发现 NameNode 宕机了，它就会报告给 Zookeeper，另一台 NameNode 上的 ZKFC 就可以得到那一台 NameNode 宕机的信息，因为 Zookeeper 数据是同步的，因此它可以从 ZooKeeper 中得到这条信息，它得到这条信息之后，会向它控制的 NameNode 发送一条指令，让它由 Standby 状态切换为 Active 状态。

具体原理是：初始时，两个 NameNode 都能正常工作，处于激活状态的 NameNode 会实时地把 edits 文件写入到存放 edits 的一个介质当中（如图中的 JN），Standby 状态的 NameNode 会实时地把介质当中的 edits 文件同步到它自己所在的机器。因此 Active 名称节点中的信息与 Standby 名称节点中的信息是实时同步的。FailoverController 实时监控 NameNode，不断把 NameNode 的情况汇报给 Zookeeper，一旦 Active 状态的 NameNode 发生宕机，FailoverController 就跟 NameNode 联系不上了，联系不上之后，FailoverController 就会把 Active 名称节点宕机的信息汇报给 Zookeeper，另一个 FailoverController 便从 ZooKeeper 中得到这条信息，然后它给监控的 NameNode 发送切换指令，让它由 Standby 状态切换为 Active 状态。

此外，存放 edits 文件的方式可以使用网络文件系统 NFS（Network File System），也可以是日志节点（JournalNode，简称 JN）。从图 3-10 可以看出，DataNode 既可以跟 Active 状态的 NameNode 进行通信，又可以跟 Standby 状态的 NameNode 通信，一旦处于 Active 状态的 NameNode 宕机，DataNode 会自动向切换成 Active 的新的 NameNode 进行通信。

但是，在 Hadoop 2.x 中，NameNode 最多只能有一次容错的机会，如果这两个 NameNode 都失败了，那么，NameNode 将成为非 HA，这与 Hadoop 的核心特点高容错性不相符。为了让 Hadoop 在集群中可以容纳多个失效的 NameNode，在 Hadoop 3.x 中引入"多个备用 NameNode"的设计，附加的 StandBy NameNode 其行为与其他 StandBy NameNode 相同，都有自己的 ID、RPC 和 HTTP 地址，并使用日志管理器（Quorum Journal Manager，QJM）作为共享存储组件，通过搭建奇数个日志节点 JournalNodes，实现主备 NameNode 的元数据操作信息同步，获取最新的 EditLog 并更新其 FSImage 镜像。通过 ZKFC 进程实时监测 NameNode 的健康状况，并借助 Zookeeper 实现自动主备选举和切换。

　　ZKFC 是 Hadoop 中通过 ZooKeeper 实现 FC（FailoverController，即 ZKFC 进程，是一中间件）功能的一个实用工具。ZKFC 作为独立的进程运行，对 NameNode 的主备切换进行总体控制，它不仅能够及时监测到 NameNode 的健康状况，而且能够在 Active NameNode 发生故障时，借助 Zookeeper 实现自动主备选举和切换。当然，NameNode 目前也支持不依赖 Zookeeper 的手动主备切换。Zookeeper 集群主要是为控制器提供主备选举支持。

　　共享存储系统是 NameNode 实现高可用的关键部分，它保存了 NameNode 运行过程中产生的所有 HDFS 的元数据，Active NameNode 和 Standby NameNode 通过共享存储系统实现元数据的同步。在主备切换的时候，新的 Active NameNode 在确认元数据同步之后才能继续对外提供服务。而且，Active NameNode 向共享存储系统写 EditLog，Standby NameNode 读取 EditLog 并执行，进而实现状态的同步。除了通过共享存储系统共享 HDFS 的元数据信息之外，Active NameNode 和 Standby NameNode 还需要共享 HDFS 的数据块和 DataNode 之间的映射关系，DataNode 会同时向 Active NameNode 和 Standby NameNode 上报数据块位置信息。

　　综上所述，Hadoop 集群的 HA 机制，主要包括元数据同步、主备选举等，其中，元数据同步依赖于日志管理器 QJM 实现的共享存储，主备选举依赖于 ZKFC 和 Zookeeper。

3.3.2　日志管理器（QJM）

　　从 Hadoop 2. x 开始，集群的高可用性（HA）本质上就是要保证 Active NameNode 和 Standby NameNode 上的元数据保持一致，也就是要保证 FSImage 和 EditLog 在 Standby NameNode 上也是完整的，这样当 Active NameNode 发生故障时，利用 Standby NameNode 就能够使集群快速恢复到正常状态。而元数据的同步很大程度上取决于 EditLog 的同步，这个步骤的关键就是共享文件存储系统。在日志管理器（Quorum Journal Manager，QJM）出现之前，为了保障整个集群的高可用性，其设计是一种基于网络接入存储（Network Attached Storage，NAS）的共享存储机制，即主备 NameNode 通过 NAS 进行元数据的同步。但是，这种方式需要定制化的硬件设备，部署过程比较复杂，而且容易出错，经常导致 HA 不可用。为了解决 NAS 的缺陷，让 HA 能够更好的进行服务，引入了日志管理器 QJM（Quorum Journal Manager）。

日志管理器 QJM 是由多个日志节点 JournalNode（JN）组成的 Journal
Node 集群，主要用于存储 EditLog，一般运行奇数个 JournalNode，至少需要
3 个，每个 JournalNode 保存同样的 EditLog 副本，如图 3-11 所示。当运行
N 个 JournalNode 时，系统最多能够承受（N-1)/2 个容错次数，并持续保
持正常运作。每次 NameNode 写 EditLog 时，除了向本地磁盘写入 EditLog，
也会并行地向 JournalNode 集群中的每个 JournalNode 发送写入请求，通过
JournalNode 对外的简易 RPC 接口读写 EditLog 到 JournalNode 本地磁盘。只
要大多数的 JournalNode 节点返回成功，就认为向 JournalNode 集群写入
EditLog 成功。

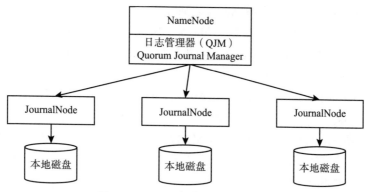

图 3-11　日志管理器 QJM 的构成

当 Active NameNode 执行任何有关命名空间的修改，它需要告知 Journal-
Nodes 集群中大多数（一半以上）的 JournalNode 进程；而 Standby NameNo-
de 负责观察集群中 JournalNode 的变化，有能力从 JournalNode 中读取从 Ac-
tive NameNode 发送过来的信息，一直监控 EditLog 的变化，并更新其内部的
命名空间。这样，一旦 Active NameNode 遇到错误，Standby NameNode 需要
从 JournalNode 中读出全部 EditLog 日志，并保证在故障切换发生前其 Name-
Nodes 的状态已经完全同步，然后 Standby NameNode 再切换成 Active 状态。

因此，日志管理器（QJM）是实现 HA 集群的一个关键，实现了读写的
高可用性，从而使 HDFS 实现了真正的高可用性。

3.3.3　QJM 元数据同步

从 Hadoop 2. x 版本开始，引入了 NameNode 高可用方案。Active Name-
Node 和 Standby NameNode 需要使用 JouranlNode 集群作为共享存储系统，以
同步 EditLog 文件来达到主备节点的元数据一致，基于 QJM 的内部实现框架
如图 3 – 12 所示。

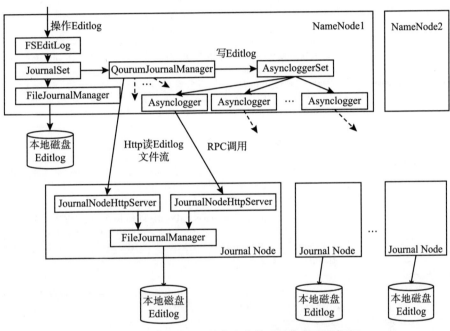

图 3 – 12　基于 QJM 的共享存储系统内部实现框架

从图 3 – 12 中可看出，主要是涉及 EditLog 的不同管理对象和输出流对
象，每种对象发挥着各自不同的作用，具体见表 3 – 2。

表 3 – 2　　　　　　　　　　　　　涉及 EditLog 的不同对象

名称	说明
FSEditLog	该类封装了对 EditLog 的所有操作，是 NameNode 对 EditLog 所有操作的入口

续表

名称	说明
JournalSet	该类封装了对本地磁盘和 JournalNode 集群上的 EditLog 的操作，内部包含两类 JournalManager：一类为 FileJournalManager，用于实现对本地磁盘上 EditLog 的操作；另一类为 QuorumJournalManager，用于实现对 JournalNode 集群上共享目录的 EditLog 的操作。FSEditLog 只会调用 JournalSet 的相关方法，而不会直接使用 FileJournalManager 和 QuorumJournalManager
FileJournalManager	封装了对本地磁盘上的 EditLog 文件的操作，不仅 NameNode 在向本地磁盘上写入 EditLog 时使用 FileJournalManager，JournalNode 在向本地磁盘写入 EditLog 时也复用了 FileJournalManager 的代码和逻辑
QuorumJournalManager	封装了对 JournalNode 集群上的 EditLog 的操作，它会根据 JournalNode 集群的 URI 创建负责与 JournalNode 集群通信的类 AsyncLoggerSet，QuorumJournalManager 通过 AsyncLoggerSet 来实现对 JournalNode 集群上的 EditLog 的写操作，对于读操作，QuorumJournalManager 则是通过 Http 接口从 JournalNode 上的 JournalNodeHttpServer 读取 EditLog 的数据
AsyncLoggerSet	内部包含了与 JournalNode 集群进行通信的 AsyncLogger 列表，实现 JournalNode 集群 EditLog 的写操作集合，每一个 AsyncLogger 对应一个 JournalNode 节点。另外 AsyncLoggerSet 也包含了用于等待大多数 JournalNode 返回结果的工具类方法给 QuorumJournalManager 使用
AsyncLogger	具体的实现类是 IPCLoggerChannel，IPCLoggerChannel 在执行方法调用的时候，会把调用提交到一个单线程的线程池之中，由线程池线程来负责向对应的 JournalNode 的 JournalNodeRpcServer 发送 RPC 请求，执行具体的日志同步功能
JournalNodeRpcServer	运行在 JournalNode 节点进程中的 RPC 服务，用于接收 NameNode 端的 AsyncLogger 的 RPC 请求
JournalNodeHttpServer	运行在 JournalNode 节点进程中的 Http 服务，用于接收处于 Standby 状态的 NameNode 和其他 JournalNode 的同步 EditLog 文件流的请求

Active NameNode 和 Standby NameNode 进行数据同步的过程大致可以分成两部分：首先 Active NameNode 将 EditLog 数据提交到 JournalNode 集群，然后，Standby NameNode 从 JournalNode 集群下载 EditLog 数据进行定时的同步，如图 3 – 13 所示。

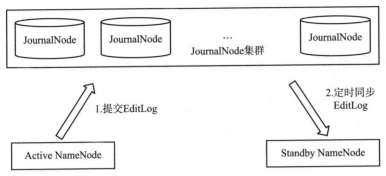

图 3 – 13　基于 QJM 共享存储的数据同步机制

1. Active NameNode 提交 EditLog 到 JournalNode 集群

当处于 Active 状态的 NameNode 调用 FSEditLog 类的 logSync（）方法提交 EditLog 时，会通过 JournalSet 向本地磁盘目录和 JournalNode 集群上的共享存储目录同时写入 EditLog。写入 JournalNode 集群是通过并行调用每一个 JournalNode 的 QJournalProtocol RPC 接口的 journal（）方法实现的。如果对大多数 JournalNode 的 journal（）方法都调用成功，那么就认为提交 EditLog 成功，不需要所有的 JournalNode 都调用成功；否则，NameNode 就会认为这次提交 EditLog 失败，而提交 EditLog 失败会导致 Active NameNode 关闭 Journal-Set，停止服务，退出进程，留待处于 Standby 状态的 NameNode 接管之后进行数据恢复。

2. Standby NameNode 从 JournalNode 集群同步 EditLog

当 NameNode 进入 Standby 状态之后，会启动一个 EditLogTailer 线程。这个线程会定期调用 EditLogTailer 类的 doTailEdits（）方法从 JournalNode 集群上同步 EditLog，然后把同步的 EditLog 回放到内存中的文件系统镜像上（并不会同时把 EditLog 写入到本地磁盘上）。

注意：虽然 Active NameNode 向 JournalNode 集群提交 EditLog 是同步的，但 Standby NameNode 采用的是定时从 JournalNode 集群上同步 EditLog 的方式，那么 Standby NameNode 内存中的文件系统镜像有很大可能是落后于 Active NameNode 的，所以，Standby NameNode 在转换为 Active NameNode 的时候需要把落后的 EditLog 补上来。

3.3.4 主备 NameNode 切换

除了元数据同步外，要实现高可用性 HA，还需要有一个完备的主备切换机制。NameNode 的主备切换主要由 ZKFailoverController（Zookeeper 故障转移控制器，ZKFC）、HealthMonitor（健康状态监控器）和 ActiveStandby-Elector（主备选举器）三个组件来协同实现。现阶段，这三个组件都运行在一个 JVM 中，该 JVM 与 NameNode 的 JVM 在同一台机器上，但这是两个独立的进程。

1. ZKFC（ZKFailoverController，Zookeeper 故障转移控制器）

ZKFailoverController，即 Zookeeper 故障转移控制器，是 Hadoop 中通过 ZooKeeper 实现故障转移控制（Failover Control，FC）功能的一个实用工具，在 NameNode 上作为一个独立的进程启动，进程名为 ZKFC。在 HA 集群中，每个 NameNode 都有自己的 ZKFC 进程，该进程启动时会创建 HealthMonitor 和 ActiveStandbyElector，并向 HealthMonitor 和 ActiveStandbyElector 注册相应的回调方法，负责控制 NameNode 的主备切换，监测和管理 NameNode 的健康状况。当发现 Active NameNode 出现异常时会通过 Zookeeper 集群进行一次主备选举，完成 Active 和 Standby 状态的切换；另外，ZKFC 还负责 fencing（隔离），避免发生脑裂现象。

ZKFC 主要运行以下进程：

（1）启动时，通知 HealthMonitor 去监控本地 NameNode 的状态，然后使用配置好的 ZooKeeper 去初始化 ActiveStandbyElector（主备选举器，ASE），但是不能立即参加 Election（选举）。

（2）由 HealthMonitor 检测 NameNode 的两类状态：HealthMonitor. State 和 HealthMonitor. HAServiceStatus。在程序上启动一个线程循环调用 NameNode 的 HAServiceProtocol RPC 接口的方法来检测 NameNode 的状态，并将状态的变化通过回调的方式来通知 ZKFC。

（3）当 HealthMonitor 的状态 HealthMonitor. State 发生改变时，ZKFC 相应地做出如下反应（见表 3 - 3）：

表 3 – 3　　　　　　HealthMonitor 状态改变 ZKFC 的不同反应

HealthMonitor. State	ZKFC 反应
SERVICE_HEALTHY	通知 elector（选举器）参加选举
HEALTH MONITOR FAILED	中断所有的 ZKFC 进程
INITIALIZING	一般指 NameNode 刚重启还没准备好进行服务。ZKFC 会退出 Election，并通知没必要进行 fencing
Other states	如果当前在 Election 状态，则退出 Election

（4）当 ActiveStandbyElector（主备选举器）发布一个改变时，ZKFC 作出的反应见表 3 – 4。

表 3 – 4　　　　ActiveStandbyElector 发布改变对应的 ZKFC 的反应

ActiveStandbyElector	ZKFC 反应
becomeActive()	ZKFC 将在本地 NameNode 上调用 transitionToActive() 方法。如果失败，将退出 Election，然后 sleep 一段时间，再重新进入 Election。Sleep 是为了让其他已经准备好的 NameNode 也有机会成为 Active NameNode
becomeStandby()	在本地 NameNode 上调用 transitionToStandby()，如果失败，另一个 NameNode 会将这个 NameNode 进行隔离（fencing）
enterNeutralMode()	在当前的设计中，不会进入此状态
fenceOldActive(…)	隔离以前的活动的 NameNode
notifyFatalError(…)	中断 ZKFC

2. HealthMonitor 健康状态监控器

HealthMonitor（健康状态监控器）主要负责检测 NameNode 的健康状态，如果检测到 NameNode 状态异常，将回调 ZKFC 进行自动主备选举。在一个独立线程中，会通过 RPC 方式，周期性的调用 NameNode 的 HAServiceProtocol RPC 接口的 monitorHealth() 方法，获取 NameNode 的状态，并把状态报告给 ActiveStandbyElector。

HealthMonitor 在设计时，由一个 loop 循环调用一个 monitorHealth RPC 来检视本地 NameNode 的健康状态。如果 NameNode 返回的状态信息发生变化，那么将经由回调的方式向 ZKFC 发送 message。一般来说，HealthMonitor

具有以下状态（见表 3 – 5）。

表 3 – 5   HealthMonitor 的状态

状态	说明
INITIALIZING	HealthMonitor 已经初始化好，但仍未与 NameNode 进行联通
SERVICE NOT RESPONDING	RPC 调用要么 timeout，要么返回值未定义
SERVICE HEALTHY	RPC 调用返回成功
SERVICE UNHEALTHY	RPC 放好事先已经定义好的失败类型
HEALTH MONITOR FAILED	HealthMonitor 由于未捕获的异常导致失败

3. 主备选举器 ActiveStandbyElector

主备选举器（ActiveStandbyElector，ASE）负责判断成为 Active Name-Node 的 NameNode，它通过 ZooKeeper，确定能够成功创建特定的 ephemeral lock file（znode）的 Name Node 作为 Active NameNode，其他的则成为 Standby NameNode，并通知 Zookeeper 执行主备选举，主备选举一旦完成，将回调 ZKFC 的相应方法来进行 NameNode 的主备状态切换。在一个节点被通知变成 Active 后，它必须确保自己能够提供一致性的服务（数据一致性），否则它需要主动退出选举。

ActiveStandbyElector 主要负责凭借 ZooKeeper 进行协调，和 ZKFC 主要进行以下两方面的交互：

（1）joinElection（）：通知 ActiveStandbyElector，本地的 NameNode 可以被选为 Active NameNode。

（2）quitElection（）：通知 ActiveStandbyElector，本地的 NameNode 不能被选为 Active NameNode。

一旦 ZKFC 调用了 joinElection（），那么 ActiveStandbyElector 将试图获取 ZooKeeper 中的 lock（临时 znode，当 ZKFC 崩溃或失去连接时自动删除），如果 ActiveStandbyElector 成功的创建了该 lock，那么它向 ZKFC 调用 become-Active（）方法。否则，调用 becomeStandby（）并且开始监控这个 lock（其他 NameNode 创建的）

如果当前（lock – holder）失败了，另一个监控在这个 lock 上的 ZKFC 将被触发，然后试图获取这个 lock。如果成功，ActiveStandbyElector 将同样调用 becomeActive（）方法来通知 ZKFC

如果 ZooKeeper 的 session（会话）过期客户端与 Zookepper 的连接断开，那么 ActiveStandbyElector 将在本地 NameNode 上调用 enterNeutralMode（）方法而不是调用 becomeStandby（）方法。因为他无法知道是否有另一个 Name-Node 已经准备好接管了。这种情况下，将本地 NameNode 转移到 Standby 状态是由 fencing 机制来完成的。

4. JournalNode 集群

JournalNode 集群在整个 HA 集群中是一个共享存储系统，负责存储 HDFS 的元数据，Active NameNode（写入）和 Standby NameNode（读取）通过共享存储系统实现元数据同步，在主备切换过程中，新的 Active NameNode 必须确保元数据同步完成才能对外提供服务。

5. 主备切换流程

NameNode 实现主备切换的整个流程是通过 ZKFC 控制实现的。如图 3-14 所示。

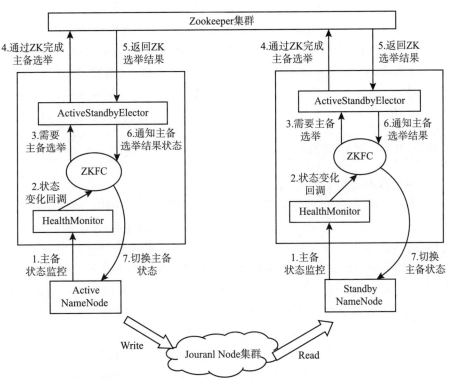

图 3-14　NameNode 主备切换流程

具体过程如下：

（1） HealthMonitor 初始化完成后，会启动内部的线程来定时调用对应 NameNode 的 HAServiceProtocol RPC 接口的方法，对 NameNode 的健康状态进行检测。

（2） HealthMonitor 如果检测到 NameNode 的健康状态发生变化，会回调 ZKFC 注册的相应方法进行处理。

（3） 如果 ZKFC 判断需要进行主备切换，会首先使用 ActiveStandbyElector 来进行自动的主备选举。

（4） ZookeeperActiveStandbyElector 与 Zookeeper 进行交互完成自动的主备选举。

（5） ActiveStandbyElector 在主备选举完成后，会回调 ZKFC 的相应方法来通知当前的 NameNode 成为主 NameNode 或备用 NameNode。

（6） ZKFC 调用对应 NameNode 的 HAServiceProtocol RPC 接口的方法将 NameNode 转换为 Active 状态或 Standby 状态。

当 Active NameNode 发生宕机、健康状态异常、JVM 崩溃、JVM 冻结、Active ZKFC 崩溃等场景时，将自动触发 HDFS 高可用主备切换。如果 ZooKeeper 崩溃，主备 NameNode 上的 ZKFC 都会感知断连，此时主备 NameNode 会进入一个 NeutralMode 模式，同时不改变主备 NameNode 的状态，继续发挥作用。

3.3.5 脑裂（Split – Brain）

1. 脑裂的概念

在高可用（HA）集群系统中，假设有属于同一个整体、动作协调的两个节点：节点 A 和节点 B，它们之间通过互相发送探测包即心跳信号（HeartBeat）来检查对方的存活状态，一般会有专门的线路进行探测，这条线路被称为"心跳线"，以此来协调并保证整个集群服务的可用性。正常情况下，如果节点 A 通过心跳信号检测不到节点 B 的存在的时候，节点 A 就认为节点 B 出现故障，然后就会接管节点 B 的资源；同理，节点 B 检查不到节点 A 的存活状态的时候，也会认为节点 A 出现故障，继而接管节点 A 的资源。如果出现网络故障，联系节点 A 和 B 的"心跳线"断开时，就会分裂成为两个独立的个体，导致节点 A 和节点 B 同时检测不到对方的存活状态，并均认为对方出现异常，这时就会导致 A 接管 B 的资源，B 也会接管 A 的资源，而同时正常工作的节点 A 会不让节点 B 抢占其资源，正常工作的节点 B 也会不让节点 A 抢占其资源，这样，原来被一个节点访问的资源就会出现被多个节点同时访问的情况，互相争抢"共享资源"，争抢"应用服务"，最后产生严重的后果：共享资源被瓜分或两边的"服务"都启动不起来，或者即使两边的"服务"都启动起来了，但因同时读写"共享存储"，导致数据破坏（常见的如数据库轮询的联机日志出错等），这种情况就是"脑裂"（Split – Brain）现象。

2. 脑裂产生的原因

一般来说，导致集群脑裂产生的原因有以下几种：

（1）高可用（HA）服务器各节点之间心跳线链路发生故障，导致无法正常通信。

（2）因心跳线坏了（包括断了、老化）。

（3）因网卡及相关驱动坏了，ip 配置及冲突问题（网卡直连）。

（4）因心跳线间连接的设备故障（网卡及交换机）。

（5）因仲裁的机器出问题（采用仲裁的方案）。

（6）高可用服务器上开启了 iptables 防火墙阻挡了心跳消息传输。

（7）高可用服务器上心跳网卡地址等信息配置不正确，导致发送心跳信号失败。

（8）其他服务配置不当等原因，如心跳方式不同，心跳广插冲突、软件 Bug 等。

3. 预防脑裂的对策

预防 HA 集群脑裂现象，目前大致有四种对策：

第一种：添加冗余的心跳线，即冗余通信的方法。

同时使用串行电缆和以太网电缆连接，同时用两条心跳线路（即心跳线也 HA），这样一条线路出现故障，另一条仍处于正常状态时，依然能传送心跳消息，尽量减少"脑裂"现象发生的概率。

第二种方法：设置仲裁机制。

当两个节点出现分歧时，由第 3 方的仲裁者决定。这个仲裁者，可能是一个锁服务，一个共享盘或者其他设置。例如，设置参考 IP（如网关 IP），当心跳线完全断开时，2 个节点都各自 ping 一下参考 IP，不通则表明断点就出在本端，则主动放弃竞争，让能够 ping 通参考 IP 的一端启动服务。

第三种方法：fence 机制，即共享资源的方法，前提是必须要有可靠的

fence 设备。

fence 设备是集群中很重要的一个组成部分，它主要是通过服务器或存储本身的硬件管理接口或者外部电源管理设备，来对服务器或存储直接发出硬件管理指令，将服务器重启或关机，或者与网络断开连接。在 HA 集群中，当不能确定某个节点的状态时，通过 fence 设备强行关闭该心跳节点，让占有浮动资源的设备与集群断开，确保共享资源被完全释放，相当于 Backup 备份节点接收不到心跳信息，通过单独的线路发送关机命令关闭主节点的电源，可以避免因出现不可预知的情况而造成的"脑裂"现象。

ActiveStandbyElector 为了实现 fencing 机制，会在成功创建一个 Zookeeper 节点 hadoop – ha//ActiveStandbyElectorLock，从而成为 Active NameNode 之后，创建另外一个路径为/hadoop – ha//ActiveBreadCrumb 的持久节点，这个节点里面保存了这个 Active NameNode 的地址信息。Active NameNode 的 ActiveStandbyElector 在正常的状态下关闭 Zookeeper 会话的时候（注意：由于/hadoop – ha//ActiveStandbyElectorLock 是临时节点，也会随之删除），会一起删除节点/hadoop – ha//ActiveBreadCrumb。但是如果 ActiveStandbyElector 在异常的状态下 Zookeeper 会话关闭（如 Zookeeper 假死），那么由于/hadoop – ha//ActiveBreadCrumb 是持久节点，会一直保留下来。当另一个 NameNode 选主成功后，会发现上一个 Active NameNode 遗留下来的/hadoop – ha//ActiveBreadCrumb 节点，那么 ActiveStandbyElector 会首先回调 ZKFC 注册的 fenceOldActive( ) 方法，尝试对旧的 Active NameNode 进行 fencing，在进行 fencing 的时候，操作过程如图 3 – 15 所示：

（1）首先尝试调用旧 Active NameNode 的 HAServiceProtocol RPC 接口的 transitionToStandby( ) 方法，尝试把它转换为 Standby 状态。如果 transitionToStandby( ) 方法调用失败，那么就执行 Hadoop 配置文件之中预定义的隔离措施，Hadoop 目前主要提供两种隔离措施，通常会选择 sshfence：

● sshfence：通过 SSH 登录到目标机器上，执行命令 fuser 将对应的进程杀死；

● shellfence：执行一个用户自定义的 shell 脚本来将对应的进程隔离；

（2）成功执行完 fencing 后，选举成功的 ActiveStandbyElector 才会回调 ZKFC 的 becomeActive( ) 方法将对应的 NameNode 转换为 Active 状态，开始对外提供服务。

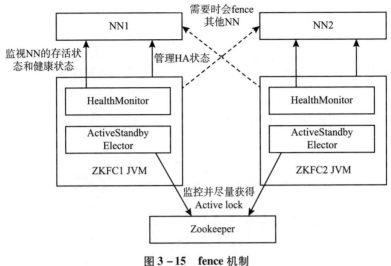

图 3 – 15　fence 机制

第四种：启用磁盘锁。

正在服务的一方锁住共享磁盘，"脑裂"发生时，让对方完全"抢不走"共享磁盘资源。但使用锁磁盘也会出现一个不小的问题，如果占用共享盘的一方不主动"解锁"，那么另一方就永远得不到共享磁盘。现实中假如服务节点突然死机或崩溃，就不可能执行解锁命令。后备节点也就接管不了共享资源和应用服务。于是有人在 HA 中设计了"智能"锁。即：正在服务的一方只在发现心跳线全部断开时才启用磁盘锁。

3.4　HDFS 的数据读写

FileSystem 类是一个文件系统的抽象类（Abstract Class），Hadoop 文件系统的代码都是继承自该抽象类，这些继承 FileSystem 抽象类的类提供了不同的具体实现，例如 DistributedFileSystem 就是 FileSystem 在 HDFS 文件系统中的一个具体实现。HDFS 的客户端可以通过调用 open( )、read( )、close( ) 函数实现分布式文件数据的读操作，也可以通过调用 create( )、write( )、close( ) 函数实现分布式文件数据的写操作。其中，在 HDFS 文件系统中

open( ) 方法返回一个 DFSInputStream 输入流对象，create( ) 方法返回一个
DFSOutputStream 输出流对象。

3.4.1　HDFS 读数据

1. HDFS 读数据流程

如图 3 - 16 所示，HDFS 读数据过程有以下步骤：

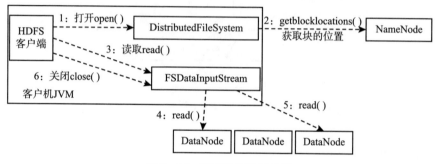

图 3 - 16　HDFS 读数据流程

（1）首先，HDFS 客户端创建 DistributedFileSystem 类（继承自 FileSys-
tem 抽象类）的一个实例，执行 open( ) 方法请求打开一个文件。

（2）DistributedFileSystem 实例通过远程过程调用（Remote Process Call，
RPC）向名称节点（NameNode 即主节点）请求得到文件数据块（Data
Block）的位置信息，结果返回多个数据节点（DataNode）的位置信息。

（3）客户端通过 FSDataInputStream 对象请求读取 read( ) 数据，该对象
会被封装成 DFSInputStream 对象，管理 DataNode 和 NameNode 的 I/O 数据
流。客户端调用 read( ) 方法系统会根据所请求的数据副本所在的位置，选
择离客户端最近的 DataNode 来读取数据。

（4）DistributedFileSystem 类返回一个 DFSInputStream 对象，它负责管理
集群中的 DataNode 节点，当接收到 read ( ) 请求后找出首个文件数据块所
在的 DataNode 节点并读取数据块。

（5）首个数据块读取完成后，DFSInputStream 关闭与该 DataNode 的连
接，并重复调用 read( ) 函数，接着读取下一个数据块，直至全部文件块读
完为止。对客户端来说，只是像在持续不断的读取一个数据流。

（6）每读取完一个文件块都要进行 Checksum 验证，一旦从 DataNode 上读取数据出现了错误，客户端首先告知 NameNode，并查找该数据块在集群数据节点上的其他位置信息以继续读取。

（7）当前数据块被正确读取完毕后，关闭当前的 DataNode 节点链接并寻找下一个待读取的 DataNode 节点。如果文件读取还没有完成，DFSInput-Stream 会继续从 NameNode 上读取下一批文件块的位置信息继续读取数据。

（8）客户端将所需要的文件读取完毕后，将调用 FSDataInputStream 的 close（）方法关闭所有的数据流读取。

读取数据流程应该注意：

（1）客户端通过 NameNode 引导获取最合适的 DataNode 位置，只需要提供请求文件块所对应的位置信息，自己本身需要提供实际的数据。这也使得 NameNode 的数据存储压力变小，避免了系统压力。

（2）在读取数据过程中，客户端在与数据节点进行通信时，如果因为错误导致通信中断，需要尝试连接包含此数据块的下一个数据节点。客户端还会验证从 DataNode 传送过来的数据校验和，从而保证读取数据的准确性。

（3）还应注意，当读取数据的这个数据节点出现故障，如果发现文件块损坏或者读取数据失败时，将再次启动其他 DataNode 上的冗余备份数据。这是因为数据的流动是在所有 DataNode 之间分散进行的。

2. 使用 FileSystem 读文件

DistributedFileSystem 类调用 open（）方法来获取文件输入流，其源代码实现如下：

1. Public FSDataInputStream open（Path f）throws IOException

2. Public abstract FSDataInputStream open（Path f，int bufferSize）throws IO-Exception

3. public class FileSystemRead｛

4. 　public static void main（String［ ］args）throws Exception｛

5. 　　String uri = args［0］；

6. 　　Configuration conf = new Configuration（）；//获得 HDFS 中的 URI

7. 　　FileSystem fs = FileSystem. get（URI. create（uri），conf）；

8. 　　InputStream in = null；

9. 　　try｛

10.   in = fs. open(new Path(uri));//返回输入流(FSDataIn-putStream)对象

11.   IOUtils. copyBytes(in,System. out,4096,false) ;//in 为输入流,System. out:为标准输出源,4096 为缓存大小,false 为是否关闭输入流及输出流

12. | finally |

13.   IOUtils. closeStream(in) ; //关闭输入流

14. |

15. |

16. |

这里用到 FSDataInputStream 类从 HDFS 中读取文件的操作,其常用方法如表 3 - 6 所示。

表 3 - 6   **FSDataInputStream 常用方法**

方法	返回值	说明
read(ByteBuffer buf)	int	从输入流读取数据放入缓冲区,返回读取数据字节数。其中,buf 为缓冲区
read(long pos, byte[ ]buf, int offset, int len)	int	从输入流指定位置开始,把长度为 len 的数据读入缓冲区中。其中,pos 指定输入流中读取数据的位置;buf 指定缓冲区大小;offset 指定数据写入缓冲区的位置(偏移量);len 指定读操作的最大字节数
readFully (long pos, byte [ ] buf)	void	从指定位置开始将全部数据读取到缓冲区。其中,pos 指定输入流中读取数据的位置,buf 指定缓冲区大小
seek(long offset)	void	定位到输入流指定字节。其中,offset 为偏移量(开销较大,不推荐使用)
releaseBuffer(ByteBuffer buf)	void	释放(删除)指定缓冲区资源。其中,buf 为所指定的缓冲区

3.4.2 HDFS 写数据

1. HDFS 写数据流程

如图 3 - 17 所示,HDFS 写数据过程可以分为以下步骤:

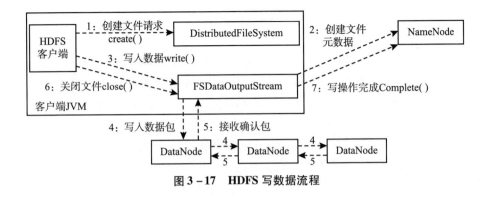

图 3 - 17　HDFS 写数据流程

（1）客户端通过调用 DistributedFileSystem 类中的 create（）方法创建文件请求，调用 create（）方法将创建一个文件输出流对象（FSDataOutput-Stream）。

（2）FSDataOutputStream 对象向远程的 NameNode 节点发出 RPC 调用请求，NameNode 节点检查该待写入文件是否存在及客户端的写入权限，检查通过之后，在 NameNode 上创建一个写入文件的元数据。

（3）客户端通过调用 FSDataOutputStream 对象的 write（）方法请求写数据，所要写入的数据先载入缓冲区中，然后切分成大小相等的数据块（Data Block）。

（4）每个数据块按照 NameNode 上的节点分配将数据块传输到对应的数据节点（DataNode）上。

（5）数据节点依次逆向返回确认信息给第一个数据节点，并将所有的确认信息返回。

（6）文件写入完成后，客户端将调用 close（）方法关闭 FSDataOutput-Stream。

（7）最后，客户端调用 complete（）方法通知 NameNode 文件写入成功。

2. 使用 FileSystem 写数据

```
1. import org. apache. hadoop. conf. Configuration;
2. import org. apache. hadoop. fs. FileSystem;
3. import org. apache. hadoop. fs. FSDataOutputStream;
4. import org. apache. hadoop. fs. Path;
5. public class FileSystemWrite{
```

```
6.  public static void main(String[ ]args){
7.  try{
8.      Configuration conf = new Configuration();
9.      conf. set("fs. defaultFS","hdfs://localhost:9000");
10.     conf. set("fs. hdfs. impl","org. apache. hadoop. hdfs. DistributedFile-
System");
11.     FileSystem fs = FileSystem. get(conf);
12.     byte[ ]buff = "Hello world". getBytes();  //要写入 HDFS 的内容
13.     String filename = "test";//要写入文件的名字名
14.     FSDataOutputStream os = fs. create(new Path(filename));
15.     os. write(buff,0,buff. length);
16.     System. out. println("Create:" + filename);
17.     os. close();
18.     fs. close();
19.     } catch(Exception e){
20.  e. printStackTrace();
21.  }
22.  }
23.  }
```

这里用到 FSDataOutputStream 类从 HDFS 中写入文件操作，其常用方法
如表 3 –7 所示。

表 3 –7   FSDataOutputStream 常用方法

方法名	返回值	说明
write(byte[ ]b)	void	将字节数组中的所有字节写入输出流中。其中，b 为待写入的字节数组
Write(byte[ ] buf, int off, int len)	void	将字节数组写入输出流中。其中，buf 为待写入的字节数组；off 为写入的字节偏移量；len 为写入数据长度
flush()	void	缓冲区数据内容强制写入数据输出流中

3.4.3　HDFS 的 Shell 命令

Hadoop 提供了 HDFS 的 Java API 进行文件操作，通过 Linux 系统上的 Shell 命令来操作。

1. 启动 Hadoop 的 Shell 命令

（1）要使用 HDFS 的 Shell 命令，首先要正确启动 Hadoop 系统。

cd　/usr/local/hadoop

./bin/hdfs namenode　– format　　#格式化 hadoop 的 hdfs 文件系统

./sbin/start – dfs. sh　　　　　　　#启动 hadoop

（2）进入/退出安全模式。

hdfs dfsadmin – safemode enter #进入 Hadoop 安全模式

hdfs dfsadmin – safemode leave #退出 Hadoop 安全模式

2. Hadoop fs 命令

在分布式系统或伪分布式系统中，操作是在 HDFS 上进行操作，HDFS 包括很多 shell 命令，fs 命令是最常用的命令之一，通常是以"./bin/hadoop dfs"开头的方式。该命令主要完成查看 HDFS 文件系统的目录结构、上传、下载数据、创建文件等操作。fs 命令的语法格式是：

hadoop fs ［genericOptions］［commandOptions］

hadoop dfs ［genericOptions］［commandOptions］

hdfs dfs ［genericOptions］［commandOptions］

Hadoop 共提供了上面三种 Shell 命令方式，其主要区别是 hadoop fs 命令不仅适用于 HDFS 文件系统，还适用于本地文件系统；hadoop dfs 和 hdfs dfs 都只能适用于 HDFS 文件系统。

FS shell 命令使用 URI 路径作为参数，其中 URI 格式是：scheme：//authority/path。其中，HDFS 分布式文件系统的 scheme 是 hdfs，本地文件系统的 scheme 为 file。其中 scheme 和 authority 参数是可选的，如果未加指定，将会使用 Hadoop 配置文件中的默认值。例如在 HDFS 中的路径/myproject/test 可 表 示 成 hdfs：//namenode：namenodeport//myproject/test，或 者/myproject/test（配置文件的默认值是 namenode：namenodeport）。

常用 hadoop fs 命令如下：

- hadoop fs – ls < path > #显示 < path > 指定文件的详细信息；
- hadoop fs – mkdir < path > #在 < path > 指定位置创建文件夹；
- hadoop fs – cat < path > #将 < path > 指定文件的内容输出到标准输出（显示器）；
- hadoop fs – copyFromLocal < localsrc > < dst > #将本地源文件 < localsrc > 复制到路径 < dst > 指定的文件或文件夹中。
- hadoop fs – ls – R < path > #ls 命令的递归版本（参数 – R 与 linux 命令一致）。
- hadoop fs – chgrp［– R］group < path > #将 < path > 指定文件所属的组改为 group，– R 对 < path > 指定文件夹内的文件进行递归操作，该命令只适用于超级用户。
- hadoop fs – chown［– R］［owner］［：［group］］< path > #改变 < path > 指定文件所有者，– R 用于递归改变文件夹内的文件的所有者，该命令只适用于超级用户。
- hadoop fs – chmod［– R］< mode > < path > #将 < path > 指定文件的权限更改为 < mode >，只适用于超级用户及文件所有者。
- hadoop fs – tail［– f］< path > #将 < path > 指定的文件最后 1KB 的内容输出到标准输出（显示器）上，– f 用于持续检测是否有新添加到文件中的内容。
- hadoop fs – stat［format］< path > #以指定的格式返回 < path > 指定文件的相关信息。当不指定 format 的时候，返回文件 < path > 的创建日期。其中，format 参数的常用形式有：% b 为打印文件大小（目录为 0）；% n 为打印文件名；% o 为打印块大小（block size）；% r 为打印备份数；% y 为打印 UTC 日期 yyyy – MM – dd HH：mm：ss；% Y 为打印自 1970 年 1 月 1 日以来的 UTC 微秒数；% F 为目录打印 directory，为文件打印 regular file。
- hadoop fs – touchz < path > #创建一个 < path > 指定的空文件。
- hadoop fs – mkdir［– p］< path > #创建 < path > 指定的一个或多个文件夹。其中，– p 用于递归创建子文件夹。
- hadoop fs – copyFromLocal < localsrc > < dst > #将本地文件复制到指定路径的文件或文件夹中。其中，< localsrc > 为本地文件路径，< dst > 为目标文件路径。
- hadoop fs – copyToLocal［– ignorecrc］［– crc］ < target > < localdst >

#将目标文件 < target > 复制到本地文件或文件夹 < localdst > 中。其中，用 ignorecrc 复制 CRC 校验失败的文件；crc 复制文件及 CRC 信息。

● hadoop fs – cp < src > < dst > #将文件从源路径 < src > 复制到目标路径 < dst >。

● hadoop fs – du < path > #显示 < path > 指定文件或文件夹中所有文件的大小。

● hadoop fs – expunge #清空回收站。

● hadoop fs – get ［ – ignorecrc］［ – crc］ < src > < localdst > #复制 < src > 指定的文件到本地文件系统 < localdst > 指定的文件或文件夹。

● hadoop fs – put < localsrc > < dst > #从本地文件系统中复制 < localsrc > 指定的单个或多个源文件到 < dst > 指定的目标文件系统中，也支持从标准输入（stdin）中读取写入目标文件系统

● hadoop fs – moveFromLocal < localsrc > < dst > #与 put 命令功能相同，但是文件上传结束后会从本地文件系统中删除 < localsrc > 指定的文件。

● hadoop fs – mv < src > < dst > #将文件从源路径 < src > 移动到目标路径 < dst >。

● hadoop fs – rm < path > #删除 < path > 指定的文件，只删除非空目录和文件。

● hadoop fs – rm – r < path > #删除 < path > 指定的文件夹及其下的所有文件。其中 r 表示递归删除子目录。

● hadoop fs – setrep ［ – R］ < path > #改变 < path > 指定的文件的副本系数。其中 R 用于递归改变目录下所有文件的副本系数。

● hadoop fs – test – ［ezd］ < path > #检查 < path > 指定的文件或文件夹的相关信息。

● hadoop fs – text < path > #将 < path > 指定的文件输出为文本格式，文件的格式允许是 zip 和 TextRecordInputStream 等。

在 Hadoop3. x 中可以通过浏览器登录 "http：//［NameNodeIP］：9870" 来查看 HDFS 分布式文件使用情况（在旧版本 Hadoop2. x 中 HDFS 的 web 访问端口为 50070）。

如：

1）在 HDFS 中创建一个目录，其命令：

./bin/hdfs dfs – mkdir – p /usr/hadoop/input

2）将本地系统文件夹/usr/local/hadoop/etc/hadoop 中的所有 xml 文件全部复制到分布式文件系统中的/usr/hadoop/input 中，即将本地系统中的文件上传到 HDFS 系统中，其命令为：

$. /bin/hdfs dfs −put /usr/local/hadoop/etc/hadoop/ * . xml /usr/hadoop/input //上传文件

3.5 HDFS 联邦机制

3.5.1 单组名称节点架构设计及局限性

1. 单组名称节点架构设计

HDFS 初始设计为单组 NameNode 组成，包括两层，分别是命名空间（NameSpace）和块存储服务（Block Storage Service，BSS）。其中，NameSpace 由目录、文件和块组成，支持创建、删除、修改，查看所有文件和目录等命名空间相关文件的操作；BSS 由块管理（Block Management）和块存储（Block Storage）两部分组成。块存储服务负责 DataNode 上本地文件块的存储和读写操作；BSS 中的块管理负责 NameNode 节点管理，包括定期心跳服务、维护块的位置信息、对数据块进行相关操作、管理块的冗余副本等，结构如图 3 - 18 所示。

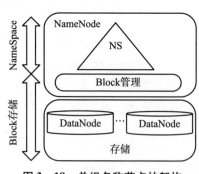

图 3 - 18　单组名称节点的架构

2. 单组名称节点架构局限性

传统的单组名称节点架构一般由主—备两个名称节点所组成，通过 Zoo-Keeper 来保证主—备节点之间的故障切换（FailOver）的能力，依靠 Zoo-Keeper 自身的高可用性避免了单点故障问题的发生。该设计方式对小规模节点部署完全没有问题。然而，由于单组名称节点架构中，由单个活动名称节点管理整个命名空间，当面对大规模的 Hadoop 集群（1000 个节点以上）时，单组 NameNode 架构的局限性变得十分突出，具体包括：

（1）元数据存储达到上限问题。HDFS 中的元数据都存储在名称节点内存中，单组 NameNode 所能存储的容量是有限的。名称节点的元数据量与内存使用量成正比，其数目受到 NameNode 所在 JVM（Java 虚拟机）的堆内存（heap size）大小的限制。

（2）可用性的问题。在单组名称节点的 HDFS 集群中，此名称节点的宕机或者故障将导致整个集群性能下降，甚至不可用。

（3）性能瓶颈与响应延迟问题。单组名称节点的配置方式导致整个 HDFS 文件系统的吞吐量受限于单个名称节点。随着集群规模的增长，名称节点响应的远程过程调用（Remote Procedure Call，RPC）与每秒查询率（即并发量/平均响应时间）逐渐提高。名称节点的高并发的读写与粗粒度元数据锁使 RPC 响应延迟及平均队列长度大大提高。

（4）无法隔离应用程序导致负载过高问题。名称节点由于没有隔离性的设计，无法与应用程序进行隔离。这将导致一个应用程序的运行，导致名称节点负载过高，影响到整个集群的服务能力。

除了上述局限性以外，基于单组名称节点架构的设计在启动时间、内存优化方面也存在限制。解决这些局限性的方法有水平扩展方式和垂直扩展方式两种。Hadoop 没有采用提升名称节点硬件配置的垂直扩展方式，而是采用水平扩展方式的联邦（Federation）机制，在集群中增加了对多个名称节点和命名空间（NameSpace）的支持。联邦机制采用简单鲁棒性的设计模式，各个名称节点之间相互独立。

3.5.2　联邦架构的设计原理及优缺点

1. 联邦架构设计

HDFS 联邦（Federation）提供了一种解决单组名称节点（NameNode）局限性问题的水平扩展方案，HDFS 联邦的基本架构如图 3-19 所示。

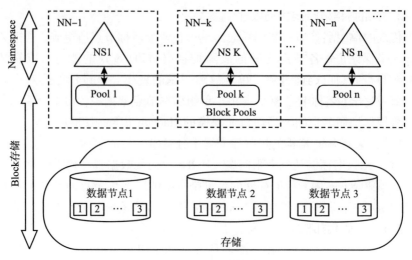

图 3 – 19   HDFS 联邦架构

HDFS 联邦使用多组名称节点和名称空间（NameSpaces），所有的名称节点相互独立，构成联邦，各自分工独立管理自己的区域，无须互相协调。数据节点是名称节点的公共存储硬件设备，集群中每个 DataNode 需要在联邦的所有的名称节点上面进行注册，向联邦中全部名称节点发送心跳信号、块报告、并执行各个名称节点发送的指令。当数据节点与名称节点建立会话后，自动创建块池（Block Pool），每个命名空间都有属于各自的块池，实行内部自治，不会与其他块池进行交流，每个数据节点将可能会存储集群中所有块池的数据块。每个数据块有一个唯一的块 ID，命名空间生成块 ID 也无须与其他命名空间协调。数据中的数据结构都通过块池 ID 进行索引。

综上，HDFS 联邦架构与单组名称节点架构设计的显著不同之处在于：

（1）HDFS 联邦架构在集群中由多组名称节点同时对外提供服务。

（2）名称空间也被水平拆分为多个独立部分，分别由彼此之间相互隔离的名称节点来管理。

（3）数据节点共享集群中所有的数据存储资源。

2. 联邦架构的优缺点

联邦（Federation）的方案解决了单组名称节点在大规模集群环境应用中的局限性，多组名称节点在同一集群中共同对外提供服务，每个名称节点都拥有自己的一部分命名空间，互相之间独立工作，彼此互不影响，这种方式的优点主要包括：

（1）提高了命名空间的伸缩性。联邦通过增加命名空间的水平扩展，将更多名称节点加入到集群中，解决了小文件大规模部署的应用需要。

（2）提升了名称节点文件系统的吞吐量。在传统单组名称节点架构下，文件系统吞吐量受到单个名称节点的制约，而联邦架构通过增加集群名称节点的数量，从而也扩大了文件系统读/写操作的吞吐量，不再受限于单个名称节点的限制。

（3）实现了多用户的隔离性。单组名称节点无法实现对用户环境的隔离，当用户访问操作急剧增加时，就会影响关键应用程序的访问速度，而采用多名称节点的联邦架构对不同类型程序通过不同名称空间进行隔离，消除了这一局限。

联邦架构在克服了传统单组名称节点局限性的同时，也带来了新的问题，具体包括：

（1）交叉访问的问题。由于多个命名空间的存在，它们相互独立，如果一个操作要访问多个文件路径，需要交叉访问多个名称空间，产生交叉访问的问题。

（2）集群管理性问题。启用联邦机制后，过去的一些 HDFS 管理命令，如"hdfs dfs admin、hdfs fsck"等无法使用，给集群管理员的日常集群管理带来一定的麻烦。

因此，对于是采用传统的单组名称节点部署方式还是转向采用联邦（Federation）部署方式，应该综合考虑当前的实际条件，作出选择。

3.5.3　联邦配置的方法

联邦配置（Federation Configuration）使用与前面相互兼容的方式，已有的名称节点不用做任何改变仍可以正常工作。新的配置被大大简化，所有集群的节点不需要根据不同节点类型进行不同的配置。联邦配置主要分为 5 个步骤：（1）配置文件修改；（2）名称节点格式化；（3）集群管理；（4）退役；（5）集群控制台。

联邦中还添加了一个抽象项 NameServiceID，名称节点及其对应的 Secondary/Backup/CheckPointer 节点都包含这个抽象项，它们的配置信息在同一个文件中，都以 NameServiceID 为后缀。

1. 配置文件修改

在 Hadoop 3. x 中，可以通过修改配置文件来进行联邦配置。首先，在名称节点（NameNode）配置文件中加入 dfs. nameservices 项及其值 NameServiceID，多个 NameServiceID 的值以逗号隔开。数据节点（DataNode）是通过 NameServiceID 参数值来识别对应的名称节点。然后，在每一个 NameNode 和 Secondary NameNode/BackupNode/CheckPointer 配置文件中添加自己对应的 NameServiceID 的后缀。配置参数如表 3 - 8 所示。

表 3 - 8   配置节点与配置参数对应

守护进程	配置参数	说明
NameNode	dfs. namenode. rpc - address	描述集群中 NameNode 节点的 URI（包括协议、主机名称、端口号）
	dfs. namenode. servicerpc - address	用于 HDFS 服务通信的 RPC 地址，所有的 back-upnode，DataNode 和其他服务都应该连接到这个地址。如果该属性未设置，则使用 dfs. namenode. rpc - address 属性的值
	dfs. namenode. http - address	NameNode web UI 监听的地址和端口
	dfs. namenode. https - address	NameNode 安全 http 服务器地址和端口
	dfs. namenode. keytab. file	NameNode 服务主体的 keytab 文件，主体参数由 dfs. namenode. kerberos. principal 属性配置
	dfs. namenode. name. dir	存放 NameNode 的名称表（FSImage）的目录，如果这是一个逗号分隔的目录列表，那么在所有目录中复制名称表，用于冗余
	dfs. namenode. edits. dir	存放 NameNode 的事务文件（Edits）的目录，如果这是一个逗号分隔的目录列表，那么事务文件在所有目录中被复制，用于冗余。默认与 dfs. namenode. name. dir 属性目录一样

守护进程	配置参数	说明
NameNode	dfs. namenode. checkpoint. dir	DFS Secondary NameNode 存放临时镜像的目录。如果这是一个逗号分隔的目录列表，则在所有目录中复制该图像以进行冗余
	dfs. namenode. checkpoint. edits. dir	DFS Secondary NameNode 存放临时 Edits 的目录。如果这是一个逗号分隔的目录列表，则在所有目录中复制该图像以进行冗余
Secondary NameNode	dfs. namenode. secondary. http – address	Secondary NameNode HTTP 服务器地址和端口
	dfs. secondary. namenode. keytab. file	Secondary NameNode 的 Kerberos keytab 文件
BackupNode	dfs. namenode. backup. address	backup 节点服务器地址和端口。如果端口为 0，那么服务器将在自由端口启动
	dfs. secondary. namenode. keytab. file	Secondary NameNode 的 Kerberos keytab 文件

如果要在集群中配置两个 NameNode 时，可以按照如下形式进行配置。

1. < configuration >

2. < property >

3. < name > dfs. nameservices </name >

4. < value > ns1 , ns2 </value >

5. </property >

6. < property >

7. < name > dfs. namenode. rpc – address. ns1 </name >　#表示所配置的是 ns1

8. < value > nn – host1 : rpc – port </value >　#表示所配置的 ns1 的值

9. </property >

10. < property >

11. < name > dfs. namenode. http – address. ns1 </name >

12. < value > nn – host1 : http – port </value >

13. </property >

14. < property >

15. < name > dfs. namenode. secondary. http − address. ns1 </ name >

16. < value > snn − host1 : http − port </ value >

17. </ property >

18. < property >

19. < name > dfs. namenode. rpc − address. ns2 </ name >　　#表示所配置的
是 ns2

20. < value > nn − host2 : rpc − port </ value >　　#表示所配置的 ns2 的值

21. </ property >

22. < property >

23. < name > dfs. namenode. http − address. ns2 </ name >

24. < value > nn − host2 : http − port </ value >

25. </ property >

26. < property >

27. < name > dfs. namenode. secondary. http − address. ns2 </ name >

28. < value > snn − host2 : http − port </ value >

29. </ property >

30. 　　.... Other common configuration...

31. </ configuration >

上面的配置文件中，第 3 行 dfs. nameservices 中配置了两个 nameservice，名称为 ns1，ns2，中间以逗号分隔。第 7 行中的 dfs. namenode. rpc − address. ns1 表示配置的是 ns1 的 dfs. namenode. rpc − address，其值为 nn − host1：rpc − port；第 19 行中 dfs. namenode. rpc − address. ns2 则表示配置的是 ns2 的 dfs. namenode. rpc − address，其值是 nn − host2：rpc − port。

2. 名称节点格式化

（1）格式化 NameNode

$HADOOP_HOME/bin/hdfs namenode − format[− clusterId < cluster_id >]
#cluster_id 为参数所配置的集群 ID（不填会自动生成默认的集群 ID）。

（2）格式化其他 NameNode

$HADOOP_HOME/bin/hdfs namenode − format − clusterId < cluster_id >　#cluster_id 必须与（1）中相同。

3. 集群管理

（1）启动和停止联邦配置的集群，可以从 HDFS 可用配置的任意节点运行，命令如下：

$HADOOP_HOME/sbin/start – dfs. sh　#启动集群

$HADOOP_HOME/sbin/stop – dfs. sh　　#停止集群

（2）运行平衡器（Balancer），命令如下：

$HADOOP_HOME/bin/hdfs – – daemon start balancer[– policy < policy >]

policy 参数可以是 datanode 或者 blockpool，其中 datanode 是默认策略。

4. 退役

退役的过程分为两步：先将要解除的节点添加到所有名称节点的排除文件中；然后，将每个名称节点的 Block Pool 停用。当名称节点全部退役后，数据节点退役。

（1）分发排除文件 < exclude_file > 到全部名称节点，命令如下：

$HADOOP_HOME/sbin/distribute – exclude. sh < exclude_file >　　#分发排除文件到全部 namenodes

（2）刷新所有名称节点以更新排除文件，命令如下：

$HADOOP_HOME/sbin/refresh – namenodes. sh　#刷新名称节点,更新排除文件

5. 集群控制台

HDFS 联邦提供了 Cluster Web Console web 页面管理查看群集摘要、名称节点列表及摘要、每个名称节点的 web 访问链接、数据节点的退役状态等配置情况，可以在集群的任意名称节点上打开 Cluster Web Console 监视集群当前的使用状况。

在 Hadoop 3. x 中的页面地址为"http：//[NameNodeIP]：9870"/dfs-clusterhealth. jsp"（在 Hadoop 2. x 老版本中访问端口为 50070）。

3.6 本章小结

本章从计算机集群的概念、特点及分类入手，主要介绍了分布式系统的概念、特点以及 Hadoop 分布式文件系统 HDFS 的基本结构和特性，并对 HDFS 3.x 的架构及各组件包括名称节点（NameNode）、第二名称节点（Secondary NameNode）、数据节点（DataNode）、日志节点（JournalNode）和 Zookeeper 故障转移控制器（ZKFC）的工作原理进行了具体介绍，并对 HDFS 的高可用机制包括集群高可用性、日志管理器、QJM 元数据同步、主备 NameNode 切换及脑裂现象进行了详细介绍；对 HDFS 的数据读写流程及应用实践方法；对 HDFS 联邦机制的原理及配置方法进行了具体介绍。

本 章 习 题

一、填空题

1. 集群中的计算机节点会被存放在若干个机架上（Rack）上，每个机架可部署（　　）个计算节点，同一机架上的不同计算节点之间通过（　　）连接在一起，不同机架上的计算节点之间采用（　　）进行连接。

2. 计算机集群按照集群环境、功能和结构的不同，可以分成：（　　）的计算机集群、高可用的计算机集群、（　　）的计算机集群和网格计算。

3. 分布式文件系统中采用（　　）模式来实现网络数据的共享。

4. 分布式文件系统中的节点分为两类：一类是（　　），另一类是（　　）。

5. HDFS 是（　　）的简称，HDFS 集群采用（　　）体系结构，主要由四部分组成，包括客户端、（　　）、（　　）以及第二名称节点。

6. HDFS 中的命名空间主要由（　　）、（　　）和目录三级组成，且只有一个命名空间。

7. 在 HDFS 中，客户端通过一个可配置的端口向名称节点主动发起 TCP

链接，与数据节点的交互是通过（　　）来实现的。

8. 在 HDFS 中对数据块的冗余存储具有容错性，一般默认的复制因子为（　　）。

9. HDFS3.x 的体系结构由（　　）和管理组两部分组成，按照组件划分，管理组中主要包括 NameNode、DataNode、（　　）和（　　）。

10. 在 HDFS 的 NameNode 中，有两种核心数据结构：FsImage 和（　　），其中，前者主要是某一时刻 HDFS 的元数据信息的快照；后者主要是用于记录 Client 发起的每一次操作信息。

11. QJM 是（　　）的缩写。

12. FSImage 有两种状态：finalized 和（　　）。

13. ZKFC 是一个高可用的服务，主要功能包括：健康监测、（　　）和实现基于 Zookeeper 的选举。

14. NameNode 的主备切换主要由（　　）、（　　）和 ActiveStandby-Elector（主备选举器）三个组件来协同实现。

15. 日志管理器 QJM 上一般运行（　　）个 JournalNodes，至少需要（　　）个，每个 JournalNode 保存同样的（　　）副本。

16. NameNode 实现主备切换的整个流程是通过（　　）控制实现的。

17. HDFS 初始设计为单组 NameNode 组成，包括两层，分别是（　　）和（　　）。

18. 在 HDFS 中读取数据时，通常会用到一个文件系统的抽象类（　　），Hadoop 文件系统的代码都是继承自该抽象类，这些继承该抽象类的类提供了不同的具体实现。

19. HDFS 的客户端可以通过调用（　　）、（　　）和（　　）这三个函数实现分布式文件数据的读操作。

20. HDFS 的客户端可以通过调用（　　）、（　　）和（　　）这三个函数实现分布式文件数据的写操作。

二、简答题

（1）在 Hadoop3.x 中是如何解决 Hadoop1.x 中的单点故障问题的？

（2）Hadoop3.x 是如何实现高可用性的。

（3）简介 HDFS3.x 架构及各组件的作用。

（4）简介 HDFS 的读数据流程。

（5）简介 HDFS 中日志节点的作用。

（6）简介 HDFS 中主备 NameNode 切换的流程。

（7）简介 HDFS 中第二名称节点的工作原理。

（8）什么是脑裂现象？如何预防脑裂？

（9）简介 HDFS 的写数据流程。

（10）简介 HDFS 联邦机制设计的原理。

本章主要参考文献：

［1］http：//hadoop. apache. org/docs/current/api/. Apache Hadoop 3. 2. 1 API.

［2］http：//hadoop. apache. org/version_control. html HDFS source code

［3］Hadoop 3.0 磁盘均衡器（diskbalancer）新功能及使用介绍［EB/OL］.（2016 – 12 – 13）. https：//www. pianshen. com/article/3087865963/.

［4］经管之家. Hadoop 的 zkfc 机制［EB/OL］.（2018 – 10 – 17）. https：//bbs. pinggu. org/forum. php？mod = viewthread&tid = 6695753& ordertype = 1.

［5］The Apache Software Foundation. HDFS High Availability Using the Quorum Journal Manager［EB/OL］.（2018 – 04 – 13）. http：//hadoop. apache . org/docs/r3. 0. 2/hadoop – project – dist/hadoop – hdfs/HDFSHighAvailabilityWithQJM. html#Deployment_details.

［6］The Apache Software Foundation. HDFS Federation［EB/OL］.（2022 – 07 – 29）. http：//hadoop. apache. org/docs/stable/hadoop – project – dist/hadoop – hdfs/Federation. html.

［7］Fayson. HDFS Federation（联邦）简介［EB/OL］.（2018 – 09 – 29）. https：//cloud. tencent. com/developer/article/1349468.

我们要增强问题意识，聚焦实践遇到的新问题、改革发展稳定存在的深层次问题、人民群众急难愁盼问题、国际变局中的重大问题、党的建设面临的突出问题，不断提出真正解决问题的新理念新思路新办法。

——引自二十大报告

第4章

分布式调度系统 YARN

本章学习目的

- 了解 YARN 产生的背景。
- 掌握 YARN 的架构与核心组件以及任务执行流程。
- 掌握 YARN 的作业调度。
- 熟悉 YARN 的高级特性。
- 了解 YARN 的常用命令。
- 了解 YARN 的高可用配置。

4.1 YARN 分布式资源管理

4.1.1 YARN 产生背景

Hadoop 1. X 即第一代 Hadoop，由分布式存储系统 HDFS 和分布式计算框架 MapReduce 组成，其中，MapReduce 由一个 JobTracker 和多个 Task-Tracker 组成，如图 4 – 1 所示。JobTracker 是 MapReduce 框架的中心，主要

负责作业的调度/监控和集群资源的管理；TaskTracker 负责执行 JobTracker 指派的具体任务（task）。

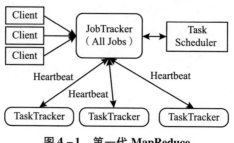

图 4 - 1　第一代 MapReduce

在这种机制下，第一代 MapReduce（简称 MRv1）存在一些难以克服的局限性，可以概括为以下几个方面：

（1）扩展性差。在 MRv1 中，JobTracker 同时兼备了集群资源的管理和作业的调度与控制两大功能，使得 JobTracker 赋予的功能过多、负载过重，这成为系统的一个最大瓶颈。当 MapReduce 的 Job 非常多的时候，调度和监控的负担大幅度增加，造成很大的内存消耗，同时也增加了 JobTracker 失效的风险，严重制约 Hadoop 集群的扩展性。当集群中包含的节点超过 4000 个时（其中每个节点可能是多核的），就会表现出一定的不可预测性，工作开销的限制将 MRv1 的可伸缩性限制为 4000 个节点和 4000 个任务。

（2）可靠性差。MRv1 采用 Master/Slave 结构，JobTracker 是 MRv1 的集中处理点，而系统中只有一个 JobTrackerr 负责所有 MapReduce 作业的调度，因此，会存在单点故障问题，一旦 JobTracker 出现故障将导致整个集群不可用。

另一方面，每隔几秒钟，TaskTracker 就会将有关任务（Task）的信息发送到 JobTracker，这将在非常短的时间内发生大量的更改，而高可用性需要保持故障节点的状态应该与备用活动节点的状态同步，这使得实现 JobTracker 的高可用性变得非常困难，无法保证 MRv1 的可靠性。

（3）资源利用率低。MRv1 采用了基于槽位（slot）的资源分配模型，需要为 map 任务和 reduce 任务预先配置 TaskTracker 槽位，槽位是一种粗粒度的资源划分单位，通常一个任务不会用完槽位对应的所有资源，但是其他任务也无法使用这些空闲资源。此外，MapReduce 将槽位分为 MapSlot 和

ReduceSlot 两种，且不允许它们之间共享，常常会导致一种槽位资源紧张，而另一种槽位闲置的情况出现，即为 map 任务保留的 slot 不能用于 reduce 任务，反之亦然（如，一个作业刚刚提交时，只会运行 Map 任务，此时 ReduceSlot 就会闲置）。由于这种设置，TaskTracker 的内存无法得到有效利用。

（4）无法支持多种计算框架。随着互联网的高速发展，基于数据密集型的应用计算框架不断涌现。例如，离线处理计算框架 MapReduce、迭代式计算框架 Spark、在线处理计算框架 Storm 以及流式处理框架 S4，这些计算框架由不同的公司开发，各有各的优点，擅长解决某一类问题。而当今很多公司，由于其业务的综合性，通常需要将这些计算框架同时应用。如果为每种计算框架都配备一套 Hadoop 集群，不仅会浪费大量资源，而且会造成重复投资，很不经济，因此，迫切需要将所有的这些框架都部署到同一个公共的集群中，让它们能够共享集群资源，并对集群资源进行统一管理。而从设计角度上看，Hadoop1.X 未能够将资源管理与应用程序分开，使得 Hadoop 1.X 不能支持多种计算框架并存。

（5）非 MapReduce 作业。MRv1 中的每个作业都需要由 MapReduce 才能完成，因为调度只能通过 JobTracker 进行。JobTracker 和 TaskTracker 与 MapReduce 框架紧密耦合。由于 Hadoop 的应用发展迅速，出现了很多新的非 MapReduce 作业的需求，如在相同的 HDFS 存储上为降低复杂性、维护成本而需要进行的图形处理和实时分析等，因此，产生的这些非 MapReduce 作业的需求就无法在 MRv1 中进行处理。

图 4 – 2　Hadoop 1. X 与 Hadoop 2. X

为了克服以上几个缺点，Apache 开始尝试对 MRv1 进行升级改造，将资源管理功能抽象成一个独立的通用系统 YARN（Yet Another Resource Negotiator），进而诞生了更加先进的下一代 MapReduce 计算框架 MRv2，如图 4 - 2 所示。MRv2 是在 MRv1 基础上经过加工之后，具有与 MRv1 相同的编程模型和数据处理引擎，运行于资源管理框架 YARN 之上的计算框架，也使得 MRv2 的核心从单一的计算框架 MapReduce 转移为通用的资源管理系统 YARN。

在实际应用场景中，通常用图 4 - 3 对 YARN 资源管理平台的结构进行抽象表示，以及以 Hadoop 1. X 到 Hadoop 2. X 资源运行管理模式的对比演变过程。

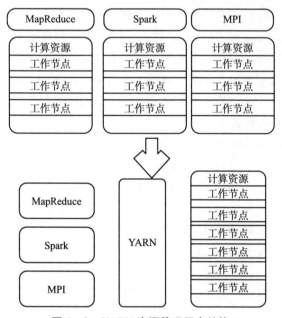

图 4 - 3　YARN 资源管理平台结构

从图 4 - 3 可以看出，在 Hadoop 1. X 时，YARN 尚未出现，每一个框架（如图中的 MapReduce、Spark、MPI 等框架）所使用的计算资源都是独立的，一般是一个框架配备一个计算机集群，各集群中的资源无法进行共享，这也使得经常出现某框架中的计算资源不足，而另一个框架中的资源大量空闲的情况经常发生，资源利用率不高，平台运行的效率受到一定限制。当 YARN 出现之后，所有的计算资源都是共享的，YARN 可以根据应用的实际需要来分配所需的资源，这样避免了计算资源的浪费，也使得各框架的运行效率得到大幅度提升。

4.1.2　YARN 的优势

YARN 的出现真正实现了"一个集群多种计算框架"的模式，达到理想的资源管理目标。相比于 Hadoop 1. X 中的"一种计算框架配备一个集群"的模式，YARN 资源管理平台有很多优势：

（1）共享集群资源。由于提交到集群中属于不同计算框架的应用程序的数量不同，每个应用程序对资源的需求也有一定差异，使得不同的计算框架在某一段时间内的资源需求量有非常大的差别，Hadoop 2. X 将所有的计算框架都部署在同一个集群上，通过共享集群资源的模式，由 YARN 对资源进行统一管理，可以使得空闲资源得到更加有效地应用，达到集群总体资源充分利用的目的。

（2）节省成本。Hadoop 1. X 中每种计算框架都需要配备一个集群，那么，每个集群的运行都需要一定量的管理人员进行维护；而 Hadoop 2. X 使用"多个框架一个集群"模式，集群数量减少，人力资源成本也相应减少。另外，"多个框架共用一个集群"的模式也可以节省很多的硬件设备的采购成本。这些成本对于相关部门往往是非常大的一笔开支。

（3）共享数据，数据对于各种应用程序来说相当重要，数据与资源不同，即使在 Hadoop 1. X 模式下，数据也可以通过网络传输等方式在集群之间进行共享，但随着应用数据量的增加，跨集群间的数据传输在时间成本和硬件成本上的花销越来越大，甚至成为应用程序性能的瓶颈。这个问题在 Hadoop 2. X 共享集群模式下得到很好的解决，基于多种计算框架的应用程序可以在集群内部共享数据，不仅减少了数据的跨集群传输，节约了成本，还能增强应用程序的性能。

4.2　YARN 体系结构

4.2.1　YARN 架构

1. 基本设计思想

YARN 是 Hadoop 2. X 中的资源管理系统，它是一个通用的资源管理模块，可为上层的各类应用程序提供统一的资源管理和调度。YARN 不仅可以供 MapReduce 框架使用，也可以供其他框架使用，如 Tez、Spark、Storm 等。YARN 的引入为集群在资源利用率、资源的统一管理和数据共享等方面带来了巨大好处。

　　YARN 的基本设计思想是将 MRv1 中的 JobTracker 的两个主要功能，即资源管理和作业控制（包括作业调度/监控、容错等）分拆成两个独立的进程：通用资源管理系统 YARN 和作业控制进程 Application Master，如图 4 – 4 所示，其中，YARN 主要负责整个集群的资源管理和调度，包括内存、CPU、磁盘等资源，形成资源池（Resource Pool），与具体的应用程序无关；而 Application Master 则是直接与应用程序相关的模块，负责单个应用程序的管理，且每个 Application Master 只负责管理一个作业。这里的应用程序是指传统的 MapReduce 作业或作业的 DAG（有向无环图）。这样，通过将原有 JobTracker 中与应用程序相关和无关的模块分开，不仅减轻了 JobTracker 的负载，也使得 Hadoop 能够支持更多的计算框架，并能对这些框架进行统一管理和调度。

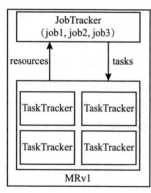 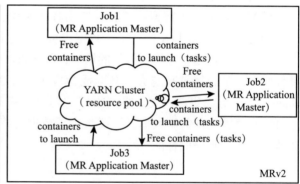

图 4 – 4　YARN 的基本设计思路

　　YARN 总体上仍然是 Master/Slave（管理者—工作者）结构，在整个资源管理框架中，YARN 集群主要由 Resource Manager（全局资源管理器）、Node Manager（节点管理器）组成。YARN 集群启动的时候一般会启动一个 Resource Manager 和多个 Node Manager，如图 4 – 5 所示，其中 Resource Manager 为 Master 节点，一般是在单独的机器上启动，主要负责对各个 Node

Manager 上的资源进行统一管理和调度；Node Manager 为 Slave 节点，主要负责管理其上的 Containers（容器），并监视其资源使用情况（CPU，内存，磁盘，网络等）并将其报告给 Resource Manager。

　　当用户提交一个应用程序（Application）时，需要在 Node Manager 上提供一个用以跟踪和管理这个应用程序的 Application Master（应用程序主机）（即图中的 App Master），它不仅负责向 Resource Manager 申请资源，而且要求 Node Manager 启动可以占用一定资源的任务，并监视作业容器的状态。由于不同的 Application Master 被分布到不同的节点上，因此它们之间不会相互影响。

　　为了保证集群的高可用，一般启动两个 Resource Manager，一个是活动（Avtive）状态，另一个是备用（StandBy）状态。当 Avtive 状态的 Resource Manager 挂掉之后，处于 StandBy 状态的 Resource Manager 会切换其状态为 Active 状态，接管整个集群继续提供服务。

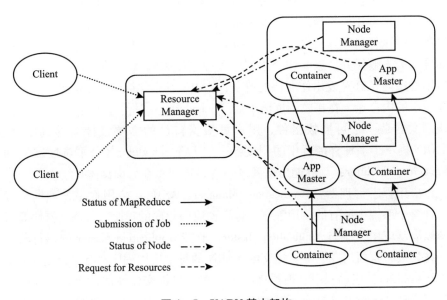

图 4 - 5　YARN 基本架构

　　从 YARN 架构中可以看出，在 YARN 中用 Resource Manager 代替 Hadoop 1. X 中的集群管理器，用 Application Master 代替一个专用且短暂的 JobTracker，用 NodeManager 代替 TaskTracker，用一个分布式应用程序（Application）代替一个 MapReduce 作业，以此完成资源管理的分离。

2. 基本组成

从 YARN 架构图来看，YARN 主要由全局资源管理器（Resource Manager）、节点管理器（Node Manager）、应用程序主机（Application Master）和相应的容器（Container）组成。

（1）全局资源管理器 Resource Manager（RM）是一个主守护进程，负责整个集群系统的资源管理和分配。首先客户端在执行计算任务时，将计算作业请求提交到 Resource Manager，然后，由 Resource Manager 来调度这些计算任务在集群中运行。

一般地，Resource Manager 主要由两个组件构成：调度器（Scheduler）和应用程序管理器（Applications Manager，ASM）。

调度器（Scheduler）：调度器根据容量、队列等限制条件（如每个队列分配资源的数量、执行作业的最大数量等），将系统中的资源分配给各个正在运行的应用程序。Scheduler 是一个"纯调度器"，它的任务只是调度任务，不再从事任何与具体应用程序相关的工作，如：不负责监控或者跟踪应用程序的执行状态等，也不负责重新启动因应用程序执行失败或者硬件故障而导致的失败任务，这些均交给与应用程序相关的 Application Master 完成。应用程序向 YARN 发出作业调度请求，YARN 发送详细的调度信息，包括作业所需的内存量。在接收调度请求后，Scheduler 只对作业进行调度。此外，该调度器是一个可插拔组件，用户可根据自己的需要设计新的调度器，YARN 提供了多种直接可用的调度器，如 Fair Scheduler（公平调度器）和 Capacity Scheduler（计算能力调度器）等，这些将在后面具体介绍。

应用程序管理器（Applications Manager，ASM）：应用程序管理器负责管理整个系统中所有的应用程序，包括：应用程序的提交、与调度器协商资源以启动应用程序的 Application Master、监控 Application Master 的运行状态并在失败时重新启动它等。提交给 YARN 的每个应用程序都有自己的 Application Master，应用程序管理器接收每个客户机提交作业的请求，并为应用程序启动 Application Master 提供资源，Application Master 启动后，应用程序管理器会跟踪每个 Application Master 的状态，并在应用程序执行完成时将 Application Master 销毁。当集群资源变得有限并且已经在使用时，资源管理器（Resource Manager）可以从正在运行的应用程序中请求回收资源，以便将其分配给其他应用程序。

（2）节点管理器（Nodemanager）是在集群的每个工作节点上运行的从属（Slave）节点，负责根据资源管理器的指令进行启动和执行容器（Container）。节点管理器是在集群当中的每一台机器上启动的一个进程。一般情况下节点管理器是和 HDFS 中的 DataNode 是一一对应的，即在启动 DataNode 的机器上会同时启动一个节点管理器进程。

节点管理器一般有两项功能：一方面，节点管理器负责节点资源的监控和管理，同时通过心跳的方式定期向资源管理器汇报本节点的资源使用情况和在本节点上的计算任务在各个 Container 中的运行状态，资源管理器在收到请求时定期更新每个节点管理器的信息，这有助于规划和调度即将到来的任务；另一方面，Container 在节点管理器上启动，Application Master 也在节点管理器的容器上启动，节点管理器接收并处理来自 Application Master 的 Container 启动/停止等各种请求。

（3）应用程序主机（Application Master），应用程序（Application）的第一步是将作业提交给 YARN，当收到作业提交的请求时，YARN 的资源管理器会在一个节点管理器的容器中启动该作业的 Application Master。然后，Application Master 负责管理应用程序在集群中的执行。

对于每个应用程序，将有一个专用的 Application Master 运行在某些节点管理器的容器上，负责协调资源管理器和节点管理器，以完成应用程序的执行。Application Master 从资源管理器中请求执行应用程序所需的资源，资源管理器将有关资源容器（Resource Container）的详细信息发送给 Application Master，然后 Application Master 与相应的节点管理器进行协调，以启动容器（Container）来执行应用程序的任务。Application Master 还定期向资源管理器发送心跳并更新其资源使用情况，并根据从资源管理器接收到的响应更改执行计划。

Application Master 的职责主要包括：

● 与资源管理器的调度器（Schedular）进行协商以获取资源（用 Container 表示）；

● 与节点管理器通信以启动/停止任务；

● 监控所有任务的运行状态，并在任务运行失败时，重新为任务申请资源并重启任务。

当前 YARN 自带了两个 Application Master 实现，一个是用于演示 Application Master 编写方法的实例程序 distributedshell，它可以申请一定数目的

Container，以并行方式运行一个 Shell 命令或者 Shell 脚本；另一个是运行 MapReduce 应用程序的 Application Master——MRAppMaster。

MapReduce 就是原生支持 YARN 的一种框架，可以在 YARN 上运行 MapReduce 作业。有很多分布式应用都开发了对应的应用程序框架，用于在 YARN 上运行任务，例如 Spark，Storm、Flink 等。

（4）容器（Container）是 YARN 中的资源抽象，是一个动态资源分配单位，它封装了某个节点上的多维度资源，如内存、CPU、磁盘、网络等，是这些资源抽象出来的一个容器，真正的计算任务是运行在 Container 里面的。也就是说，在 YARN 集群中，真正执行任务的是 Container，从而限定每个任务使用的资源量。

当 Application Master 向资源管理器申请资源时，资源管理器为 Application Master 返回的资源是用 Container 表示的。YARN 会为每个任务分配一个 Container，且该任务只能使用该 Container 中描述的资源。需要注意的是，Container 不同于 MRv1 中的 slot，它是一个动态资源划分单位，是根据应用程序的需求动态生成的。目前 YARN 仅支持 CPU 和内存两种资源，且使用了轻量级资源隔离机制 Cgroups 进行资源隔离。

（5）YARN 通信协议——RPC 协议，RPC 协议是连接各个组件的"大动脉"，在 YARN 中，任何两个需相互通信的组件之间仅有一个 RPC 协议，而对于任何一个 RPC 协议，通信双方有一端是 Client，另一端为 Server，且 Client 总是主动连接 Server 的，因此，YARN 实际上采用的是拉式（pull - based）通信模型。如图 4 - 6 所示，箭头指向的组件是 RPC Server，而箭头尾部的组件是 RPC Client，YARN 主要由以下几个 RPC 协议组成：

● ApplicationClientProtocol—JobClient（提交作业的客户端）与资源管理器之间的协议：JobClient 通过该 RPC 协议提交应用程序、查询应用程序状态等。

● ResourceManagerAdministrationProtocol—Admin（管理员）与资源管理器之间的通信协议：Admin 通过该 RPC 协议更新系统配置文件，如节点黑白名单、用户队列权限等。

● ApplicationMasterProtocol—Application Master 与资源管理器之间的协议：Application Master 通过该 RPC 协议向资源管理器注册和撤销自己，并为各个任务申请资源。

● ContainerManagementProtocol—Application Master 与节点管理器之间的

协议：Application Master 通过该 RPC 要求节点管理器启动或者停止 Container，获取各个 Container 的使用状态等信息。

● ResourceTracker—节点管理器与资源管理器之间的协议：节点管理器通过该 RPC 协议向资源管理器注册，并定时发送心跳信息汇报当前节点的资源使用情况和 Container 运行情况。

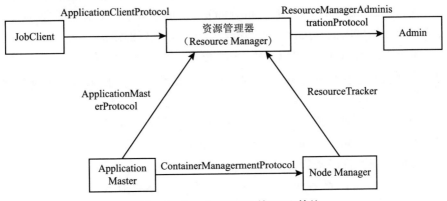

图 4 - 6　Apache YARN 的 RPC 协议

3. 核心组件

（1）资源管理器组件（Resource Manager component）。资源管理器是 YARN 的主要核心组件。由于某些原因，客户端的交互总是涉及资源管理器。YARN 为资源管理器提供了如下几个主要组件：

1）客户端组件（Client component）

资源管理器已经向客户端公开了用于初始化与自身进行 RPC 通信的方法。YARN 资源管理器提供 ClientRMService 类，为应用程序请求公开的 API，例如，提交新作业或新应用程序请求，以及终止应用程序，还包含用于获取集群指标的 API。另外，还提供 AdminService 类，集群管理员使用该类来管理资源管理器的服务。管理员可以检查集群的运行状况、访问信息并刷新集群节点。管理员可以使用 rmadmin 命令执行在内部使用 AdminService 类提供的服务的任何操作。

2）核心组件（Core component）

调度器 Scheduler 和 Application Master 是资源管理器核心接口的主要部分。资源管理器提供的一些接口具体介绍如下：

● YarnScheduler：YarnScheduler 接口提供了用于资源分配和清理操作的 API。YarnScheduler 使用可插拔策略，并根据配置将集群资源分配给应用程序。

● RMStateStore：RMStateStore 接口是另一个为资源管理器状态存储提供实现的核心接口，以便在发生故障时，资源管理器可以使用所提供的实现恢复其状态。通过 RMStateStore 可以存储内部数据和主要应用的数据及标记。

● SchedulingMonitor：SchedulingMonitor 提供了一个定义调度策略的接口和定期编辑调度器的方法，它还连接着监视容器和资源调优。

● RMAppManager：RMAppManager 负责管理在 YARN 集群上运行的应用程序列表。它收集和存储应用程序运行时的信息，并根据请求向 YARN 提供信息。

（2）节点管理器组件（NodeManager Component）。在 YARN 中，资源管理器为主节点（Master Node），节点管理器为从节点（Slave Node）。节点管理器定期向资源管理器发送心跳、资源信息、状态信息等。资源管理器保持每个节点管理器的最新状态，这有助于将资源分配给 Application Master，ResourceTrackerService 负责响应节点管理器的 RPC 请求，它包含用于向集群注册新节点的 API 和接收从节点管理器发送的心跳信息的 API，它还包含 NMLivelinessMonitor 对象，这有助于监视所有的活动节点（Live Node）和死节点（Dead Node）。通常，如果节点管理器在 10 分钟内没有发送心跳，则认为它为死节点，则它不会再用于启动任何新的容器。一般地，可以通过在 YARN 配置（时间毫秒）中设置属性 YARN. am. liveness – monitor. expiry – interval – ms 的值来增加或减少时间间隔。

ResourceTrackerService 的构造函数如下所示：

```
public ResourceTrackerService( RMContext rmContext,
NodesListManager nodesListManager,
NMLivelinessMonitor nmLivelinessMonitor,
RMContainerTokenSecretManager containerTokenSecretManager,
NMTokenSecretManagerInRM nmTokenSecretManager)
```

其中，NMLivelinessMonitor 就负责跟踪所有死节点和活动节点。如前所述，任何在 10 分钟内没有向资源管理器发送心跳信号的节点管理器都被认为是死节点，并且不会用于在其上运行任何容器。

（3）Application Master 组件，每当从客户端收到新的应用程序请求时，YARN 都会启动一个新的 Application Master。Application Master 在资源管理器和节点管理器之间充当中介，以满足其应用程序的资源需求。资源管理器提供了一个 API 来管理 Application Master。一般的，Application Master 需要通过 AMLivelinessMonitor 类和 ApplicationMasterService 类进行工作，具体如下：

● AMLivelinessMonitor 类：AMLivelinessMonitor 也向资源管理器发送心跳信号。资源管理器跟踪所有活动和停止的 Application Master，如果它在 10 分钟内没有收到来自任何 Application Master 的心跳信号，那么它将该 Application Master 标记为死机，并销毁这些死机的 Application Master 所使用的容器，然后，资源管理器在新的容器上为该应用程序启动新的 Application Master。如果 Application Master 仍然失败，资源管理器将重复这个过程 4 次，并向客户端发送失败消息。

● ApplicationMasterService 类：ApplicationMasterService 负责响应 Application Master 的 RPC 请求，并为注册新的 Application Master、来自所有 Application Master 的容器请求等提供 API。然后，它将请求转发给 YARN 调度器进行进一步处理。

（4）节点管理器核心，节点管理器是工作节点，因此每个工作节点都有一个节点管理器。节点管理器的工作是在工作节点上运行和管理容器、定期向资源管理器发送心跳和节点信息、管理已经运行的容器、管理容器的利用率等。与节点管理器工作相关的重要组件有资源管理器组件和容器组件，它们之间的工作机理如下：

1）资源管理器组件

由于节点管理器是工作节点，需要与资源管理器进行紧密合作。其中，NodeStatusUpdater 主要负责定期并在机器首次启动时向资源管理器发送关于节点管理器资源的最新信息。而 NodeHealthCheckerService 需要与 NodeStatusUpdater 紧密协作，节点运行状况的任何改变都将从 NodeHealthCheckerService 报告给 NodeStatusUpdater。

2）容器组件

节点管理器的主要工作是管理容器（Container）的生命周期，其中，ContainerManager 负责容器的启动和停止或获取正在运行的容器的状态。而 ContainerManagerImpl 包含启动或停止容器以及检查容器状态的实现部分。

以下是容器组件的实现过程中涉及的内容：

● ApplicationMaster：Application Master 向资源管理器请求所需要的资源，然后向节点管理器发送请求以启动新的容器。Application Master 还可以发送一个请求来停止已经运行的容器。而运行在节点管理器上的 RPC 服务器负责接收来自 Application Master 的请求，以启动新的容器或停止已经运行的容器。

● ContainerLauncher：从 Application Master 或资源管理器接收到的请求将转到容器启动器（ContainerLauncher），接收到请求后，ContainerLauncher 将启动容器，还可以根据需要清理容器中占用的资源。

● ContainerMonitor：资源管理器为 Application Master 提供启动容器的资源，并根据提供的配置启动容器。ContainersMonitor 负责监控容器的运行状况、资源利用率，并在容器超过分配给它的资源利用率时发出清理容器的信号，此信息在调试应用程序的性能和内存利用时非常有用，还可以帮助进行性能调优。

● LogHandler：每个容器都生成其生命周期的日志，LogHandler 允许我们指定存放日志的位置，可以是在同一磁盘上，也可以是其他外部存储位置上。这些日志可用于调试应用程序。

4.2.2　任务执行流程

运行在 YARN 上的应用程序主要分为两类：短应用程序和长应用程序，其中，短应用程序是指一定时间内（可能是秒级、分钟级或小时级）可运行完成并正常退出的应用程序，如 MapReduce 作业；长应用程序是指不出意外，永不终止运行的应用程序，通常是一些服务，如 StormService，HBaseService（包括 Hmaster 和 RegionServer 两类服务）等。尽管这两类应用程序作用不同，一类直接运行数据处理程序，另一类用于部署服务（服务之上再运行数据处理程序），但运行在 YARN 上的流程是相同的。

当用户向 YARN 中提交一个应用程序后，YARN 将分两个阶段运行该应用程序：第一个阶段是启动 Application Master；第二个阶段是由 Application Master 创建应用程序，为它申请资源，并监控它的整个运行过程，直至运行完成为止，如图 4 - 7 所示。

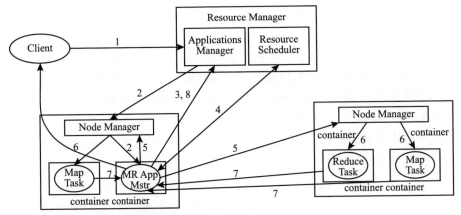

图 4 - 7　Apache YARN 的工作流程

YARN 任务的执行流程包括以下几个步骤：

（1）用户通过客户端向 YARN 中提交应用程序，其中包括 Application Master 程序、启动 Application Master 的命令、用户程序等。

（2）资源管理器为该应用程序分配第一个 Container（可以理解为一种资源，如内存），并与对应的节点管理器进行通信，要求它在这个 Container 中启动应用程序的 Application Master。

（3）Application Master 首先向资源管理器注册，这样用户可以直接通过资源管理器查看应用程序的运行状态，然后它将为各个任务申请资源，并监控它的运行状态，直到运行结束，即重复步骤 4 ~ 7。

（4）Application Master 采用轮询的方式通过 RPC 协议向资源管理器申请和领取资源。

（5）一旦 Application Master 申请到资源后，便与对应的节点管理器通信，要求它启动任务。

（6）节点管理器为任务设置好运行环境（包括环境变量、JAR 包、二进制程序等）后，将任务启动命令写到一个脚本中，并通过运行该脚本启动任务。

（7）各个任务通过某个 RPC 协议向 Application Master 汇报自己的状态和进度，以便让 Application Master 随时掌握各个任务的运行状态，从而可以在任务失败时重新启动任务。在应用程序运行过程中，用户可随时通过 RPC 向 Application Master 查询应用程序的当前运行状态。

（8）应用程序运行完成后，Application Master 向资源管理器注销并关闭自己。

从整个工作流程可以看出，在任务执行过程中 YARN 会不断与 Application Master 进行通信，汇报计算任务执行的情况和状态，客户端会通过资源管理器获取到 Application Master 的连接信息，然后客户端会与 Application Master 进行连接，不断与 Application Master 进行通信，获取计算任务执行的最新的具体信息，直到运行任务结束。

4.3　YARN 作业调度

理想情况下，应用程序对 YARN 资源的请求应该立刻得到满足，但在现实情况下，资源往往是有限的，特别是在一个很繁忙的集群中，一个应用程序对资源的请求经常需要等待一段时间才能得到相应的资源。在 YARN 中，负责给应用程序分配资源的就是调度器 Scheduler。其实调度本身就是一个难题，很难找到一个完美的策略可以解决所有的应用场景。为此，YARN 提供了多种调度器和可配置的策略，可以根据应用程序的需要进行选择。默认情况下，YARN 中有三种可用的调度器：FIFO 调度器（FIFO Scheduler）、计算能力调度器（Capacity Scheduler）和公平调度器（Fair Scheduler）。

4.3.1　FIFO 调度器（FIFO Scheduler）

FIFO 调度器把应用程序按提交的顺序排成一个队列，使用先到先服务的简单策略。在进行资源分配的时候，先给队列中的第一个应用程序分配资源，待第一个应用程序的资源需求满足后，再给第二个应用程序分配资源，依此类推。如果资源不足或不可用，应用程序必须等待有足够的资源可用来启动作业。当 FIFO 调度器配置好后，YARN 将创建一个请求队列并将应用程序添加到该队列中，然后逐个启动应用程序。

FIFO 调度器是最简单也是最容易理解的调度器，也不需要任何配置，但它并不适用于共享集群。在 FIFO 调度器中，小任务会被大任务阻塞。大的应用程序可能会占用所有集群资源，这就导致其他的应用程序被阻塞。在共享集群中，更适合采用 Capacity 调度器或 Fair 调度器，这两个调度器都允许大任务和小任务在提交的同时获得一定的系统资源。

4.3.2　计算能力调度器（Capacity Scheduler）

1. capacity 调度器

Hadoop 集群的使用随着组织中应用的增加而增加，组织不可能为每个应用都创建单独的 Hadoop 集群，因为这将增加维护方面的负担。另外，同一个组织中的不同用户希望在执行任务时能够保留一定数量的资源。Capacity 调度器允许多个组织共享整个集群，每个组织都可以获得集群的一部分计算能力。通过为每个组织分配专门的队列（queue），集群根据队列被划分为各个分区，再为每个队列从集群资源池中分配一定百分比的集群资源，这样整个集群就可以通过设置多个队列的方式为多个组织提供服务。此外，在队列内部还可以进行垂直划分，使得同一个组织内部的多个成员可以共享为该组织分配的队列资源，在一个队列内部，资源的调度大部分是采用先进先出（FIFO）策略。Capacity 调度器通过确保为集群中的用户配置的资源不被其他用户使用，确保用户在 YARN 集群中获得最小配置资源量，帮助在同一组织中的不同用户以经济有效的方式共享集群资源，从而满足 SLA 要求。简而言之，集群资源可以在多个用户组之间共享。

例如：假设创建了两个队列：A 和 B。队列 A 分配了 60% 的资源共享，队列 B 分配了 40% 的资源共享。当向队列 A 提交第一个作业时，capacity 调度器将把 100% 的可用资源分配给队列 A，因为此时集群中没有其他任务或作业在运行。现在假设当第一个作业运行时，另一个用户向队列 B 提交第二个作业，那么 capacity 调度器将杀死第一个作业的一些任务并将其分配给第二个作业，以确保队列 B 能够从集群资源中获得保证的最小份额。

在正常的操作中，Capacity 调度器不会强制释放 Container，当一个队列资源不够用时，这个队列只能获得其他队列释放后的 Container 资源。当然，我们可以为队列设置一个最大资源使用量，以免这个队列过多的占用空闲资源，导致其他队列无法使用这些空闲资源。

2. 配置 capacity 调度器

capacity 调度器允许跨组织共享资源，从而支持多租户并帮助提高 Hadoop 集群资源的利用率。组织中的不同部门有不同的集群资源需求，因此在提交作业时需要为它们保留特定数量的资源。保留的内存将由属于该部门的用户使用。如果没有其他应用程序提交到队列，那么资源将可用于其他应用程序。

配置 capacity 调度器的第一步是：在 yarn – site. xml 文件中将资源管理器的 scheduler 的调度器类设置为 capacity 调度器，代码如下所示：

```
< property >
< name > YARN. resourcemanager. scheduler. class </name >
< value > org. apache. hadoop. YARN. server. resourcemanager. scheduler. ca-
pacity. CapacityScheduler
</value >
</property >
```

第二步：在 scheduler. xml 文件中队列属性，找到其中的 capacity 属性，对 capacity 属性值进行设置。队列分配定义如下：

```
<? xml version = "1. 0"?  >
< configuration >
    < property >
        < name > YARN. scheduler. capacity. root. queues </name >
        < value > A , B </value >
    </property >
    < property >
        < name > YARN. scheduler. capacity. root. B. queues </name >
        < value > C , D </value >
    </property >
    < property >
        < name > YARN. scheduler. capacity. root. A. capacity </name >
        < value >60 </value >
    </property >
    < property >
        < name > YARN. scheduler. capacity. root. B. capacity </name >
        < value >40 </value >
    </property >
```

```
    < property >
        < name > YARN. scheduler. capacity. root. B. maximum − capaci-
ty </name >
        < value >75 </value >
    </property >
    < property >
        < name > YARN. scheduler. capacity. root. B. C. capacity </name >
        < value >50 </value >
    </property >
    < property >
        < name > YARN. scheduler. capacity. root. B. D. capacity </name >
        < value >50 </value >
    </property >
</configuration >
```

在这个配置中可以看出，在 root 队列下面定义了两个子队列 A 和 B，A 队列的 capacity 属性设置为 60，B 队列的 capacity 属性设置为 40，且 B 队列的 maximum − capacity 属性为 75，则队列 A 和队列 B 分别会占 60% 和 40% 的集群可用资源，B 的最大可用资源能达到 75%，这样就使得即便 A 队列完全空闲，B 队列也不会占用全部的集群资源，即 A 队列仍然有 25% 的可用资源来应急使用。另外，B 队列又有 C 和 D，由于 C 和 D 的 capacity 属性都设置为 50，所以这两个子队列具有相同的容量；而且 C 和 D 这两个队列没有设置 maximum − capacity 属性，那么 C 和 D 这两个子队列中的作业可能会用到 B 队列所分配的所有资源，但最多为整个集群资源的 75%。类似的，由于队列 A 没有设置 maximum − capacity 属性，所以队列 A 将会有可能占用集群的全部资源。

队列的配置可以通过 YARN. scheduler. capacity. < queueName >. < property >形式指定的，其中，< queueName >代表的是具体的某个队列的继承树，如 root. A 队列，< property >是指某个属性，如代码中的 capacity 和 maximum − capacity。另外，对于 Capacity 调度器，队列名必须是队列树中的最后一部分，如果使用整个队列树则不会被识别。如在上面配置中，我们使用 C 和 D 作为队列名是可以的，但是如果我们用 root. A. C 或者 A. C 是无效的。

Capacity 调度器除了可以配置队列及其容量外，还可以配置一个用户或应用程序可以分配的最大资源数量、可以同时运行的应用程序数量、队列的 ACL 认证等高级配置。

4.3.3 公平调度器（Fair Scheduler）

1. 公平调度器

在公平调度器中，不需要预先占用一定的系统资源，公平调度器会为所有运行的 Job 动态地调整系统资源，所有应用程序能够获得几乎相同数量的可用资源。公平调度器旨在为所有运行的应用程序公平分配资源，所以称为公平调度器。

在公平调度器中，当第一个应用程序提交给 YARN 时，由于只有一个应用程序运行，公平调度器将把所有可用资源分配给该应用程序；在任何情况下，如果又有一个新的应用程序提交给公平调度器，公平调度器将开始向新的应用程序分配资源，直到这两个应用程序拥有几乎相等的执行资源为止，让这两个应用程序能够公平地共享集群资源（对公平的定义可以通过参数来设置）。

在 Fair 调度器中，从第二个应用程序提交，到其能够获得资源之间会有一定的延迟，因为它需要等待第一个应用程序释放占用的容器。如果第二个应用程序先执行完成，那么它也会释放自己占用的资源，第一个应用程序则又获得了全部的系统资源。最终的效果就是公平调度器既得到了高的资源利用率，又能保证小任务的及时完成。

与 FIFO 调度器和 Capacity 调度器不同，公平调度器可以防止应用程序资源短缺，并确保在队列中的应用程序能够获得执行时所需要的内存。公平调度器也可以在多个队列间工作，最小和最大共享资源的分布由调度队列通过在公平调度器中提供的配置来计算，应用程序将获得为提交该应用程序的队列而配置的资源数量，即如果一个新的应用程序被提交到相同的队列，则两个应用程序将共享为该队列配置的资源总量。

假设有两个用户 A 和 B，分别拥有自己的队列。A 启动一个作业，在 B 没有需求时 A 会分配到全部可用的集群资源；当 A 的作业仍在运行时，B 启动一个作业，一段时间后，按照先前看到的方式，每个作业都分到了一半的集群资源。这时，如果 B 启动第二个作业且其他作业仍在运行，那么第二个作业将和 B 的其他作业（即 B 的第一个）共享 B 这个队列的资源，因此，B 的每个作业将占四分之一的集群资源，而 A 的作业仍继续占用一半的集群资源。结果就是资源最终在两个用户之间实现了公平共享。

2. 调度队列（Scheduling Queues）

调度器使用作业提交者的标识将应用程序分配到队列中，可以在提交应用程序时在应用程序的配置中配置队列。应用程序首先进入由所有用户共享的默认队列，然后被进一步划分到不同的队列。公平调度器中的队列是分层组织的，队列的层次是通过嵌套元素实现的，所有的队列都是 Root 队列的孩子，并分配权重，权重可用通过队列的权重属性进行设置，这些权重表示对集群资源进行公平调度的依据。图 4 - 8 更好地解释了队列的层次结构：

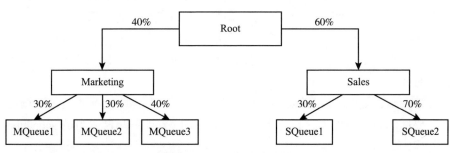

图 4 - 8　队列的层次结构

在这个例子中，Root 根队列下有两个子队列：Marketing 和 Sales，在 Marketing 队列中又有三个子队列，分别是：MQueue1，Mqueue2 和 Mqueue3，而 Sales 队列中有两个子队列分别是：SQueue1 和 SQueue2。当调度器以 40∶60 分配集群资源给 Marketing 和 Sales 时便视作公平；如果 SQueue1 和 SQueue2 子队列没有定义权重，则会将 Sales 队列中的资源平均分配给 SQueue1 和 SQueue2 子队列；结果如图 4 - 8 所示，对 SQueue1 和 SQueue2 分别分配了权重，则会按 30∶70 的比例将 Sales 队列中的资源分别分配给 SQueue1 和 SQueue2。这里的权重并不是百分比，我们把上面的 40 和 60 分别替换成 2 和 3，效果也是一样的。注意，对于在没有配置文件时按用户自动创建的队列，它们仍有权重并且权重值为 1。

每个队列内部仍可以有不同的调度策略。队列的默认调度策略可以通过顶级元素进行配置。尽管是公平调度器，其仍支持在队列级别进行 FIFO 调度。每个队列的调度策略可以被其内部的元素覆盖；如果没有配置，默认采用公平调度。

公平调度器可用为每个队列配置最大、最小资源占用数和最大可运行的应用的数量，能够保证队列资源共享配置的最小量，保证的最小资源共享适用于提交到队列的任何应用程序。如果应用程序未提交到任何特定队列，则属于该特定队列的资源将分配给运行该应用程序的队列。这些进程确保资源没有被充分利用，而应用程序也不会遭受资源短缺。

3. 配置 Fair 调度器

YARN 为调度器提供了一个插件策略。默认情况下，配置使用 Capacity 调度器。接下来将了解如何为公平调度器配置和启动队列。默认情况下，公平调度器允许运行所有的应用程序，但如果配置正确，每个用户和每个队列可以运行的应用程序数量会受到一定限制。有时，限制每个用户的应用程序数量是非常重要的，这样在其他用户提交的队列中的应用程序就不会等待很长的时间。

第一步：更改 yarn – site. xml 中的配置，以使 YARN 能够使用公平调度器。要使用公平调度器，首先需要在 yarn – site. xml 中配置适当的 scheduler 类，代码如下：

```
< property >
        < name > YARN. resourcemanager. scheduler. class </ name >
        < value > org. apache. hadoop. YARN. server. resourcemanager.  scheduler.  fair. FairScheduler
        </ value >
</ property >
```

第二步：在 yarn – site. xml 文件中通过添加以下内容，以指定调度程序配置文件的位置，代码如下：

```
< property >
        < name > YARN. scheduler. fair. allocation. file </ name >
        < value >/ opt/ packt/ Hadoop/ etc/ Hadoop/ fair – scheduler. xml </ value >
</ property >
```

　　Fair 调度器的配置文件位于类路径下的 fair – scheduler. xml 文件中，该路径可以通过 yarn. scheduler. fair. allocation. file 属性进行修改。若没有该配置文件，Fair 调度器将采用如下分配策略：scheduler 会在用户提交第一个应用程序时为其自动创建一个队列，队列的名字就是用户名，所有的应用程序都会被分配到相应的用户队列中。

　　第三步：在 fair – scheduler. xml 文件中配置调度器属性。对 fair – scheduler-xml 文件的更改可用于制定队列资源分配策略，如下所示：

```
< ? xml version = "1. 0"?  >
< allocations >
< defaultQueueSchedulingPolicy > fair < / defaultQueueSchedulingPolicy >
< queue name = "root" >
    < queue name = "dev" >
        < weight > 40 < / weight >
    < / queue >
    < queue name = "prod" >
        < weight > 60 < / weight >
        < queue name = "marketing"/ >
        < queue name = "finance"/ >
        < queue name = "sales" >
    < / queue >
< / queue >
< queuePlacementPolicy >
< rule name = "specified" create = "false"/ >
< rule name = "primaryGroup" create = "false"/ >
< / queuePlacementPolicy >
< / allocations >
```

　　通过前面的分配配置可以看出，在配置中有一个根队列 root，这意味着提交给 YARN 的所有作业将首先进入根队列。prod 和 dev 是根队列的两个子队列。他们共享 60% 和 40% 的资源。Prod 队列中有 "marketing" "finance" 和 "sales" 三个子队列，而且这三个子队列没有分配权重，那么它们将会平分 prod 队列中的资源。

4.4 YARN 高级特性

4.4.1 节点标签（Node Label）

1. 节点标签

随着时间的推移，Hadoop 在组织中的使用越来越多，他们将更多的用例提交到 Hadoop 平台上。组织中的数据管道由多个作业组成，不同的作业有不同的特点，如，Spark 作业可能需要具有更多 RAM 和更强大处理能力的机器，而 MapReduce 可以在功能相对较弱的机器上运行。因此，在实际的环境部署中，集群经常需要由不同类型的机器组成，以节省基础成本，如有些机器是计算型，有些则是内存型；另一种场景是在大集群中，有时候需要指定有些机器预留给特定的用户用，从而避免其他用户的任务对其造成影响。节点标签是解决这类问题的一种方式，运维人员可以根据节点（label）的特性将其分为不同的分区（partition），来满足业务多维度的使用需求。

YARN 标签是每台机器的标记，这样具有相同标签名称的机器可以用于特定的工作。具有更强大处理能力的节点可以使用相同的名称标记，同时，需要更强大性能机器的作业可以在执行期间可以使用相同的节点标签。

每个节点可以被打上一个标签，按标签可以将集群划分为多个分区，如果一个资源节点没有配置标签，则其属于一个不存在的 DEFAULT 分区，也可以说集群是基于节点标签进行分区的，一个节点属于一个节点分区（node partition），因此一个集群按节点分区划分为多个不相交的子集群。默认情况下，节点属于默认分区（partition = ""）。用户需要配置不同队列可以使用的节点分区，以及每个节点分区可用的资源百分比。用户可以指定每个队列可以访问的节点标签集，一个应用程序只能使用包含该应用程序的队列可以访问的节点标签集。

YARN 还提供设置队列级别的功能，用户可以为每个队列配置可以访问的分区，默认是只可以访问 DEFAULT 分区；也可以设置每个队列访问特定分区的资源比率；而且，节点标签以及队列和节点标签的相关配置支持动态更新。

目前，节点标签有两种可用的类型：

（1）独占（Exclusive）：独占节点标签确保它是唯一允许访问节点标签的队列。由具有独占标签的队列提交的应用程序将对分区资源具有独占访问权限，因此其他队列都无法获取资源。

（2）非独占（Non - Exclusive）：非独占标签允许与其他应用程序共享空闲资源。队列被分配有节点标签，提交到这些队列的应用程序将获得与各自节点标签的优先级相匹配的资源。如果队列没有向这些节点标签提交应用程序或作业，则资源将在其他非独占节点标签之间共享。如果带有节点标签的队列在处理过程中提交了应用程序或作业，则资源将从正在运行的任务中抢占，并根据优先级分配给相关队列。Non - Exclusive 的资源节点同时归属于 DEFAULT 分区，当用户申请 DEFAULT 分区的资源时，Non - Exclusive 上的资源也能被分配给该应用程序。

用户可以指定每个队列可以访问的节点标签集，一个应用程序只能使用包含应用程序的队列可以访问的节点标签集。在资源请求中指定所需的节点标签，只有当节点具有相同的标签时才会分配。如果未指定节点标签要求，则此类资源请求将仅分配给属于默认分区的节点（Non - exclusive 节点分区的空闲资源也可以分配）。用户还可以设置百分比，例如：队列 A 可以访问 label = hbase 节点上 30% 的资源。这样的百分比设置将与现有的资源管理器一致。

2. 配置节点标签

对 YARN 的每个请求都需要经过资源管理器，因此，要在 Hadoop 集群中配置节点标签，第一步是要向资源管理器启用节点标签配置：

（1）启用节点标签，设置节点标签路径：

默认情况下系统是没有开启 node label 功能的，可以在 yarn - site. xml 中修改相应配置来开启 label 特性。yarn - site. xml 文件包含了与 YARN 相关的配置，如下所示：

```
< property >
    < name > YARN. node - labels. enabled </name >
    < value > true </value >
    < description > Enabling node label feature </description >
</property >
< property >
```

< name > YARN. node – labels. fs – store. root – dir </name >//节点标签数据在 HDFS 上的存储位置

< value >http://namenoderpc:port/YARN/packt/node. labels </value >

< description >The path to the node labels file. </description >

</property >

（2）在 HDFS 上创建目录结构：创建一个用于存储 Node Labels 信息的存储目录，并设置相应的权限，以便 YARN 能够访问此目录，例如：

sudo su hdfs

hadoop fs – mkdir – p /YARN/packt/node – labels

hadoop fs – chown – R YARN:YARN /YARN

hadoop fs – chmod – R 700 /user/YARN→hadoop fs – chmod – R 700/user/YARN

（3）授予 YARN 权限：HDFS 上必须存在 YARN 用户目录。如果没有，则创建目录并将对该目录的权限分配给 YARN 用户，具体代码如下所示：

sudo su hdfs

hadoopfs – mkdir – p/user/YARN

hadoop fs – chown – R YARN:YARN/user/YARN

hadoop fs – chmod – R 700/user/YARN

（4）创建节点标签：完成上述步骤后，可以使用以下命令创建节点标签：

sudo – u YARN

YARN rmadmin – addToClusterNodeLabels" < node – label1 >

(exclusive = <true|false >), < node – label2 > (exclusive = <true|false >)"

默认情况下，exclusive 属性为 true。最好检查是否创建了节点标签，可以通过列出节点标签进行验证，具体代码如下所示：

sudo – u YARN

YARN rmadmin – addToClusterNodeLabels"spark(exclusive = true), Hadoop (exclusive = false)"

YARN cluster –– list – node – labels

（5）为节点分配节点标签：一旦创建了节点标签，就可以为节点分配节点标签，且每个节点只分配一个节点标签。为节点指定节点标签的命令：

YARN rmadmin – replaceLabelsOnNode

" ＜ nodeaddress1 ＞： ＜ port ＞ ＝ ＜ node – label1 ＞ ＜ nodeaddress2 ＞：＜ port ＞ ＝ ＜node – label2 ＞ "

下面是一个实例：

sudo su YARN

YARN rmadmin – replaceLabelsOnNode" packt. com ＝ spark

packt2. com ＝ spark ，packt3. com ＝ Hadoop，packt4. com ＝ Hadoop"

（6）为队列和节点标签建立关联：最后一步是为每个队列分配一个节点标签，以便队列提交的作业能够转到分配给它的节点标签上，例如：

```
< property >
    < name > YARN. scheduler. capacity. root. queues </ name >
    < value > marketing， sales </ value >
</ property >
< property >
    < name > YARN. scheduler. capacity. root. accessible – node – labels.
spark. capacity </ name >
    < value > 100 </ value >
</ property >
< property >
    < name > YARN. scheduler. capacity. root. accessible – node – labels.
Hadoop. capacity </ name >
    < value > 100 </ value >
</ property >
< !  —— configuration of queue – a —— >
< property >
    < name > YARN. scheduler. capacity. root. marketing. accessible – node –
labels </ name >
    < value > x， y </ value >
```

```
</property>
<property>
    <name>YARN. scheduler. capacity. root. marketing. capacity</name>
    <value>40</value>
</property>
<property>
    <name>YARN. scheduler. capacity. root. sales. accessible - node -
labels. spark. capacity</name>
    <value>100</value>
</property>
<property>
    <name>YARN. scheduler. capacity. root. sales. accessible - node -
labels. Hadoop. capacity
    </name>
    <value>50</value>
</property>
<property>
    <name>YARN. scheduler. capacity. root. marketing. queues</name>
    <value>product, service</value>
</property>
```

按照上述方法对队列 b、队列 a. a1、队列 a. a2、队列 b. b1 进行配置，这里不再赘述。

（7）刷新队列：一旦完成配置和节点标签的队列分配后，就可以继续刷新队列。使用以下命令刷新队列：

```
sudo su YARN
YARN rmadmin - refreshQueues
```

（8）提交作业：节点标签的基本思想是创建节点的分区，以便每个分区都可以用于特定的用例。用户可以向队列提交作业，并指定用于执行任务的节点标签应用程序。可以使用以下命令执行此操作：

```
hadoop jar wordcount. jar - num_containers 4 - queue product - node_label_
expression Hadoop
```

（9）节点可以被删除并重新分配给另一个节点标签。任何把 exclusive 设置为 false 的节点标签都将被视为非独占节点标签，资源可用于那些与其他节点标签共享的非独占节点。

4.4.2 YARN 时间轴服务器（YARN Timeline Server）

1. YARN 时间轴服务器

MapReduce 的作业历史服务器（Job History Server）提供了有关所有当前和历史 MapReduce 的 job 的细节信息。但是，作业历史服务器只能捕获针对 MapReduce 作业的信息，无法捕获到 YARN 级别的事件和相关指标（metrics）。然而，YARN 已经集成很多的计算框架，如 spark、Tez 等，可以运行 MapReduce 以外的应用程序。因此，需要有一个 YARN 专用的应用程序，可以捕获所有应用程序的历史信息，YARN Timeline Server 就负责检索所有应用程序的当前和历史信息。通过 YARN Timeline Server 收集的指标和信息本质上是通用的，因此有一个通用的结构，有助于调试日志和捕获任何特定用途的其他指标。Timeline Server 可以捕获两种类型的信息：

（1）应用程序信息：Timeline Server 可以收集并检索应用程序的具体信息。应用程序由用户提交到队列，每个应用程序可以有多次应用尝试。每次应用尝试都可以启动多个容器来完成作业。Timeline Server 捕获并提供应用程序生命周期中涉及的每个步骤的详细信息和日志。而且，还提供了一个 web 接口来查看信息。

（2）框架信息：Timeline Server 可以收集并检索框架的具体信息。YARN 能够承载不同类型的应用程序，如 MapReduce、spark、Tez 等。MapReduce 作业可能包含诸如 map 和 reduce 任务数之类的信息，Spark 作业可能包含诸如执行器（executor）和核心（core）的数量之类的信息，这些信息根据提交 YARN 作业的框架而变化。Timeline Server 提供了一个 web 接口和一个 RESTAPI 来访问这些信息。

在 Hadoop3. X 中，YARN Timeline Server 架构发生了重大变化。它解决了以前版本中的两个主要挑战。这两个问题是：

（1）可伸缩性和可靠性：在以前的版本中，读写器仅限于单个实例，由于处理能力有限，很难处理大型集群。Hadoop3 中的 YARN 使用分布式编辑器和可伸缩存储，阅读器（reader）和编辑器（writer）之间是松耦合的，阅读器实例负责为通过 REST API 接收的读请求进行服务。当前版本的

Timeline server 的主存储是 HBase，因为它能够为读写请求提供快速响应。

（2）流动性与聚集性：在 YARN 中应用程序的生命周期由不同的步骤组成。YARN 可以启动一组应用程序来完成应用程序的逻辑生命周期。单个应用程序可以由许多子应用程序组成，因此，需要一些应用程序的聚合指标（aggregated metrics）。YARN 聚合了来自所有子应用程序及其应用尝试（application attempt）的指标（metrics），并将其作为应用程序的聚合报告。

2. 配置 YARN Timeline server

Timeline server 需要一些基本配置才能启动，但它也为特定目的提供了各种配置选项。

（1）基本配置（basic configuration）：基本配置足以启动 Timeline Server，它通常允许客户端和资源管理器发布其指标（metrics），如下所示：

```
< property >
    < description > If enabled,the end user can post entities using Timeline-
Client library
    </description >
    < name > YARN. timeline – service. enabled </name >
    < value > true </value >
</property >
< property >
    < description > If enabled the system metrics send by Resource Manager
will be published on the timeline server. .
    </description >
    < name > YARN. resourcemanager. system – metrics – publisher. enabled
</name >
    < value > true </value >
</property >
< property >
    < description > if enabled Client can query application data directly from
Timeline server.
    </description >
    < name > YARN. timeline – service. generic – application – history. ena-
bled </name >
```

```
< value > true < /value >
```
</property >

（2）主机配置：Timeline Server 的主机通过以下配置进行设置。它指示 Timeline Server 的网址，例如：

```
< property >
    < name > YARN. timeline – service. hostname < /name >
    < value >0. 0. 0. 0 < /value >
< /property >
< property >
    < description > Address for the Timeline server to start the RPC server
    < /description >
    < name > YARN. timeline – service. address < /name >
    < value > $ { YARN. timeline – service. hostname} :10200 < /value >
< /property >
< property >
    < description > The http address of the Timeline service web application.
    < /description >
    < name > YARN. timeline – service. webapp. address < /name >
    < value > $ { YARN. timeline – service. hostname} :8188 < /value >
< /property >
< property >
    < description > The https address of the Timeline service web applica-
tion.
    < /description >
    < name > YARN. timeline – service. webapp. https. address < /name >
    < value > $ { YARN. timeline – service. hostname} :8190 < /value >
< /property >
< property >
    < description > Handler thread count to serve the client RPCrequests.
    < /description >
    < name > YARN. timeline – service. handler – thread – count < /name >
```

```
< value >10 </ value >
</ property >
```

3. 启动 Timeline server：最后，可以使用以下命令启动 Timeline server：

YARN timelineserver

4.4.3　机会容器（Opportunist Container）

1. 机会容器

仅当节点上有足够的未分配资源时，调度程序才会将 Container 分配给节点。YARN 保证，一旦 Application Master 将一个容器分派到一个节点，程序执行将立即开始。只有在不违反公平性或容量的情况下，容器的执行才会完成，这意味着，在其他容器请求要从该节点抢占资源之前，该容器将保证程序运行到完成为止。

当前的容器执行设计可以高效地执行任务，但是它有两个主要限制：

（1）心跳延迟。节点管理器会定期将心跳信息发送到资源管理器，并且心跳请求还可以包含节点管理器的资源状况指标：如果在节点管理器上运行的某个容器完成了其执行的任务，则该信息将作为请求的一部分在下一个心跳中发送，这也意味着资源管理器知道在该节点管理器上有可用的资源来启动新的容器，它将在该节点上调度一个新容器，并且资源管理器会通知请求资源的应用程序的 Application Master 在该节点上启动该容器。那么，各步骤之间的延迟可能会延长，并且直到那时，它们的资源将处于空闲状态。

（2）资源分配和利用（Resource allocation and utilization）。资源管理器分配给容器的资源可能大大高于容器实际使用的资源。例如，一个 6GB 的容器仅有 3GB 在使用，但这并不意味着该容器使用的内存不会超过 3GB。这些问题的解决方式是，容器应仅使用已利用的内存，并在将来需要时再获取更多的内存。

为了解决上述限制，YARN 引入了一种称为机会容器（Opportunist Container）的新型容器。即使节点管理器上没有足够的可用资源来处理请求，也可以将机会容器发送到节点管理器上。机会容器将排队等待，直到获取到可用资源来执行它。机会容器的优先级低于担保容器（Guaranteed Container），因此，当有资源请求担保容器时，机会容器可以被杀死。应用程序可以配置为能使用机会容器和保证容器来执行其任务的形式。机会容器的主要目的是提升集群资源利用率，因此增加任务吞吐量。

将机会容器分配给应用程序的方式有两种：

（1）集中式（Centralized）：通过 YARN 资源管理器分配容器。Application Master 从资源管理器请求一个容器。对保证容器的请求转到 Applicaton Master Service，并由调度器进行处理。对机会容器的请求由 Opportunistic Container Allocator 将容器调度到节点进行处理。

（2）分布式（Distributed）：资源是通过本地调度器分配的，每个节点管理器都可以使用。当前版本的 YARN 在每个节点上都有 AMRM Proxy Service，来充当资源管理器和 Application Master 之间的代理。Application Master 不直接与资源管理器交互，而是与运行该节点的 AMRM Proxy Service 进行交互。在出现一个 Application Master 的情况下，会启动一个新的 Application Master，并且 YARN 会将 AMRM Token 分配给一个新的 Application Master。

在心跳期间，节点管理器会将每个节点上当前正在运行的 Guaranteed Container，Opportunist Container 和排队的 Opportunist Container 的数量更新到资源管理器。资源管理器收集每个节点的相关信息，并确定最不繁忙的节点。默认分配是集中式的（centralized），因此，在这种情况下，分配是集中发生的。

2. 配置机会容器

要使用机会容器，需要进行如下配置：

（1）要在 yarn - site. xml 中启用机会容器，即将属性 YARN. resourcemanager. opportunistic - container - allocation. enabled 设置为 true，代码如下所示：

```
< properties >
    < name > YARN. resourcemanager. opportunistic - container - allocation. enabled </name >
    < value > true </value >
</properties >
```

（2）设置在节点管理器中排队的机会容器的最小数量，代码如下所示：

```
< properties >
    < name > YARN. nodemanager. opportunistic - containers - max - queue - length </name >
```

```
<value>15</value>
</properties>
```

有效值取决于作业特征、集群配置和目标利用率。

（3）可以使用集中式节点或分布式节点进行资源分配。默认情况下，YARN 使用集中式方式分配资源。但是，如果要启用分布式资源分配方法，则需要设置 YARN. nodemanager. distributed – scheduling. enabled 属性为 true，代码如下所示：

```
<properties>
    <name>YARN. nodemanager. distributed – scheduling. enabled</name>
    <value>true</value>
</properties>
```

以下参数表示在提交作业时可以使用的内存量，以指示可以使用机会容器运行的 mapper 程序的百分比：

```
– Dmapreduce. job. num – opportunistic – maps – percent = "30"
```

4. 4. 4　Docker 容器

1. Docker 容器

Docker 已被广泛用作各种应用程序的轻量级容器。YARN 现在被广泛用作各种应用程序的资源管理器，并且使用 Linux 启动容器。YARN 增加了对 Docker 容器化的支持，可以指定 Docker 映象来运行 YARN 容器，并且 Docker 容器具有运行应用程序的自定义库。

Docker 环境与节点管理器完全不同。用户无须担心运行该应用程序所需的其他软件或模块，而可以专注于应用程序的运行和调优；同一应用程序的不同版本可以并行运行，并且将彼此完全隔离。

容器执行器（Container Executor）抽象提供了四个实现，负责提供运行应用程序、设置环境和管理容器的生命周期所需的资源，如下所示：

（1）DefaultContainerExecutor

（2）LinuxContainerExecutor

（3）WindowsSecureContainerExecutor

（4） DockeContainerExecutor

DockerContainerExecutor 允许节点管理器将 YARN 容器启动到 Docker 容器中。YARN 增加了对 Docker 命令的支持，以允许节点管理器启动、监视和清理 Docker 容器。不建议使用 DockerContainerExecutor，因为每个节点管理器的 ContainerExecutor 只能指定一个。因此，将无法启动任何其他作业，例如 Spark，tez 或 MapReduce。DockerContainerExecutor 在未来的 Hadoop 版本中将被删除。

2. 配置 Docker 容器

（1） 第一步是在 yarn – site. xml 中指定 Docker 配置。

用于 YARN 容器的 Docker 映像（Docker image）必须满足诸如 Java 主目录变量之类的要求，并且必须设置 Hadoop 主目录环境变量，包括 HDFS，YARN 和 MAPRED。变量名称为 JAVA_HOME，HADOOP_COMMON_PATH，HADOOP_HDFS_HOME，HADOOP_YARN_HOME，HADOOP_CONF_DIR 和 HADOOP_MAPRED_HOME。如下所示：

```
< property >
    < name > YARN. nodemanager. docker-container-executor. exec – name </name >
    < value > docker – H = tcp：//0. 0. 0. 0：4243 </value >
        < description > path to docker client  </description >
</property >
< property >
    < name > YARN. nodemanager. container – executor. class </name >
    < value > org. apache. Hadoop. YARN. server. nodemanager.  DockerContainerExecutor </value >
        < description > all job will be started as DockerCntainerExecutor.  </description >
</property >
```

（2） 运行 Docker 映像（Docker Image）。

Apache Hadoop 2. 7. 1 Docker 映像可从 https：//github. com/sequenceiq/Hadoop – docker 进行下载，Hadoop Docker 映像已经预先配置了需要作为 Docker 容器运行 YARN container 的变量，代码如下所示：

docker pull sequenceiq/Hadoop – docker:2. 7. 1

docker run – it sequenceiq/Hadoop – docker:2. 7. 1/etc/bootstrap. sh – bash

（3）Running the container（运行 container）。

以下命令将 YARN 容器作为 Docker 容器运行，代码如下所示：

bin/Hadoop jar
/share/Hadoop/mapreduce/Hadoop – mapreduce – examples – 3. 0. 0. jar

\

teragen \

– Dmapreduce. map. env = "YARN. nodemanager. docker – container – executor. image – name = sequenceiq/Hadoop – docker:2. 7. 1" \

– Dyarn. app. mapreduce. am. env = "YARN. nodemanager. docker – container – executor. image – name = sequenceiq/Hadoop – docker:2. 7. 1" \

1000 \

output

4.5　YARN 的应用实践

4.5.1　YARN 命令

与 HDFS 相类似，YARN 也具有自己的命令来管理整个 YARN 集群。YARN 提供了两个命令行界面，一个用于想要在 YARN 集群上运行任何服务的用户，另一个用于要管理整个 YARN 集群的管理员。

1. 用户命令（user command）

Hadoop 集群中的 user 命令是将应用程序提交到 Hadoop 集群的命令。该应用程序可能会失败，或者有时效果不佳。在这种情况下，日志是调试应用程序的第一步，并且 YARN 可以为那些能够通过命令行界面访问的应用程序和容器存储日志。

2. 应用程序命令

应用程序命令用于对提交到 YARN 集群的应用程序执行操作。该操作包括列出具有特定状态的应用程序、终止该应用程序、调试应用程序日志等。

– appStates：此命令与 – list 命令一起使用，以列出具有特定状态的所有应用程序。可能的状态有"全部"（ALL），"新"（NEW），"新_保存"（NEW_SAVING），"已提交"（SUBMITTED），"已接受"（ACCEPTED），"正在运行"（RUNNING），"完成"（FINISHED），"失败"（FAILED），"已杀死"（KILLED）。以下命令将列出处于被终止状态（killed state）的所有应用程序：

YARN application – list – appStates killed

上一条命令的输出如图 4 – 9 所示。

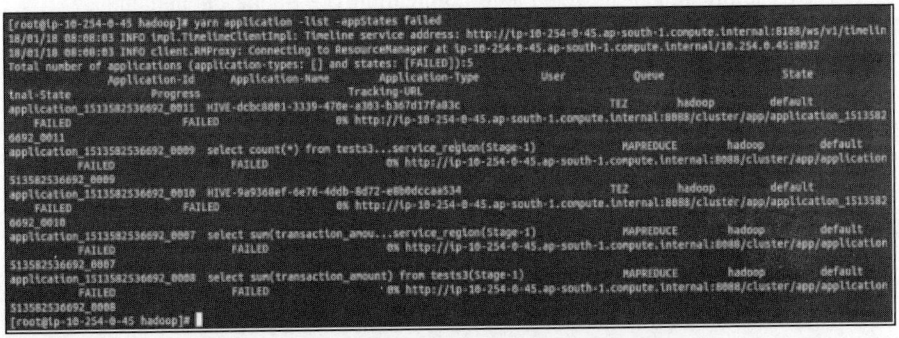

图 4 – 9　列出被终止状态的应用程序的输出结果

– kill：由于某些原因，例如可视化执行过程中的错误，应用程序执行时间太长等原因，用户可能想停止正在运行的应用程序。 – kill 命令将终止已经提交或正在运行的应用程序，代码如下所示：

YARN application – kill applicationId

– status：可以使用 – status 命令跟踪应用程序的状态。它提供有关应用程序的详细信息，例如用户、开始时间、结束时间、队列名称等，例如：

YARN application – status applicationID

该命令的输出如图 4 – 10 所示。

```
[root@ip-10-254-0-45 hadoop]# yarn application -status application_1513582536692_0119
18/01/18 08:20:26 INFO impl.TimelineClientImpl: Timeline service address: http://ip-10-254-0-45.ap-south-1.compute.internal:8188/ws/v1/timeline/
18/01/18 08:20:26 INFO client.RMProxy: Connecting to ResourceManager at ip-10-254-0-45.ap-south-1.compute.internal/10.254.0.45:8032
Application Report :
        Application-Id : application_1513582536692_0119
        Application-Name : HIVE-a34d1844-cdb8-4691-a289-8a53a55f9dec
        Application-Type : TEZ
        User : root
        Queue : default
        Start-Time : 1515995486809
        Finish-Time : 1515995488561
        Progress : 100%
        State : KILLED
        Final-State : KILLED
        Tracking-URL : http://ip-10-254-0-45.ap-south-1.compute.internal:8088/cluster/app/application_1513582536692_0119
        RPC Port : -1
        AM Host : N/A
        Aggregate Resource Allocation : 1337 MB-seconds, 1 vcore-seconds
        Diagnostics : Application killed by user.
[root@ip-10-254-0-45 hadoop]#
```

图 4－10　跟踪应用程序的状态的命令输出

－movetoqueue：通过队列，提交给 YARN 的应用程序可以由用户使用－movetoqueue 命令移至其他队列，如下所示：

YARN application －movetoqueue applicationID －queue queuename

3. 日志命令

应用程序日志对于调试和调整应用程序的性能非常重要。可以使用以下命令，通过命令行界面查看日志：

YARN logs －applictationId applicationID

还可以查看应用程序的特定日志文件。例如，要仅查看错误日志，可以使用以下命令：

YARN logs －applicationId application_15145363773_001_00 －log_files stderr

节点管理器可以为一个应用程序启动多个容器，有时，由于数据格式或应用程序代码的错误，一些容器可能会失败。因此，必须在容器级别调试应用程序以识别问题并纠正它们。以下命令可用于列出应用程序 ID 的所有容器：

YARN logs －applicationId application_154356768798_0001_001 －show_application_log_info

一旦有了可用的容器信息，就可以使用以下命令查看容器日志：

YARN logs －applicationId application_151345678971_0001_001 －containerId container_151345678652_001_001

4. 管理命令

Hadoop 管理员负责管理 YARN 集群并配置调度器、队列和其他属性。YARN 为管理员提供了一个命令行界面来管理集群。以下是一些经常使用的重要命令：

（1）nodemanager：nodemanager 在 YARN 集群中的每个工作节点上均可用。以下命令用于启动 nodemanager 服务：

YARN nodemanager

（2）rmadmin：资源管理器是 YARN 集群中的主节点，并且 rmadmin 命令用于在资源管理器级别上的管理服务。以下是 rmadmin 的语法：

YARN – rmadmin option

可以与 rmadmin 命令一起使用的选项如下：

1）– refreshQueues：有时可能需要更改 ACL、队列信息等队列配置。进行更改后，管理员需要刷新队列，以便资源管理器将重新加载配置文件和队列配置，例如 ACL、状态和调度器属性等，命令如下所示：

YARN rmadmin – refreshQueues

2）– refreshNodes：停用和调试节点是任何 YARN 集群的基本命令。这些命令将在资源管理器上刷新节点的主机信息，如下所示：

YARN rmadmin – refreshNodes

3）– refreshNodesResources：节点管理器包含其管理的节点的相关资源信息。信息定期发送到资源管理器。管理员可以手动刷新节点信息，如下所示：

YARN rmadmin refreshNodesResources

4）– refreshAdminAcls：集群可以有多个管理员，并且每个管理员可以具有不同的 ACL。也可以更改管理员的 ACL 或为管理员添加新的 ACL。refreshAdminAcls 会将 ACL 重新加载到资源管理器。

5）– refreshServiceAcl：并非所有用户都可以访问 YARN 管理的服务。此命令将触发资源管理器重新加载服务 ACL 策略。

6）– getGroupsusername：这将返回用户所属的组名。

（3）服务命令：有一系列服务命令，管理员可以执行这些命令以获取服务状态、检查服务运行状况或将服务状态从活动状态更改为备用状态，反之亦然。如下所示：

YARN rmadmin – transitionToActive serviceId

YARN rmadmin – transitionToActive serviceId

YARN rmadmin – getServiceState serviceId

YARN rmadmin – checkHealth serviceId

（4）schedulerconf：可以通过此命令更改 YARN 集群的调度器配置。可以使用 schedulerconf 命令修改、添加和删除队列，如下所示：

YARN schedulerconf – add < "queuePath1 : key1 = val1 , key2 = val2 ; queue-Path2 : key3 = val3" >

移除队列：

YARN schedulerconf – remove < "queuePath1 ; queuePath2 ; queuepath3" >

4.5.2　YARN 高可用配置

在现实情况中，用户代码错误不断，进程崩溃，机器故障等情况均容易造成任务失败。Hadoop 最主要的优势之一就是它能处理此类故障并能够成功完成作业。YARN 为了实现高可用，可以从以下方面进行容错控制：

1. Application Master 容错

在 YARN 中，Application Master 会向 Resource Manager 定期发送心跳，以与 Resource Manager 保持通信，一旦检查到 Application Master 失败或者超时，Resource Manager 会在新的 Node Manager 中开启新的 Application Master 实例，并为其重新分配资源。Application Master 可以有多次尝试次数，最多尝试次数由参数 mapreduce. am. max – attempts 和参数 yarn. resourcemanager. am. max – attempts 决定，默认为 2。其中，mapreduce. am. max – attempts 参数表示 mrAppMaster 失败的最大次数，yarn. resourcemanager. am. max – attempts 参数表示在 YARN 中运行的应用程序失败最大次数。所以，如果要设置 mrAppMaster 最大失败次数，这两个都需要设置。重启后 Application Master 的运行状态需要自己恢复，如果是 MRAppMaster 会把相关的状态记录到 HDFS 上，重启后从 HDFS 读取作业历史来恢复作业的运行状态，不必重新运行，而是由 yarn. app. mapreduce. am. job. recovery. enable 来控制该功能。

2. Node Manager 容错

当 Node Manager 由于崩溃或者运行非常缓慢而失败，会停止向 ResourceManager 发送心跳信息。如果 Node Manager 发送心跳信息超时，则 Resource Manager 会认为它失败，并将其上所有的 Container 标记为失败，并通知相应的 Application Master，由 Application Master 来决定如何处理失败的任务。Node Manager 向 ResourceManager 发送心跳信息的时间间隔一般为 10 分钟，由 yarn. resourcemanager. nm. liveness-monitor. expiry-interval-ms 来设置，以 ms 为单位。

若应用程序的运行失败次数过高，那么，Node Manager 可能会被拉黑，并由 Application Master 管理黑名单。对于 MapReduce 而言，如果一个 Node Manager 上有超过三个任务失败，Application Master 就会尽量将任务调度在不同的节点上，并避免在以前失败过的 Node Manager 上重新调度该任务，失败次数由 mapreduce. job. maxtaskfailures. per. tracker 设置；而且一个任务失败的次数超过 4 次（默认为 4 次），将不会再重新调度，这个数值可以由参数 mapreduce. map. maxattempts 控制。

对于那些曾经在失败的 Node Manager 上运行且成功完成的 map 任务，如果属于未完成的作业，那么 Application Master 会安排他们重新运行。这是由于这些任务的中间输出驻留在失败的 Node Manager 的本地文件系统中，可能无法被 reduce 任务访问。

3. container 容错

如果 Application Master 在一定时间内未启动分配的 container，Resource Manager 会将其收回，如果 Container 运行失败，Resource Manager 会告诉对应的 Application Master 由其处理。

4. Resource Manager 容错

在 YARN 中，Resource Manager 失败是个致命的问题，如果 Resource Manager 失败，任何任务和作业都无法启动。在默认配置中，Resource Manager 是单点故障，这是由于在机器失败的情况下，所有运行的作业都失败且不能被恢复。

为了获得高可用（HA），一般在两个不同的节点上启动两个 Resource Manager，一个作为 Active master，另一个作为 StandBy master，在主 Resource Manager 失败后，备用 Resource Manager 可以继续运行。Resource Manager 的主备切换由故障转移控制器（FailoverController）处理，客户端不会感到明

显的中断。默认情况下，FailoverController 自动工作，由 ZooKeeper 的 Leader
选举机制来确保同一时刻只有一个主 Resource Manager。为应对 Resource
Manager 的故障转移，必须对 Client 端和 Node Manager 进行配置，因为他们
可能是在和两个 Resource Manager 进行交互。Client 端和 Node Manager 以轮
询方式试图连接每一个 Resource Manager，直到找到主资源管理器。如果主
资源管理器故障，他们将再次尝试直到备份资源管理器变成主机。不同于
HDFS 的 HA，该 failovercontroller 不必是单独的进程，而是嵌入 Resource
Manager 中。

将所有的 Application Master 的运行状态信息保存到一个高可用的状态存
储中（由 ZooKeeper 或者 HDFS 备份），通过备用 Resource Manager，就可以
恢复出失败的主 Resource Manager 的关键状态。Node Manager 的信息没有存
储在状态存储区中，因为 Node Manager 在向 Resource Manager 发送第一个心
跳信息时，会以相当快的速度被新的 Resource Manager 重构（即 Node Man-
ager 会向所有的 Resource Manager 发送心跳信息，汇报资源情况），因为任
务由 Application Master 管理，因此，任务不是 Resource Manager 状态的一部
分，所以，在高可用存储区，只需要存储 Application Master 的状态即可。

当新的 Resource Manager 启动后，会从状态存储区中读取应用程序的信
息，然后为集群中运行的所有应用程序重启 application master。这个行为不
被记为失败的应用程序尝试。这是因为应用程序并不是因为程序代码错误而
失败，而是被系统强制终止的。在实际情况下，application master 重启并不
是 Map Reduce 应用程序的问题，因为它们是恢复已完成的任务的工作。

4.5.3　YARN 集群上提交 MapReduce 作业

MapReduce 作业在 YARN 上提交的流程如图 4 - 11 所示。

在流程图中，主要包含客户端节点、YARN 的 Resource Manager 节点、
YARN 的 Node Manager 节点以及共享文件系统四个部分，其中 Node Manager
节点可能有多个。这四个部分在 MapReduce 程序在 YARN 上提交的过程中
各有各的任务，具体如下：

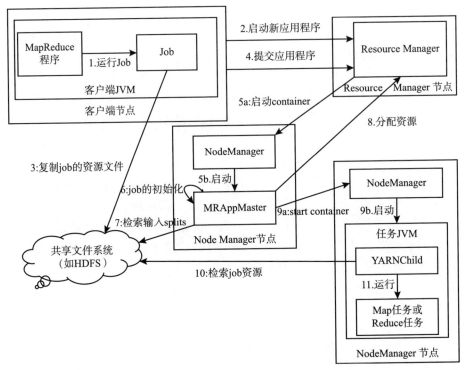

图 4 – 11　MapReduce 作业在 YARN 上的提交流程

- 客户端节点：主要用于提交 MapReduce 作业。
- YARN 的资源管理器（Resource Manager）：主要用于协调集群中计算资源的分配。
- YARN 的节点管理器（NodeManager）：主要用于启动并监控集群中的计算容器。
- MapReduce 的 ApplicationMaster：主要用于协调 MapReduce 作业中各个任务的运行。ApplicationMaster 和 MapReduce 任务运行于容器中，这些容器由 Resource Manager 进行调度，由 Node Manager 来进行管理。
- 分布式文件系统（一般是 HDFS），主要是在组件之间共享作业数据。

利用 Job 对象的 submit（）方法可以创建一个内部的 JobSubmitter 实例，并可以调用该实例的 submitJobInternal（）方法来提交作业。一旦提交了作业，waitForCompletion（）方法每秒钟轮询作业的执行进度，如果进度发生了变化，则向控制台报告进度。当作业成功完成，展示作业计数器的数据，否则展示作业失败的错误日志信息。MapReduce 作业在 YARN 上提交并执行的过程可以分为：作业提交、作业初始化、任务分配、任务运行、进度和状态更新和作业完成等 6 个主要步骤。

4.6 本章小结

本章从介绍 Yarn 的产生背景及主要优势入手，重点介绍了 Yarn 的体系结构及任务执行流程，详细介绍了 Yarn 的 FIFO 调度器、Capacity 调度器和公平（Fair）调度器等三种作业调度器及相应的配置方法，另外还介绍了 Yarn 的三种高级特性：节点标签、Yarn 时间轴服务器、机会容器、Docker 容器以及其配置方式。最后介绍了 Yarn 的应用实践方式，包括常用的 Yarn 命令、高可用配置以及在 Yarn 集群中提交 mapreduce 作业的过程。

本 章 习 题

一、填空题

1. YARN 的英文全称是（　　）。

2. YARN 主要由（　　）、（　　）、应用程序主机和相应的容器组成。

3. Resource Manager 主要由两个组件构成：（　　）和应用程序管理器。

4. 在 YARN 中提供了多种调度器，默认情况下，常用的有三种可用的调度器，分别是（　　）、（　　）和（　　）。

5. 为了保证集群的高可用，YARN 一般启动两个 Resource Manager，一个是（　　）状态，另一个是（　　）状态。

6. 在 YARN 架构中，YARN 用（　　）代替 Hadoop 1. X 中的 JobTracker，用（　　）代替 TaskTracker，用一个分布式应用程序 Application 代替一个（　　），以此完成资源管理的分离。

7. 调度器的任务只是调度（　　），不再从事任何与具体应用程序相关的工作。

8. 在 YARN 中，（　　　）是连接各个组件的"大动脉"，YARN 实际上采用的是拉式（pull-based）通信模型。

9. 在 YARN 中，可以实现"一个集群多种计算框架"的模式，常见的集成到 YARN 中的框架包括 MapReduce、（　　　）、（　　　）等。

10. 在 YARN 设计中是把 MRv1 中 JobTracker 的两个主要功能（　　　）和（　　　）分拆成两个独立的进程，分别由（　　　）和（　　　）进行控制。

11. YARN 总体上采用 Master/Slave 结构，在整个 YARN 资源管理框架中，（　　　）为 Master 节点，（　　　）为 Slave 节点。

12. （　　　）是 YARN 中的资源抽象，是一个动态资源分配单位，它封装了某个节点上的多维度资源，如内存、CPU、磁盘、网络等。

13. 在 YARN 中，节点标签有两种可用类型，分别是（　　　）和（　　　）。

14. 在 YARN 中，Timeline Server 可以捕获两种类型的信息：（　　　）和框架信息。

15. 在 Hadoop3. X 中，YARN Timeline Server 架构发生了重大变化，它解决了以前版本中的两个主要挑战，分别是（　　　）、流动性与聚集性。

16. Docker 已被广泛用作各种应用程序的（　　　），YARN 现在被广泛用作各种应用程序的资源管理器，并且使用 Linux 启动容器。

17. 要启动 Node Manger 服务所使用的命令是：（　　　）。

18. 在 YARN 中要实现高可用，可以从（　　　）、（　　　）、（　　　）和 Resource Manager 这四个方面进行容错控制。

19. 将机会容器分配给应用程序有两种方式：（　　　）和（　　　）。

20. 启动 Timeline Server 的命令是（　　　）。

二、简答题

1. 试述 YARN 产生的背景。

2. 简述 YARN 具有的优势。

3. 阐述 YARN 中资源管理器在 YARN 中所起的作用。

4. 阐述 YARN 中节点管理器在 YARN 中所起的作用。

5. 阐述 YARN 的体系结构。

6. 阐述 YARN 中任务的执行流程。

7. 试述 YARN 中三种常用的作业调度器的作用原理。

8. 阐述 YARN 的高可用配置方式。

9. 阐述在 YARN 集群中提交 MapReduce 作业的过程。

本章主要参考文献：

［1］夏靖波，韦泽鲲，付凯，等．云计算中 Hadoop 技术研究与应用综述［J］．计算机科学，2016，43（11）．

［2］陈玺，马修军，吕欣．Hadoop 生态体系安全框架综述［J］．信息安全研究，2016，2（8）．

［3］李可，李昕．基于 Hadoop 生态集群管理系统 Ambari 的研究与分析［J］．国际 IT 传媒品牌，2016，37（2）．

［4］于兆良，张文涛，葛慧，等．基于 Hadoop 平台的日志分析模型［J］．计算机工程与设计，2016，37（2）．

［5］孙牧．云端小飞象——Hadoop［J］．程序员，2008，189（10）．

［6］王彦明，奉国和，薛云．近年来 Hadoop 国外研究综述［J］．计算机系统应用，2013，22（6）．

［7］李孟，曹晟，秦志光．基于 Hadoop 的小文件存储优化方案［J］．电子科技大学学报，2013，45（1）．

［8］杨爱东，刘东苏．基于 Hadoop 的微博舆情监控系统模型研究［J］．现代图书情报技术，2016，270（5）．

［9］陈吉荣，乐嘉锦．基于 Hadoop 生态系统的大数据解决方案综述［J］．计算机工程与科学，2013，35（10）．

［10］王晖，唐向京．共享开放的运营商大数据平台架构研究［J］．信息通信技术，2014，6：52－58．

［11］程学旗，靳小龙，杨婧，等．大数据技术进展与发展趋势［J］．科技导报，2016，34（14）．

［12］董新华，李瑞轩，周湾湾，等．Hadoop 系统性能优化与功能增强综述［J］．计算机研究与发展，2013，55：1－15．

［13］黎宏剑，刘恒，黄广文，等．基于 Hadoop 的海量电信数据云计算平台研究［J］．电信科学，2012，8：80－85．

［14］王峰，雷葆华．Hadoop 分布式文件系统的模型分析［J］．电信科学，2010，12：95－99．

［15］翟周伟．Hadoop 核心技术［M］．北京：机械工业出版社，2015．

［16］安俊秀，王鹏，靳宇倡．Hadoop 大数据处理技术基础与实践

[M]. 北京：人民邮电出版社，2015.

　　[17] 刘杰，沈鑫. Hadoop 集群与安全 [M]. 北京：机械工业出版社，2014.

　　[18] 刘刚，侯宾，翟周伟. hadoop 开源云计算平台 [M]. 北京：北京邮电大学出版社，2011.

　　[19] 赵晓永. 面向云计算的数据存储关键技术研究 [M]. 河北：河北科学技术出版社，2014.

　　[20] 林闯，苏文博，孟坤，等. 云计算安全：架构、机制与模型评价 [J]. 计算机学报，2013，36（9）：1765－1784.

　　[21] 王元卓，靳小龙，程学旗. 网络大数据：现状与展望 [J]. 计算机学报，2013，36（6）：1125－1138.

　　[22] 孟小峰，慈祥. 大数据管理：概念、技术和挑战 [J]. 计算机研究与发展，2013，50（1）：146－169.

我们要善于通过历史看现实、透过现象看本质，把握好全局和局部、当前和长远、宏观和微观、主要矛盾和次要矛盾、特殊和一般的关系，不断提高战略思维、历史思维、辩证思维、系统思维、创新思维、法治思维、底线思维能力，为前瞻性思考、全局性谋划、整体性推进党和国家各项事业提供科学思想方法。

——引自二十大报告

第 5 章

MapReduce 分布式计算框架

本章学习目的

- 了解分布式编程框架。
- 掌握 MapReduce 中涉及的基本概念。
- 掌握 MapReduce 的架构以及作业执行流程。
- 掌握 MapReduce 的工作流程及各个执行阶段的任务。
- 掌握 MapReduce 设计模式。
- 了解 MapReduce 的作业类型。
- 理解 MapReduce 的应用举例。
- 了解 MapReduced 优化。

5.1 MapReduce 概述

5.1.1 分布式编程框架

英特尔（Intel）创始人之一戈登·摩尔（Gordon Moore）提出了"摩尔

定律"，充分说明了信息技术发展速度之快。他提出：集成电路上的元器件数量，每 18 到 24 个月数量增加一倍，性能也会提升一倍，但是价格却不变。2005 年开始，由于芯片工艺水平的限制，摩尔定律开始失效。但是，伴随着大数据时代的到来，人们处理的数据数量也在呈指数级增长。由于集群具有良好的扩展性，可以很方便地增加新的计算节点，扩充集群的规模，进而提升集群的计算能力。因此，人们开始利用大规模集群中大量的廉价服务器，借助于分布式并行编程技术对大规模数据处理任务实现并执行，来提高程序的性能。

分布式并行编程模型 MapReduce 最早是由谷歌公司（2004 年）提出的，它运行在分布式文件系统 GFS（Google File System）上，是一种能够支持海量数据的分布式计算框架。Hadoop 中的 MapReduce 是谷歌 MapReduce 的一种开源版本，它运行在 HDFS 上，较谷歌版本更加易于使用。MapRedcue 是一种可用于数据处理的编程模型，Hadoop 可以运行各种语言版本的 MapReduce 程序，如 Java、Ruby、Python 和 C＋＋等语言版本，更重要的是 MapReduce 程序本质上是并行运行的，因此可以将大规模的数据分析任务分发给任何一个拥有足够多机器的数据中心。为了充分利用 Hadoop 提供的并行处理优势，需要将查询表示成 MapReduce 作业，在完成一个本地的小规模测试以后，就可以把作业部署到 Hadoop 集群上运行。

传统的并行计算框架与谷歌 MapReduce 编程框架的主要区别包括：

● 存储方式不同。传统并行计算框架采用共享存储方式，容错性差，而 MapReduce 采用非共享式存储方式，容错性更好。

● 硬件设备不同。传统并行计算框架使用专门的服务器、网络、SAN（Storage Area Network，存储区域网络）等，建设成本高，而 MapRedcue 采用普通 PC 机，便宜，扩展性好。

● 编程难易度不同。传统并行计算框架的编程与学习难度大，非专业人员难以掌握，而 MapRedcue 编程框架简单易学，普通程序员就可以掌握。

● 使用场景不同。传统并行计算框架编程适合实时计算、密集型计算的科学应用领域，而 MapRedcue 编程框架主要用于具有海量数据规模的批处理、数据密集型的业务应用领域。

5.1.2　MapReduce 概念

为了简化大规模集群上的并行计算过程，可以将 MapReduce 分布式编程框架抽象为 Map 和 Reduce 两个函数，即所谓的"任务的分解与结果的汇总"。

　　MapReduce 采用"分而治之"的策略，一个分布式文件系统中的大规模数据集在被多个 Map 任务并行处理时，会被切分成许多独立的分片（split），MapReduce 框架会为每个 Map 任务输入一个数据子集，Map 任务生成的结果会继续作为 Reduce 任务的输入，再通过 Reduce 程序将结果汇总，输出开发者需要的结果，并写入分布式文件系统。如 Map 阶段对 [1，2，3，4] 进行加 1 操作的映射就变成了 [2，3，4，5]，在 Reduce 阶段对该组数据 [2，3，4，5] 进行归约，归约的规则由另一个函数指定，如进行求和的归约所得到结果是 14，而对它进行求积的归约操作结果是 120。

　　MapReduce 设计采用"计算向数据靠拢"的方式，主要是考虑到在网络中的大部分开销是由数据传输产生的。MapReduce 按一定的映射规则将输入的 < key，value > 键值对转换成另一个或一批 < key，value > 键值对输出，Map 函数和 Reduce 函数分别由用户编程来实现。如表 5 - 1 所示。

表 5 - 1 <center>**Map 和 Reduce 函数**</center>

函数	输入	输出	说明
Map	< key1，value1 > 如：< 行号，"A，B，C" >	List(< key2，value2 >) 如：< "A"，1 >、< "B"，1 >、< "C"，1 >	将小数据集解析成一批 < key，value > 键值对，输入给 Map 函数进行处理。每一个输入的 < key1，value1 > 经过处理后会输出一批 < key2，value2 > 的中间计算输出结果
Reduce	< key2，List(value2) > 如：< "A"，<1,1,1 >>	< key3，value3 > < "A"，3 >	输入的中间结果 < key2，List（value2）> 中的 List（value2）表示是一批属于同一个 key2 的 value

　　MapReduce 实际上是 Hadoop 程序执行的两个独立且截然不同的任务，如图 5 - 1 所示。

　　第一个是 map 作业，它接受一组输入数据，即分片（split），通过对映射器（Mapper）中的 map( ) 函数指定映射规则，并行执行 Map 计算任务，生成一些中间结果，这些数据都是以元组（键值对）的形式存在；第二个是 reduce 作业，当所有的 Map 任务都完成之后，将这些中间结果作为规约器（Reducer）的输入，并为规约器中的 reduce( ) 函数指定规约规则，由大量节点并行执行 Reduce 计算任务，形成一个较小的元组集合，形成最终输出结果。reduce 作业总是在 map 作业之后执行。

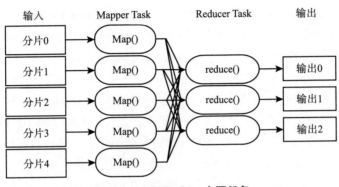

图 5 - 1　**MapReduce 主要任务**

5.1.3　MapReduce 架 构

MapReduce 分布式计算框架采用 Master/Slave 架构，其基本架构主要由 Client、Task、JobTracker 和 TaskTracker 四部分构成，其中，JobTracker 和 TaskTracker 分别运行在一个 Master 节点和若干个 Slave 节点上，如图 5 - 2 所示。

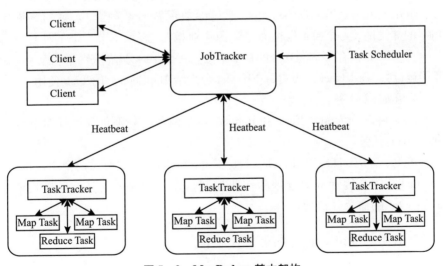

图 5 - 2　**MapReduce 基本架构**

1. Client（客户端）

Client 主要负责提交作业和查看作业的运行结果。用户编写好的 MapReduce 程序，打包成 JAR 文件存储在 HDFS 上，配置相关参数，通过 Client 客户端提交给 JobTracker 端的 master 服务，然后，由 master 创建每个 task 并将它们分发到各个 TaskTracker 服务中去执行。除了提交作业外，Client 端还可以通过一些接口查看作业当前运行的状态和结果。

2. JobTracker（作业跟踪器）

JobTracker 主要负责资源监控、作业调度以及与 TaskTracker 的通信等工作。JobTracker 会协调整个作业的执行进度，监控所有的 TaskTracker 及在其上执行的作业的健康状况，一旦发现执行失败的作业，将开启容错机制，立即转移任务到其他节点执行；同时，JobTracker 还监控任务执行、资源利用等情况，并将这些信息传输给任务调度器（Task Scheduler），而任务调度器会根据资源使用情况来分配任务，还支持用户自定义和设计，用于对 MapReduce 程序的执行性能进行优化。

3. TaskTracker（任务跟踪器）

TaskTracker 主要负责任务的执行、与 JobTracker 保持通信等工作。TaskTracker 在接受 JobTracker 分配的作业后，开始执行每个任务。TaskTracker 会周期性地通过"心跳"（Heartbeat）服务将本节点上的资源使用情况及任务运行情况汇报给 JobTracker，也会执行 JobTracker 发送过来的命令，如启动新任务、杀死任务等。TaskTracker 可以通过参数配置 slot（槽位）数目来限定 Task 的并发量。一个 slot 也称为"资源作业槽"，表示本节点上的计算资源（slot 是 CPU、内存等资源划分的基本单位。一个 Task 只有获得了一个 slot 后才能运行）。TaskTracker 负责将空闲 slot 分配给 MapReduce 的 Task 使用。

4. Task（任务）

Task 可以分为 Map Task 和 Reduce Task 两种，分别负责执行 Map 任务和 Reduce 任务。

可见，JobTracker 和 TaskTracker 是 MapReduce 最主要的两个组成部分，JobTracker 主要负责资源管理和作业控制，TaskTracker 主要负责接收来自 JobTracker 的命令并执行。

5.1.4　MapReduce 作业执行原理

MapReduce 作业执行原理如图 5 - 3 所示。

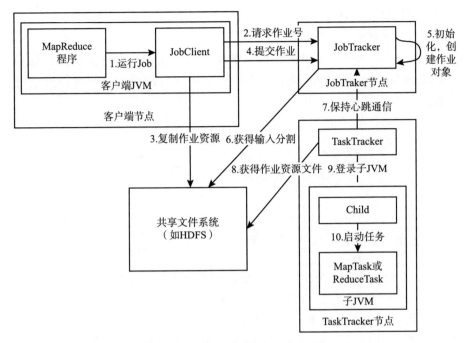

图 5 – 3　MapReduce 作业执行流程

具体可分为如下步骤：

（1）在 Client 客户端向一个 Hadoop 集群发出启动作业的请求。

（2）上传并复制运行作业所需要的资源文件到 HDFS 中，包括 MapReduce 程序打包的 JAR 文件、配置文件和客户端计算得到的 Input Split 信息，并可以通过属性 mapred. submit. replication 来控制 JAR 文件的默认副本数量，Input Split 信息决定了 map 任务信息的数量。

（3）JobTracker 收到作业执行请求后，由作业调度器根据所用的调度算法对作业进行调度执行。TaskTracker 根据主机计算资源数量来分配 map slot 和 reduce slot。map 任务的分配采用"数据本地化（Data – Local）"的方式，即将 map 任务分配给包含该 map 任务要处理的数据块的 TaskTracker 上，同时将程序的 JAR 包复制到该 TaskTracker 上进行执行，实现计算任务向数据靠拢。而分配 reduce 任务时并不考虑数据本地化。

（4）TaskTracker 定期通过心跳服务向 JobTracker 发送信息，包括 Map 和 Reduce 任务完成情况的信息。当 JobTracker 收到作业的最后一个任务完成消息时，设置作业为完成状态。JobTracker 确定所有任务何时完成，并最终告知客户端作业已完成。

可见，JobTracker 是 MapReduce 作业执行的关键，它负责在执行的初始阶段给 TaskTracker 分配任务，还负责在执行阶段对任务的执行进度进行监控。

5.2 MapReduce 工作原理

5.2.1 MapReduce 工作流程

MapReduce 作为一个在 Hadoop 集群中进行大规模数据计算的框架，使用 Yarn 作为资源管理器，利用 Yarn 的容器来调度 Mapper（映射器）和 Reducer（规约器）执行任务，并由 Hadoop 发送 Mapper 任务和 Reducer 任务到集群中相应的服务器。利用 MapReduce 框架能够以可靠、高容错性的方式编写分布式应用程序来处理文件系统（如 HDFS）中的大规模数据，并使大部分计算发生在本地磁盘上，减少网络通信量。

如果要使用 MapReduce 框架处理数据，可以通过创建在框架上运行的 Job 来完成，利用创建的 Job 来执行所需的任务（Task）。MapReduce 的一个 Job 经常需要在工作节点（Work Node）上将输入数据划分成若干个 splits（注意：这里的 split 和 HDFS 存储中的 block 不同），如图 5-4 所示，并将每个 split 转化为键值对 [K1，V1] 形式，作为 Mapper 的输入，进入 Map 阶段？一般地，每个 Mapper 任务对应一个工作节点，这些 Mapper 任务以并行的方式执行。此时，发生的任何故障（不管是 HDFS 级别的故障，还是 Mapper 任务的失败）都会自动处理，以达到容错的目的。一旦所有的 Mapper 任务执行结束，得到相应的中间结果输出 [K2，V2]；然后，可以根据需要对 Mapper 任务执行的中间结果进行分组、合并、归并、排序等操作，即进入 Shuffle 阶段，得到中间结果输出 [K2，{V2，...}]，最后将中间结果 [K2，{V2，...}] 通过网络复制到其他运行 Reducer 任务的机器上执行 Reduce 操作，得到输出 [K3，V3]。给定的任务完成后，将收集并规约的数据，以一个合适的结果发送回 Hadoop 服务器，写到磁盘上（如 HDFS）。

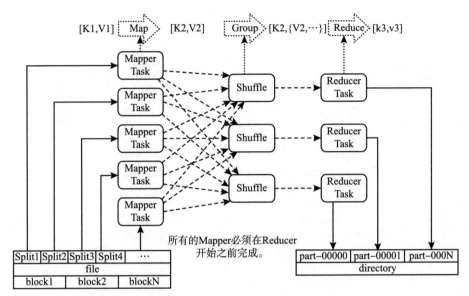

图 5 - 4　**MapReduce 工作流程**

在 MapReduce 框架中，不同的 Map 任务之间在执行过程中不进行通信，同样，不同的 Reduce 任务之间也不会发生任何信息交换。MapReduce 框架承担了数据读写、数据传输交换、容错处理等任务，因此，用户不能从一台机器向另外一台机器发送消息。

根据以上流程，可以将 MapReduce 执行作业的过程分成如下五个阶段，如图 5 - 5 所示。

Map Reduce 作业各执行阶段如下：

● Input 阶段：对一个 Map 任务应指明输入/输出的位置（路径）和其他一些运行参数，此阶段会把输入目录下的大数据文件切分为若干独立的数据块（splits），并将数据块以 < key，value > 对的格式读入。此阶段，每个输入文件被分片作为 Map 任务的输入如果输入为大量的小文件，则会造成 map 任务数量过多，导致效率下降，可采用压缩输入格式 CombineFileInputFormat。

● Map 阶段：执行 Map 任务，完成 Map 函数中用户定义的 Map 操作，生成一批新的中间 < key，value >，这组键值对的类型可与输入的键值对不同。Map 任务的数量由分片的数量决定。若要增加 Map 数量，可通过增大 mapred. map. tasks 的属性值，若要减少 Map 数量，可增大 mapred. min. split. size 属性值。

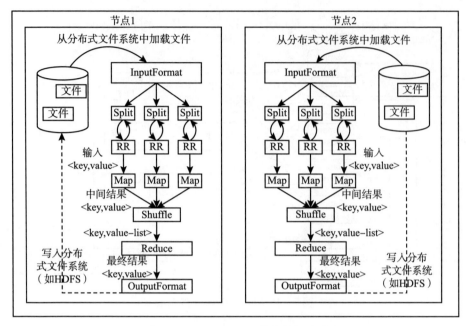

图 5 – 5　**Map Reduce 作业执行阶段**

● Shuffle & sort 阶段：为了保证 Reduce 任务的输入是 Map 排好序的输出，且具有相同 key 的中间结果尽可能由一个 Reduce 处理。在 Shuffle 阶段（也称为"混洗"），完成混排交换数据，即把相同 key 的中间结果尽可能汇集到同一节点上；而在 Sort 阶段，模型将按照 key 的值对 Reduce 的输入进行分组排序。通常 Shuffle 和 Sort 两个阶段是同时进行的，最后尽可能将具有相同 key 的中间结果存储在数据节点的同一个数据分区（Partition）中。

在 Shuffle 阶段，将 Map 的输出经过"整理"后输出到 reducer，分为 Map 端的 shuffle 和 reduce 端的 shuffle。

● Reduce 阶段：执行 reduce 任务，遍历中间数据，对每一个唯一 key 执行用户自定义的 Reduce 函数（输入参数是 < key，（list of values）>），输出是新的 < key，value >。在此阶段，reduce 数量由分区（Partition）数量决定，结果文件的数量也由分区数决定，且记录默认按 key 升序排列。reduce 数量可通过 mapred. reduce. tasks 设置，或在代码中调用 job. setNumReduceTasks（int n）方法。

● Output 阶段：此阶段会把 Reduce 阶段输出的结果写入输出目录

的文件中。

MapReduce 框架的构成要素如表 5 – 2 所示。

表 5 – 2　　　　　　　　　MapReduce 框架的构成要素

要素	负责处理
作业配置	用户
输入分割和派遣	Hadoop 框架
接受分割的输入后，启动每个 map 任务	Hadoop 框架
对于每个键值对 map 函数被调用 1 次	用户
shuffle、分割和排序 map 的输出块	Hadoop 框架
将 shuffle 的块进行组合后排序	Hadoop 框架
接受排序块后，每个 reduce 任务的启动	Hadoop 框架
对于每个键值对 reduce 函数被调用 1 次	用户
收集输出结果，在输出目录存储输出结果，输出结果分为 N 个部分，N 是 reduce 任务的号码	Hadoop 框架

5.2.2　MapReduce 各执行阶段

MapReduce 作业的输入是分布在 HDFS 上数据存储中的一组文件，这些文件在 HDFS 中由若干个 block 进行物理存储。在 Hadoop 框架中，要对这些文件进行分布式处理，首先必须先将这些文件按照输入格式（Input format）进行分割，该格式定义了如何将文件分割为输入分片（Input split）。输入分片是文件块面向字节的视图，由 Map 任务加载。Hadoop 中的每个 map 任务被分解为以下几个阶段：Record Reader（记录读取器）、Mapper（映射器）、Combiner（组合器）和 Partitioner（分区）。Map 任务的输出，称为中间的键和值（Intermediate keys and values），被发送给 Reducer。Reduce 任务又分为以下几个阶段：Shuffle（洗牌、混排）、Sort（排序）、Reducer（规约）以及 Output Format（输出格式）。运行 Map 任务的节点最好位于数据驻留的节点上。这样，数据通常不必在网络上移动，可以在本地计算机上进行计算。

MapReduce 的各个执行阶段如图 5 – 6 所示。

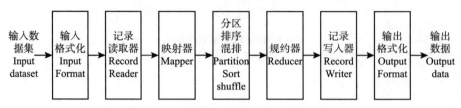

图 5 – 6　MapRedcue 的各个执行阶段图

下面就根据图 5 – 6 中描述的 MapReduce 的各个执行阶段对 MapReduce 进行具体介绍。

1. 输入数据集（Input Dataset）

输入数据集是 MapReduce 程序要处理的原始数据集，其数据格式可能跟 MapReduce 程序要处理的数据格式不同。在本节中，采用两个数据集为例介绍 MapReduce 执行的各个阶段所做的工作。假设第一个数据集是城市表 cities. csv，包含城市 ID（Id）和城市名称（City）两列数据，表结构及表中数据如表 5 – 3 所示。

表 5 – 3　　　　　　　　　　　输入数据集 cities. csv

cities. csv					
Id	City	Id	City	Id	City
1	Boston	3	Chicago	5	San Francisco
2	New York	4	Philadelphia	6	Las Vegas

城市表文件 cities. csv 可以通过命令将其移动到 HDFS 中，代码如下所示：

hdfs dfs – copyFromLocal　cities. csv　/user/normal

第二个数据集是温度表 temperatures. csv，用于保存每个城市每日的温度测量数据，其中包含测量日期（Date）、城市 ID（Id）和该城市在特定日期的温度测量值（Temperature），表结构及数据如表 5 – 4 所示。

表 5 – 4　　　　　　　　　　**输入数据集 temperatures. csv**

temperatures. csv					
Date	Id	Temperature	Date	Id	Temperature
2018 – 01 – 01	1	21	2018 – 01 – 01	6	22
2018 – 01 – 01	2	22	2018 – 01 – 02	1	23
2018 – 01 – 01	3	23	2018 – 01 – 02	2	24
2018 – 01 – 01	4	24	2018 – 01 – 02	3	25
2018 – 01 – 01	5	25			

温度表 temperatures. csv 文件也可以通过命令将其移动到 HDFS 中，以备后续进行使用，代码如下所示：

hdfs dfs – copyFromLocal　temperatures. csv　/user/normal

2. 输入文件格式化（Input File Format）

MapReduce 首先读取 HDFS 上存储的文件，这些文件可以是文本、Avro 等任何特定类型。应用程序会根据输入文件计算 split，每个 Map 任务针对一个 Input Split，默认情况下，以 HDFS 的一个块（Block）的大小（默认为 128M）为一个分片（split），也可以设置块的大小。Input Split 存储的是一个分片的长度和一个记录数据位置的数组。

InputFormat 是负责进行文件处理的父类，它是一个抽象类，其他常用的文件输入格式类，如 TextInputFormat 等，都是该抽象类的一个实现。通过在 runner 类中用 job. setInputPaths（）或 addInputPath（）方法添加输入文件或目录。不同的业务其输入也有所不同，可以使用一个 TableMapReduceUtil（hbase 和 Mapreduce 的整合类）来设置输入目录。默认是 FileInputFormat 中的 TextInputFormat 类，获取输入分片（Input Split），使用默认的 RecordReader：LineRecordReader 将一个输入分片中的每一行按 \n 分割成 key – value 对，其中，key 是偏移量，value 是每一行的内容。一个输入分片对应一个 Maptask 任务，调用一次 map（）方法。

其类图如图 5 – 7 所示：

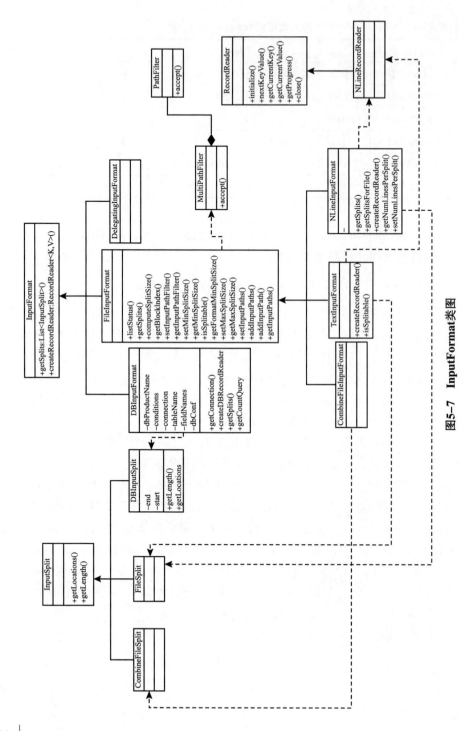

图5-7 InputFormat类图

抽象类 InputFormat 的实现如下所示,

public abstract class InputFormat < K, V > {

//从输入文件计算出输入分片(InputSplit)

　　　public abstract List < InputSplit > getSplits(JobContext context) throws IOException, InterruptedException;

　　//从 InputSplit 中读取数据,并创建一个 RecordReader 对象

　　　public abstract RecordReader < K, V > createRecordReader(InputSplit split, TaskAttemptContext context) throws IOException, InterruptedException;

　　}

从实现代码可见, InputFormat 抽象类只包括两个抽象方法: List < InputSplit > getSplits() 和 RecordReader < K, V > createRecordReader()。

因此, 在 Mapreduce 框架中, InputFormat 类的主要功能包括三个方面:

(1) 验证输入 Job 作业格式是否正确。

(2) 将输入文件进行切割, 分解成独立的逻辑分片 (InputSplit), 将每一个 InputSplit 分配给一个独立的 Map 任务。

(3) 提供 RecordReader 的实现, 从 InputSplit 中读取 "键值对" 提供给 Mapper 来使用。

3. 记录读取器 (Record Reader)

输入文件被划分为块, 这些块被称为输入分片 (Input Split)。输入分片只是文件的各个块 (chunk), 大小由 mapred. max. split. size 和 mapred. min. plit. size 参数控制。默认情况下, 输入分片的大小与 Block 块大小相同, 除非特定情况需要, 否则不能更改。对于不可拆分的文件格式, 如 . gzip, 则输入分片则是整个 . gzip 文件, 这意味着如果有 12 个 . gzip 文件, 那么将有 12 个输入分片, 并且对于每个输入分片, 将会启动一个映射器 (Mapper) 来处理它。

输入读取器 (Input Reader) 可以将输入的数据分割成大小合适的分片 (实际上, 通常为 64MB 到 128MB), 并且框架为每个 Map 函数分配一个分片 (split)。输入读取器从稳定存储 (通常是分布式文件系统) 中读取数据, 并生成键/值对。常见的例子是: 读取一个目录中包含的所有文本文件, 并将每一个文件作为一条记录返回。

记录读取器 (Record Reader) 将把利用输入格式化生成的输入分片 (Input Split) 转换为记录。记录读取器是将数据解析为记录, 而不是解析记

录本身。它将数据以 key – value（键/值对）的形式传递给 Mapper，通常，键 key 是位置信息，值 value 是组成记录的数据块。通常假设已经有一个合适的记录读取器来读取数据。RecordReader（）函数负责读取存储在 HDFS 上的输入分片中的数据。默认的输入文件格式为 TextInputFileFormat，并且 RecordReader 的默认分隔符是/n，这意味着一行数据将被 Record Reader 视为一条记录。可以通过传递自己的 RecordReader 的实现来自定义 RecordReader 的行为，即自定义 RecordReader 要执行的操作。

RecordReader 知道如何从输入分片（Input Split）中读取记录。默认情况下，RecordReader 为 TextInputFileFormat 利用行分隔符读取新的一行记录。但是，也可以通过自定义实现来改变 RecordReader 的行为。RecordReader 读取记录并将其传递给映射器 Mapper。

行记录读取器（LineRecordReader）是 TextInputFormat 提供的默认的记录读取器，它将输入文件的每一行视为新 value（值）；关联的 key（键）是字节偏移量。如果不是第一次分片，则它总是跳过第一行（或其中的一部分），在末尾读取分片边界之后再读取一行（如果数据仍可用，那么，它不是最后的分片）。

4. 映射器（Mapper）

Map 映射或映射器的工作是处理输入数据，即执行 Map 函数。一般的形式是：输入文件被传递到映射器，由映射器处理该数据，并创建数据的若干小块。

映射器 Mapper 类主要负责处理输入分片（Input Split），输入数据一般以文件形式存储在 HDFS 中。RecordReader（）函数从输入分片中读取记录，并将读取的每条记录传递给 Mapper 的 Map 函数。Map 对记录读取器（RecordReader）中每个键/值对进行处理（执行代码），并创建若干数据块，生成零个或多个新的键/值对，也称为 Mapper 的中间输出（也由键/值对组成）。Map 的输入和输出的类型可以相同，也可以彼此不同。Key 是将数据进行分组的依据，value 是 Reducer 中用来生成必要输出的数据部分。

Mapper 包含 Map 方法，该方法从 RecordReader 中获取输入并处理该记录。Mapper 还包含 setup（）方法和 cleanup（）方法。setup（）方法在 Mapper 开始对输入分片中的记录进行处理之前执行，因此任何初始化操作，例如，从分布式缓存中读取数据、初始化连接等，都应该在 setup（）方法中完成。而 cleanup（）方法在输入分片中的所有记录都处理完之后再被执行，因此任何清理操作都应该在此方法内执行。

Mapper 使用 context 对象的形式进行输出，context 对象使 Mapper 和 Reducer 能够与其他的 Hadoop 系统交互，为 Mapper 和 Reducer 提供配置，将 Mapper 和 Reducer 输出的记录写入文件等。另外，它还能在 Mapper，Combiner 和 Reducer 之间进行通信。Mapper 类代码如下所示：

```
import org. apache. Hadoop. io. IntWritable;
import org. apache. Hadoop. io. LongWritable;
import org. apache. Hadoop. io. Text;
import org. apache. Hadoop. mapreduce. Mapper; import java. io. IOException;
public class DemoMapper extends Mapper < LongWritable,Text,Text,
IntWritable > {
@ Override
protected void setup(Context context)throws IOException,InterruptedException{
    super. setup(context);
}
@ Override
protected void map(LongWritable key,Text value,Context context)throws IO-
Exception,InterruptedException{
    //这里是记录处理逻辑
}
@ Override
protected void cleanup(Context context)throws IOException,
InterruptedException{
    super. cleanup(context);
}
    }
```

5. 组合器（Combiner）

如果每个 Mapper 的输出都直接发送到 Reducer 中，将消耗大量的资源和时间。实际上，Combiner 是一个可选的本地化的 Reducer，是 Map 的后续操作，可以在 Map 阶段对数据进行分组。Combiner 从 Mapper 中获取中间的

key，并使用用户提供的方法在该 Mapper 的小范围内对相同 key 的 value 值进行聚合（合并）。例如，因为聚合的计数是每个部分的计数之和，所以，可以生成一个中间计数，然后将这些中间计数再相加作为最终结果。在很多情况下，这样可以显著减少网络传输的数据量。例如，如果要查看城市和温度的数据集，发送（Boston，66）比通过网络发送（Boston，20）、（Boston，25）、（Boston，21）需要的字节数少 3 倍。而 Combiner 通常可以提供显著的性能提升，而不会带来任何负面影响。由于 Combiner 不能保证执行，所以它不能成为整个算法的一部分。

Combiner 组合器运行在 Mapper 机器上，接受 Mapper 输出的中间键（Intermediate key），并在同一台机器上应用 Combiner 中用户自定义的 reduce 函数。因此，Combiner 也被称为微型 Reducer 或局部 Reducer。每个 Mapper 有一个 Combiner 在的机器上可用，该 Combiner 可以显著的减少从 Mapper 到 Reducer 数据重排的工作量，从而提高 Mapreduce 的执行性能。

Combiner 执行的源代码如下所示：

```
public class Combiner extends Reducer < Text, IntWritable, Text, IntWritable > {
@ Override
protected void reduce( Text key, Iterable < IntWritable > values, Context context) throws IOException, InterruptedException {
        int sum = 0;
        for( IntWritable value : values) {
            sum + = value. get( );
        }
        context. write( key, new IntWritable( sum) );
    }
}
```

6. 分区器（Partitioner）

分区器（Partitioner）的任务是为 Mapper 输出的记录分配分区号，以便使得具有相同 key 的记录总是获得相同的分区号，这可以确保具有相同 key 的记录总是进入相同的 Reducer。Partitioner 从 Mapper（或者正在使用的 Combiner）中获取中间的键/值对，并将它们分割成分片，每个 Reducer 一个分片。每个 map( ) 函数的输出都由应用程序的 Partition 分区函数分配给一个特定的 reducer，用于分片。分区函数（Partition）可以给定 Reducer 的键值和数量，返回 Reducer 所需的指标。典型的默认值是对 key 取 hash 值，并使用该 hash 值对 Reducer 的数量进行模数计算，分区索引的一般计算公式为：

$$partitionIndex = (key.\ hashCode(\ )\ \&\ Integer.\ MAX\_VALUE)\%\ numReducers$$

partition( ) 函数分区的结果对于提升 MapReduce 任务的执行效率非常重要，选择一个能够使每个分片的数据都近似均匀分布的负载平衡方案，如果有 Reducer 分配了比例不平衡的数据，则整个 MapReduce 任务的执行将由最慢 Reducer 节点的结束时间来决定。

Mapper 通过 Context. write( ) 计算输出分区索引（Partition Index），默认情况下，Partitioner 会对每个对象计算其哈希码，然后将键空间随机均匀分布到各个 Reducer，但仍必须确保 Mapper 中具有相同 key 的 value 最终分配到相同的 Reducer 中。也可以自定义 Partitioner 的默认行为（如排序等操作），每个 Map 任务的分区数据被写入本地文件系统，等待响应的 Reducer 提取。

7. 混排（Shuffle）和排序（Sort）

Shuffle 是将数据从 Mapper 传输到 Reducer 的过程。当 Mapper 完成了将输入数据拆分并生成键/值对的处理后，要将其输出到整个分布式集群中以启动 Reduce 任务，Reducer 启动并从 Mapper 中读取数据，读取所有的 Partitioner 分区。获取所有 Mapper 和后续 partitioner 的输出文件，并将它们下载到运行 Reducer 任务的本地计算机上。不同的 Mapper 可能有相同的记录，因此 Reducer 要按 key 对记录进行合并（Merge）、排序（Sort）。这个 Shuffling 和 Sort 阶段并行进行，即在提取输出的同时，这些数据会被合并，以便 Reducer 能够对这些单独的数据分片按 key 进行排序形成一个更大的键/值对列表，接收同一个 key 的多条记录放在一个列表（List）中作为 value 值。Shuffle 阶段主要包括 Map 阶段的 Combine、Group、Sort、Partition 以及 Reducer 阶段的合并排序。

另外，针对 Map 输出的 key 进行排序又叫 Sort 阶段。Map 端 Shuffle 就是利用 Combiner 对数据进行预排序，利用内存缓冲区来完成。Reduce 端的 Shuffle 包括复制数据和归并数据，最终产生一个 Reduce 输入文件。Shuffle 的过程有许多可调优的参数来提高 MapReduce 的性能，其总原则就是提供给 Shuffle 过程尽量多的内存空间。

MapReduce 框架通过自定义的排序和分组方法代码控制 key 进行自动处理。网络带宽、CPU 速度、产生的数据以及 Map 和 Reduce 计算所花费时间的不同，Shuffle 的时间有时比计算的时间更长。

8. 规约（Reducer）

Reducer 对象针对 Mapper 输出的每个唯一键（key）进行分组后的数据作为输入，并执行 reduce 函数。它将键 key 和一个迭代器（iterator）以参数方式传递给函数，并遍历与该 key 相对应的所有的 value 值。与 Map 函数相同，Reduce 函数也是业务解决方案中的核心逻辑部分，需要根据具体情况对数据进行聚合、过滤和组合等进行多种定义。Hadoop 框架可以启动的 Reducer 的数量取决于 Map 输出的数量和各种其他参数，但是也可以控制启动的 Reducer 的数量。计算 reducer 数量的公式如下：

1. 75 ∗ no. of nodes ∗ mapred. tasktracker. reduce. tasks. maximum.

reduce（）函数执行完毕后，会对零个或多个键/值对进行格式化输出操作，再将输出写入 HDFS、输出到 Elasticsearch 索引、输出到 RDBMS 或 NoSQL（如 Cassandra、HBase）等。

Reducer 中包含 reduce（）函数，实现例子如下：

```
public class DemoReducer extends Reducer < Text,IntWritable,Text,
IntWritable > {
    @ Override
    protected void setup( Context context) throws IOException,
InterruptedException {
        super. setup( context) ;
    }
    @ Override
    protected void reduce( Text key,Iterable < IntWritable > values,Context context) throws IOException,InterruptedException {
        super. reduce( key,values,context) ;
    }
    @ Override
    protected void cleanup ( Context context ) throws IOException, InterruptedException {
```

```
        super. cleanup(context);
    }
}
```

9. 输出格式（Output Format）

输出格式是将 Reduce 函数的输出转换为最终的键/值对，默认情况下，由记录写入器（Record Writer）将其写到 HDFS 文件中，文件名称是 part - 00001。用制表符（Tab）来分隔 key 和 value，并将记录用换行符分隔。

除了支持写入 HDFS 外，Record Writer 还支持将结果输出到 Elastic-search 索引、关系型数据库（RDBMS）以及 NoSQL 非结构化数据库，如 Cassandra，HBase 等。默认值可以通过定义自己的输出格式进行修改。当输出需要指定到不同于 HDFS 时，需要自定义输出类继承 OutputFormat 类。

5.3　Shuffle 过程

5.3.1　Shuffle 过程简介

Shuffle 的本义是洗牌、混洗，把一组有一定规则的数据尽量转换成一组无规则的数据，并且越随机越好。而 MapReduce 中的 Shuffle 更像是洗牌的逆过程，把一组无规则的数据尽量转换成一组具有一定规则的数据，即一个 Map 阶段产生的数据，结果通过 hash 过程分区，分配给不同的 Reduce 任务，这就是一个对数据洗牌的过程。在 MapReduce 计算模型中，Map 阶段主要负责数据的过滤分发，Map 的输出是 Reduce 任务的输入，Reduce 需要通过 Shuffle 来获取数据。使用 MapReduce 编程模型，通过并行计算可以极大地提高海量数据的运算性能，但是，MapReduce 框架内部性能提升的很重要的一个部分是对 Shuffle 阶段的优化和重构。因此，Shuffle 过程对 MapReduce 非常重要。

从 Map 输出到 Reduce 输入的整个过程可以广义地称为 Shuffle。Shuffle 过程横跨 Map 端和 Reduce 端，在 Map 端的 Shuffle 过程包括 Spill（溢写）过程（分区、排序、合并等），在 Reduce 端的 Shuffle 过程包括 Copy（复制）和 Sort（排序）过程。Shuffle 过程如图 5 - 8 所示。

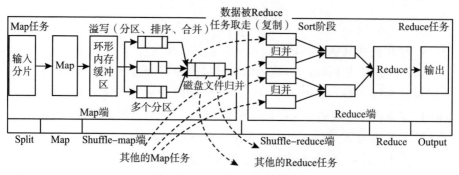

图 5 - 8　Shuffle 过程原理

　　下面用一个例子来简单介绍一下 Shuffle 过程，如图 5 - 9 所示：假设在 HDFS 中的数据在 Split 阶段被切分成 4 个 Split；在 Map 阶段，要将每个 Split 交给一个 Map( ) 函数进行 Map 处理，在此阶段所有的 map 任务可以并行处理，由 Map 任务输出产生的（key，value）会暂时存放到内存缓冲区中，当超过某个阈值时，就会启动溢写（Spill）操作，在进行溢写操作时，要经过分区、排序和合并操作，然后将溢写的小文件通过归并操作形成大文件写到磁盘中；当所有的 Map 任务完成后，reduce 任务将从各个 Map 任务的输出中提取需要处理的数据，并将其复制（copy）一份，然后按照 key 进行排序（sort）、归并等操作，再对各组数据按照某种规则进行归约（Reduce）操作，最后，将得到的数据输出到 HDFS 中。

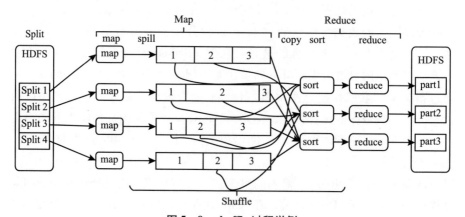

图 5 - 9　shuffle 过程举例

5.3.2　Map 端 的 Shuffle 过 程

Map 端的 Shuffle 过程如下：

（1）在经过 Map 函数后，输出产生的（key，value）会暂时放在一个环形内存缓冲区中（该缓冲区的默认大小为 100M，由 io. sort. mb 属性控制）。

（2）在写入磁盘之前，线程首先将数据进行分区（Partition），分区默认采用哈希函数，用户也可以通过继承 Partitioner 类自定义分区，然后定制到 job 上。如果没有进行分区，框架会使用默认的哈希函数进行分区（HashPartitioner）：即首先对 key 取 hash 值，然后对 Reduce 任务的数量 reduceTaskNum 进行取模（这样可以平衡 Reduce 的处理能力），来决定该分区由哪个 Reduce 任务来处理，这样，框架会根据 Reduce 任务的数目将数据划分为相同数目的分区（Partition），即一个 reduce 任务对应一个分区的数据。这样，MapReduce 框架就可以通过提供 Partitioner 接口，利用 Hash 映射，实现从 key 或者 value 到 Reduce 任务的映射，即确定这对 Map( )函数输出数据 < key，value > 将由哪个 Reduce 任务处理。

（3）将分完区的结果 < key，value，partition > 序列化成字节数组后，开始写入内存缓冲区。当 Map 端输出结果输入缓冲区的数据达到某个阈值时（默认缓冲区溢写比例为 80%，由 io. sort. spill. percent 属性控制，即缓冲区大小为 80M 时），开始启动溢写（Spill）线程，锁定这 80M 的内存执行溢写过程，并会在本地文件系统中创建一个溢出文件，将该缓冲区中的数据写入这个文件，实现从缓存到磁盘的溢写工作。此时，Map 输出的结果继续由另一个线程往剩余的 20M 缓存中写入，两个线程相互独立，彼此互不干扰。但如果在溢写期间剩余的 20M 缓冲区被填满，Map 会被阻塞直到溢写过程结束。

（4）溢写（Spill）线程启动后，排序是默认的操作，即对序列化的字节数组进行排序［先对分区号进行排序，然后再按 key 进行排序（也称为内排序），默认的是自然排序］。排序后，如果客户端自定义了 Combiner（相当于 Map 阶段的 Reduce，可选），则将相同 key 的 value 值相加，这样可以减少溢写到磁盘的数据量，优化 Map 输出的结果，但合并不能改变最终结果（Combiner 的使用要慎重，适用于输入 key/value 和输出 key/value 类型完全一致，且不影响最终结果的情况）。

（5）Merge（归并）过程。每次"溢写"都会在磁盘上生成一个个小文件，但是最终的结果文件只有一个，所以，需要将这些溢写文件归并到一起，形成一个大的磁盘文件，这个过程叫作 Merge（归并），最终结果类似 group({"aaa"，[5，8，3]})，集合里面的值是从不同的溢写文件中读取来的。当 Map 任务输出最后一个记录时，经过归并操作，最终生成一个已分区且已排序的大文件，保存在本地磁盘，既能减少每次写入磁盘的数据量，又能减少下一复制阶段网络传输的数据量。为了减少网络传输的数据量，也可以将数据压缩，只要将 mapred. compress. map. out 设置为 true 即可。如果溢写文件数量大于预定值（默认是 3），则可以再次启动 Combiner；少于 3 时，则不需要。

（6）将分区中的数据复制到相对应的 Reduce 任务。其实 Map 任务一直和其 TaskTracker 保持联系，而 TaskTracker 又一直和 JobTracker 保持心跳。所以，JobTracker 中保存了整个集群中的宏观信息，并一直监测 Map 任务的执行。因此，reduce 任务只要向 JobTracker 获取对应的 Map 输出位置即可。每个 Reduce 任务不断通过 RPC 从 JobTracker 获取 Map 任务是否完成的信息；然后由 JobTracker 通知 Reduce 任务从已完成的 Map 任务来领取（拷贝）数据，开始 Shuffle 在 Reduce 端的流程。

此时，Map – Shuffle 完成，如图 5 – 10 所示。

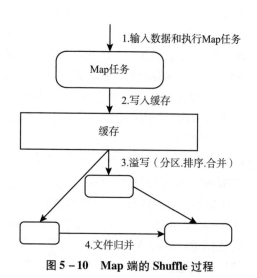

图 5 – 10　**Map 端的 Shuffle** 过程

在 Map – Shuffle 阶段，通常会涉及两项操作：合并（Combine）和归并

（Merge），其主要区别是：对于两个键值对 < "a"，1 > 和 < "a"，1 >，如果合并（combine），会得到 < "a"，2 >，即复用 Reduce 的逻辑（也可以自己实现 Combiner 类，自定义规则）；如果归并（Merge），会得到 < "a"，< 1，1 >>。Combine 为可选，可通过调用 job. setCombinerClass（MyReduce. class）进行设置。

5.3.3　Reduce 端的 Shuffle 过程

MapTask 阶段完成后就进入 Reduce – Shuffle 阶段，Reduce – Shuffle 的过程如下：

（1）当 MapTask 完成任务数超过总数的 5% 后，开始调度执行 ReduceTask 任务，然后 ReduceTask 默认启动 5 个 copy 线程采用 Http 协议从已完成的 MapTask 任务节点上分别 copy 一份属于自己的数据。

（2）Reduce 会接收到不同 Map 任务传来的数据，拷贝的数据会首先保存到内存缓冲区中，当数据量达到缓冲区阈值或达到 Map 端输出阈值（由 mapred. inmem. merge. threshold 控制）时，开始启动内存到磁盘的 Merge 操作，即溢写过程，一直运行到 Map 端没有数据生成，最后启动磁盘到磁盘的 Merge 方式生成最终的文件。

在溢写过程中，锁定 80M 的数据，然后再延续 Sort 过程，之后进行 Group（分组）将相同的 key 放到一个集合中，再进行 Merge，最后 ReduceTask 就会将这个文件交给 reduced（）方法进行处理，执行相应的业务逻辑。因此，不管在 Map 端还是 Reduce 端，MapReduce 都是反复地执行排序，合并操作。

Reduce 任务通过 RPC 向 JobTracker 询问 Map 任务是否已经完成，若完成，则领取数据。Reduce 领取数据先放入缓存，来自不同 Map 机器，先归并，再合并，写入磁盘。多个溢写文件归并成一个或多个大文件，文件中的键值对是排序的。当数据很少时，不需要溢写到磁盘，直接在缓存中归并，然后输出给 Reduce 任务。

具体过程如图 5 – 11 所示。

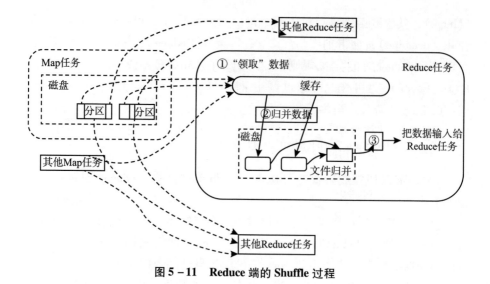

图 5 – 11　Reduce 端的 Shuffle 过程

5.3.4　shuffle 过程总结

图 5 – 12 是整个 Shuffle 的执行过程，并将其分为 6 个阶段。

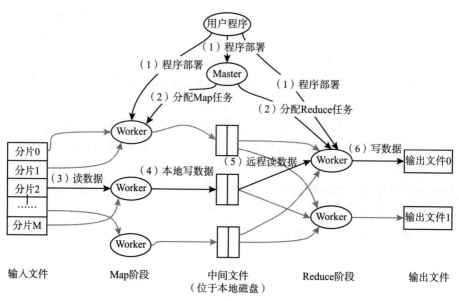

图 5 – 12　Shuffle 执行过程

总起来说，Map 输出到 Reduce 输入的中间过程就是 Shuffle 阶段，在 Shuffle 阶段主要有如下工作：

（1）Collect 阶段：将 MapTask 的结果输出到默认大小为 100M 的环形缓冲区，保存的是 key/value，Partition 分区信息等。

（2）Spill 阶段：当内存中的数据量达到一定的阈值时，就会将数据写入本地磁盘，在将数据写入磁盘之前需要对数据进行一次排序，如果配置了 Combiner，还会将有相同分区号和 key 的数据进行排序。

（3）Merge 阶段：把所有溢出的临时文件进行一次合并操作，以确保一个 MapTask 最终只产生一个中间数据文件。

（4）Copy 阶段：ReduceTask 启动 Fetcher 线程到已经完成 MapTask 的节点上复制一份属于自己的数据，这些数据默认会保存在内存的缓冲区中，当内存的缓冲区达到一定的阈值时，就会将数据写到磁盘之上。

（5）Merge 阶段：在 ReduceTask 远程复制数据的同时，会在后台开启两个线程对内存到本地的数据文件进行合并操作。

（6）Sort 阶段：在对数据进行合并的同时，会进行排序操作，由于在 MapTask 阶段已经对数据进行了局部的排序，ReduceTask 只需保证 Copy 数据的最终整体有效性即可。

Shuffle 中的缓冲区大小会影响到 MapReduce 程序的执行效率，原则上说，缓冲区越大，磁盘 io 的次数越少，执行速度就越快，缓冲区的大小可以通过参数 io. sort. mb 进行调整，默认值为 100M。

5.4　MapReduce 设计模式

MapReduce 设计模式是用于解决 MapReduce 常见和通用数据处理问题的解决方案的模板。模式不是特定于某个领域的，例如文本处理或图形分析，但它是解决问题的通用方法，开发人员可以跨域重用模板来解决类似的问题，从而节省解决问题的时间。使用设计模式就是使用可靠的设计原则来构建更好的软件。

设计模式多年来一直使开发人员更轻松。它们是一种以可复用且通用的方式解决问题的工具，因此开发人员可以花更少的时间弄清楚他们将如何克服障碍并继续进行。

5.4.1 汇总模式（Summarization patterns）

汇总问题在不同的域之间使用的非常广泛。这些都是先将类似的数据进行分组，然后执行诸如计算最小值、最大值、计数、平均值、中值标准差、构建索引或仅仅基于键进行计数等操作。例如，计算总金额。另一个例子，对一个网站，要得到用户登录到网站的平均次数，或者按状态查找最小和最大用户数。由于 MapReduce 要处理的是键—值对，因此，对键的操作是常用的操作。Mapper 输出键值对（key–value），这些 key 对应的 value 在 Reducer 上进行聚合。

Word Count 有时被称为 MapReduce 的 Hello World 程序，Word Count 程序可以充分展示 MapReduce 框架的工作原理。Word Count 模式可以应用于诸如按地域计算人口、按地域计算犯罪总数、查找人均消费总额等需求。下面是带有 Mapper、Reducer 和 Combiner 的 Word Count 程序的例子。

1. Mapper

Mapper 的任务是分割记录，从记录中获取每个单词，并输出每个单词的 value 值为 1。输出的键和值为 Text 和 IntWritable 类型，如下代码所示：

```
import org. apache. Hadoop. io. IntWritable;
import org. apache. Hadoop. io. LongWritable;
import org. apache. Hadoop. io. Text;
import org. apache. Hadoop. mapreduce. Mapper;
import java. io. IOException;
public class WordcountMapper extends Mapper < LongWritable, Text, Text, IntWritable > {
public static final IntWritable ONE = new IntWritable(1);
@ Override
protected void map( LongWritable offset, Text line, Context context) throws IOException, InterruptedException {
String[ ] result = line. toString( ). split(" ");
for( String word: result) {
        context. write( new Text( word) , ONE);
```

```
            }
        }
}
```

2. Reducer

MapReduce 框架使用分区来确保所有具有相同 key 的记录都被分到同一个分区，从而由同一个 Reducer 进行处理。Reducer 接收 key 的值列表，因此可以轻松地执行计数 count 和求和 sum 等聚合操作，如下所示：

```
import org. apache. Hadoop. io. IntWritable;
import org. apache. Hadoop. io. Text;
import org. apache. Hadoop. mapreduce. Reducer;
import java. io. IOException;
public class WordcountReducer extends Reducer < Text, IntWritable, Text, In-
tWritable > {
@ Override
protected void reduce( Text key, Iterable < IntWritable > values, Context con-
text)
throws IOException, InterruptedException {
    int count = 0;
    for( IntWritable current : values) {
        count + = current. get( );
    }
    context. write( key, new IntWritable( count) );
    }
}
```

3. Combiner

在大多数情况下，Combiner 将与 Reducer 相同，它可以添加到 Driver 类中，并使用与 Reducer 相同的类。Combiner 的优点是，它可以作为一个迷你的 Reducer 工作，并与 Mapper 在同一台机器上运行，从而减少数据混排（shuffle）的数量。Word Count 应用程序的 Driver 类如下：

```
import org. apache. Hadoop. conf. Configuration;
import org. apache. Hadoop. conf. Configured;
```

```java
import org. apache. Hadoop. fs. Path;
import org. apache. Hadoop. io. IntWritable;
import org. apache. Hadoop. io. Text;
import org. apache. Hadoop. mapreduce. Job;
import org. apache. Hadoop. mapreduce. lib. input. FileInputFormat;
import org. apache. Hadoop. mapreduce. lib. input. TextInputFormat;
import org. apache. Hadoop. mapreduce. lib. output. FileOutputFormat;
import org. apache. Hadoop. mapreduce. lib. output. TextOutputFormat;
import org. apache. Hadoop. util. Tool;
import org. apache. Hadoop. util. ToolRunner;
public class Driver extends Configured implements Tool {
public static void main( String[ ] args) throws Exception {
        int res = ToolRunner. run( new Configuration( ) , ( Tool) new Driver( ) , args) ;
        System. exit( res) ;
}
public int run( String[ ] args) throws Exception {
        Configuration conf = new Configuration( ) ;
        Job job = Job. getInstance( conf, "WordCount") ;
        job. setJarByClass( Driver. class) ;
        if( args. length < 2) {
            System. out. println( "Jar requires 2 paramaters :\""
                            + job. getJar( )
                            + "input_path output_path") ;
            return 1;
        }
        job. setMapperClass( WordcountMapper. class) ;
        job. setReducerClass( WordcountReducer. class) ;
        job. setCombinerClass( WordcountReducer. class) ;
        job. setOutputKeyClass( Text. class) ;
        job. setOutputValueClass( IntWritable. class) ;
        job. setInputFormatClass( TextInputFormat. class) ;
        job. setOutputFormatClass( TextOutputFormat. class) ;
```

```
Path filePath = new Path(args[0]);
FileInputFormat. setInputPaths(job, filePath);
Path outputPath = new Path(args[1]);
FileOutputFormat. setOutputPath(job, outputPath);
job. waitForCompletion(true);
return 0;
}
}
```

4. Minimum 和 Maximum

特定字段的最小和最大值计算也是 MapReduce 中常用的例子。Mapper
完成操作后，Reducer 对所有键值进行迭代，从这些键分组中找出最大值和
最小值：

（1）Writables，编写自定义 Writables 的思想是为了节省在 Reducer 端拆
分数据的额外工作，并避免因分隔符可能产生的不必要问题。大多数时候，
可以选择记录中已经存在的分隔符，但这可能会导致记录与字段的映射不
正确。

用以下 import 语句引入包：

```
import org. apache. Hadoop. io. IntWritable;
import org. apache. Hadoop. io. LongWritable;
import org. apache. Hadoop. io. Text;
import org. apache. Hadoop. io. Writable;
import java. io. DataInput;
import java. io. DataOutput;
import java. io. IOException;
```

自定义 Writable 类封装了 Writable 对象中的细节，可在 reducer 端用于
获取记录的值：

```
public class PlayerDetail implements Writable{
private Text playerName;
private IntWritable score;
private Text opposition;
private LongWritable timestamps;
```

```java
    private IntWritable ballsTaken;
    private IntWritable fours;
    private IntWritable six;
    public void readFields(DataInput dataInput) throws IOException{
        playerName. readFields(dataInput);
        score. readFields(dataInput);
        opposition. readFields(dataInput);
        timestamps. readFields(dataInput);
        ballsTaken. readFields(dataInput);
        fours. readFields(dataInput);
        six. readFields(dataInput);
    }
    public void write(DataOutput dataOutput) throws IOException{
        layerName. write(dataOutput);
        score. write(dataOutput); opposition. write(dataOutput);
        timestamps. write(dataOutput);
        ballsTaken. write(dataOutput);
        fours. write(dataOutput);
        playerName. write(dataOutput);
    }
    public Text getPlayerName(){
        return playerName;
    }
    public void setPlayerName(Text playerName){
        this. playerName = playerName;
    }
    public IntWritable getScore(){
        return score;
    }
    public void setScore(IntWritable score){
        this. score = score;
    }
```

```java
public Text getOpposition( ) {
    return opposition;
}
public void setOpposition(Text opposition) {
    this. opposition = opposition;
}
public LongWritable getTimestamps( ) {
    return timestamps;
}
public void setTimestamps(LongWritable timestamps) {
    this. timestamps = timestamps;
}
public IntWritable getBallsTaken( ) {
    return ballsTaken;
}
public void setBallsTaken(IntWritable ballsTaken) {
    this. ballsTaken = ballsTaken;
}
public IntWritable getFours( ) {
    return fours;
}
public void setFours(IntWritable fours) {
    this. fours = fours;
}
public IntWritable getSix( ) {
    return six;
}
public void setSix(IntWritable six) {
    this. six = six;
}
@ Override
public String toString( ) {
```

```
        return playerName +
            "\t" + score +
            "\t" + opposition + "\t" + timestamps + "\t" + ballsTaken + "\t" +
fours +
            "\t" + six ;
    }
}
```

导入以下包并实现自定义 Writable 类:

```
import org. apache. Hadoop. io. IntWritable ;
import org. apache. Hadoop. io. Text ;
import org. apache. Hadoop. io. Writable ;
import java. io. DataInput ;
import java. io. DataOutput ;
import java. io. IOException ;
public class PlayerReport implements Writable {
private Text playerName ;
private IntWritable maxScore ;
private Text maxScoreopposition ;
private IntWritable minScore ;
private Text minScoreopposition ;

public void write( DataOutput dataOutput) throws IOException {
    playerName. write( dataOutput) ;
    maxScore. write( dataOutput) ;
    maxScoreopposition. write( dataOutput) ;
    minScore. write( dataOutput) ;
    minScoreopposition. write( dataOutput) ;
}
public void readFields( DataInput dataInput) throws IOException {
    playerName. readFields( dataInput) ;
    maxScore. readFields( dataInput) ;
    maxScoreopposition. readFields( dataInput) ;
```

```
        minScore. readFields( dataInput) ;
        minScoreopposition. readFields( dataInput) ;
}
public Text getPlayerName( ) {
        return playerName;
}
public void setPlayerName( Text playerName) {
        this. playerName = playerName;
}
public IntWritable getMaxScore( ) {
        return maxScore;
}
public void setMaxScore( IntWritable maxScore) {
        this. maxScore = maxScore;
}
public Text getMaxScoreopposition( ) {
        return maxScoreopposition;
}
public void setMaxScoreopposition( Text maxScoreopposition) {
        this. maxScoreopposition = maxScoreopposition;
}
public IntWritable getMinScore( ) {
        return minScore;
}
public void setMinScore( IntWritable minScore) {
        this. minScore = minScore;
}
public Text getMinScoreopposition( ) {
        return minScoreopposition;
}
public void setMinScoreopposition( Text minScoreopposition) {
        this. minScoreopposition = minScoreopposition;
```

```
        }
    @ Override
    public String toString( ) {
        return playerName +
                "\t" + maxScore +
                "\t" + maxScoreopposition + "\t" + minScore +
                "\t" + minScoreopposition;
    }
}
```

（2）Mapper 类，MinMax 算法中的 Mapper 类将记录映射为自定义 writable 对象，并用选手的名字作 key，用 PlayerDeatail 作 value 值为每个选手输出记录，代码如下：

```
import org. apache. Hadoop. io. IntWritable;
import org. apache. Hadoop. io. LongWritable;
import org. apache. Hadoop. io. Text;
import org. apache. Hadoop. mapreduce. Mapper;
import java. io. IOException;
public class MinMaxMapper extends Mapper < LongWritable, Text, Text, PlayerDetail > {
    private PlayerDetail playerDetail = new PlayerDetail( );
    @ Override
    protected void map( LongWritable key, Text value, Context context) throws IOException, InterruptedException {
        String[ ] player = value. toString( ). split( ",");
        playerDetail. setPlayerName( new Text( player[ 0 ] ) );
        playerDetail. setScore ( new IntWritable ( Integer. parseInt ( player
[ 1 ] ) ) );
        playerDetail. setOpposition( new Text( player[ 2 ] ) );
        playerDetail. setTimestamps( new LongWritable ( Long. parseLong ( player
[ 3 ] ) ) );
        playerDetail. setBallsTaken ( new IntWritable ( Integer. parseInt ( player
```

[4]))) ;

　　　　playerDetail. setFours (new　IntWritable (Integer. parseInt (player
[5]))) ;

　　　　playerDetail. setSix(new IntWritable(Integer. parseInt(player[6]))) ;

　　　　context. write(playerDetail. getPlayerName( ) ,playerDetail) ;

　　｝

　｝

　　（3）Reducer 类，Reducer 通过遍历选手的列表记录计算出每个选手的最低得分和最高得分，并用 Writable 对象 PlayerReport 作为输出记录。代码如下所示：

　　import org. apache. Hadoop. io. IntWritable ;

　　import org. apache. Hadoop. io. Text ;

　　import org. apache. Hadoop. mapreduce. Reducer ;

　　import java. io. IOException ;

　　public class MinMaxReducer extends Reducer < Text ,PlayerDetail ,Text ,Play-
erReport > ｛

　　PlayerReport playerReport = new PlayerReport( ) ;

　　@ Override

　　protected void reduce(Text key ,Iterable < PlayerDetail > values ,Context con-
text) throws IOException ,InterruptedException｛

　　　　playerReport. setPlayerName(key) ;

　　　　playerReport. setMaxScore(new IntWritable(0)) ;

　　　　playerReport. setMinScore(new IntWritable(0)) ;

　　　　for(PlayerDetail playerDetail :values)｛

　　　　　　int score = playerDetail. getScore( ). get( ) ;

　　　　　　if(score > playerReport. getMaxScore( ). get( ))｛

　　　　　　　　playerReport. setMaxScore(new IntWritable(score)) ;

　　　　　　　　playerReport. setMaxScoreopposition (playerDetail. get Opposi-
tion( )) ;

　　　　　　｝

　　　　　　if(score < playerReport. getMaxScore( ). get( ))｛

217

```
        playerReport. setMinScore( new IntWritable( score) ) ;
        playerReport. setMinScoreopposition ( playerDetail. get Opposi-
tion( ) ) ;

        }

        context. write( key ,playerReport) ;

    }

}
}
```

（4）Driver 类，Driver 类提供了运行 MapReduce 应用程序的基本配置，并定义了 MapReduce 框架不能违反的协议。例如，Driver 类提到输出的键类为 IntWritable 类型，值为 text 类型，但是 Reducer 尝试将 key 以 text 类型输出，将 value 以 IntWritable 类型输出。因此，作业可能会执行失败，并抛出如下错误：

```
import org. apache. Hadoop. conf. Configuration;

import org. apache. Hadoop. fs. Path;

import org. apache. Hadoop. io. Text;

import org. apache. Hadoop. mapreduce. Job;

import org. apache. Hadoop. mapreduce. lib. input. FileInputFormat;

import org. apache. Hadoop. mapreduce. lib. input. TextInputFormat;

import org. apache. Hadoop. mapreduce. lib. output. FileOutputFormat;

import org. apache. Hadoop. mapreduce. lib. output. TextOutputFormat;

import org. apache. Hadoop. util. Tool;

import org. apache. Hadoop. util. ToolRunner;

public class MinMaxDriver{

public static void main( String[ ]args)throws Exception{

    int res = ToolRunner. run( new Configuration( ) ,( Tool)new

    MinMaxDriver( ) ,args) ;

    System. exit( res) ;

}

public int run( String[ ]args)throws Exception{

    Configuration conf = new Configuration( ) ;
```

```
Job job = Job. getInstance( conf,"MinMax") ;
job. setJarByClass( MinMaxDriver. class) ;
if( args. length < 2) {
    System. out. println( "Jar requires 2 paramaters:              \""
                        + job. getJar( )
                            + " input_path output_path") ;
    return 1 ;
}
job. setMapperClass( MinMaxMapper. class) ;
job. setReducerClass( MinMaxReducer. class) ;
job. setCombinerClass( MinMaxReducer. class) ;
job. setOutputKeyClass( Text. class) ;
job. setOutputValueClass( PlayerReport. class) ;
job. setInputFormatClass( TextInputFormat. class) ;
job. setOutputFormatClass( TextOutputFormat. class) ;
Path filePath = new Path( args[0] ) ;
FileInputFormat. setInputPaths( job,filePath) ;
Path outputPath = new Path( args[1] ) ;
FileOutputFormat. setOutputPath( job,outputPath) ;
job. waitForCompletion( true) ;
return 0 ;
}
}
```

5.4.2　聚合模式（Aggregation patterns）

设计模式可生成数据的顶级摘要视图，因此可以获得一些在局部记录集上无法获得的见解。聚合分析或摘要，都是关于将相似的数据分组，然后执行一个操作，如图 5 – 13 所示，例如计算统计数据，建立索引或简单地进行计数。本书中的聚合模式是数字汇总、倒排索引和带计数器的计数方式。

聚合模式是一种用于计算数据的汇总统计值的通用模式。正确使用combiner，并在编写代码之前了解正在执行的计算非常重要。基本上这个逻辑就是按照关键字段将记录进行分组，并按组进行数字汇总计算。

当满足以下两个条件时，可以使用聚合或数值汇总：

1. 正在处理的是数值型数据
2. 计算的数据可以按特定的字段进行分组

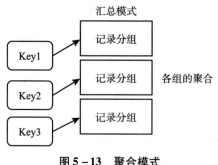

图 5-13 聚合模式

（1）各城市的平均气温：该应用程序的输出将记录的每个城市作为 key，每个温度作为一个 value，因而按城市进行分组。然后，在 reduce 阶段将整数相加，并输出每个城市及其平均温度。

（2）记录计数（Record Count）：一个非常常见的汇总计算是按 key 进行分组，并对各组记录进行计数，这可能将其分解为每日、每周和每月的计数。

（3）最小/最大/计数（Min/Max/Count）：这是确定特定事件的最小、最大和计数的一种分析方法，例如第一次和最后一次对一个城市的温度进行采样，在这段时间内测量温度的次数。如果只对其中一种感兴趣，则不必同时收集所有聚合值，也不必在此处列出任何其他用例。

（4）平均值/中位数/标准差（Average/Median/Standard Deviation）：它类似于最小/最大/计数，但不是一个简单的实现，因为这些操作不是相关联的。Combiner 可用于这三种操作，但不仅需要重复使用 Reducer 实现，还需要更复杂的方法。

最小、最大和计数示例，用于计算给定字段的最小、最大和计数，都是数字汇总模式的典型应用。在 5.5 节中，SingleMapperReducer 作业是聚合模式的一个很好的示例。

5.4.3　过滤模式（Filtering patterns）

过滤模式也称为转换模式（transformation patterns），它可以查找数据的子集，无论是小数据（例如前 10 名列表）还是大数据（例如重复数据的删除）（见图 5 – 14）。

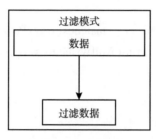

图 5 – 14　过滤模式

过滤模式有四种：过滤（filtering），布鲁姆过滤（bloom filtering），前十名过滤（top 10）和去重（distinct）。

过滤（filtering）是最基本的模式，可以充当其他一些模式的抽象模式。过滤可以根据特定条件对每条记录进行评估，并根据条件来决定记录保留与否，从而过滤掉不感兴趣的记录，并保留感兴趣的记录。因此，过滤模式可以用一个评估函数 f，将一条记录作为函数输入，返回布尔值 true 或 false。如果评估函数返回 true，则保留该记录；否则，删除该记录。

数据清理是过滤模式的常用示例之一。例如，原始数据中可能包含一些字段的值不存在的记录，或者在进一步分析中只是一些无法使用的垃圾数据，利用过滤逻辑可用于验证每条记录并删除这些垃圾记录。过滤模式还可以过滤出有用的记录，如基于特定单词/正则表达式对所有 web 文章进行匹配，匹配成功的 web 文章可以进一步用于分类、作标记或机器学习等，也可以过滤掉所有没有购买任何价值超过 500 美元产品的客户，以作进一步处理分析。下面是用正则表达式进行过滤的示例：

```
import org. apache. Hadoop. io. NullWritable;
import org. apache. Hadoop. io. Text;
import org. apache. Hadoop. mapreduce. Mapper;
```

```
import java. io. IOException;
public class RegexFilteringMapper extends Mapper < Object, Text, NullWritable, Text > {
    private String regexPattern = "/ * 这里为正则表达式 * /";
    @ Override
    protected void map( Object key, Text value, Context context) throws IOException, InterruptedException {
            if( value. toString( ). matches( regexPattern) ) {
                context. write( NullWritable. get( ) , value) ;
            }
    }
}
```

Bloom Filter 是由布鲁姆（Burton Howard Bloom）在 1970 年提出的，它实际上是由一个很长的二进制向量和一系列随机映射函数组成，布鲁姆过滤器可以用于检索一个元素是否在一个集合中。它的优点是空间效率和查询时间都远远超过一般的算法，缺点是有一定的误识别率（假正例 False positives，即 Bloom Filter 报告某一元素存在于某集合中，但是实际上该元素并不在集合中）和删除困难，但是没有识别错误的情形。

另一个常见情况是根据特定条件找出 top - k 记录，例如，企业要找到最忠诚的客户，为他们提供更好的奖励以提高客户的忠诚度，或者找到那些长时间不使用应用程序的客户，并给予他们更好的折扣以使他们重新活跃起来，这些都可以通过 top - k 过滤算法进行实现。top - k 过滤算法是 MapReduce 中的一种常用算法。Mapper 负责在它本身的级别上输出 top - k 记录，然后，Reducer 负责对从 Mapper 中接收到的所有记录过滤出 top - k 记录。

仍然使用球员得分的例子。目标是找出得分最低的前 k 名选手。仍然假设每个选手都只有唯一的分数，在实现中需要保存选手的详细信息列表，并从 cleanup 方法中输出最符合条件的 10 条记录。TopKMapper 的代码如下：

```
import org. apache. Hadoop. io. IntWritable;
import org. apache. Hadoop. io. LongWritable;
import org. apache. Hadoop. io. Text;
import org. apache. Hadoop. mapreduce. Mapper;
```

```java
import java. io. IOException;
import java. util. Map;
import java. util. TreeMap;
public class TopKMapper extends Mapper < LongWritable, Text, IntWritable,
PlayerDetail > {
    private int K = 10;
    private TreeMap < Integer, PlayerDetail > topKPlayerWithLessScore = new
TreeMap < Integer, PlayerDetail > ();
    private PlayerDetail playerDetail = new PlayerDetail();
    @ Override
    protected void map( LongWritable key, Text value, Context context) throws IO-
Exception, InterruptedException {
        String[ ] player = value. toString( ). split( ",");
        playerDetail. setPlayerName( new Text( player[0]));
        playerDetail. setScore( new IntWritable( Integer. parseInt( player[1])));
        playerDetail. setOpposition( new Text( player[2]));
        playerDetail. setTimestamps( new LongWritable( Long. parseLong( player
[3])));
        playerDetail. setBallsTaken ( new IntWritable ( Integer. parseInt ( player
[4])));
        playerDetail. setFours( new IntWritable( Integer. parseInt( player[5])));
        playerDetail. setSix( new IntWritable( Integer. parseInt( player[6])));
        topKPlayerWithLessScore. put( playerDetail. getScore ( ). get ( ), player-
Detail);
        if( topKPlayerWithLessScore. size( ) > K) {
            topKPlayerWithLessScore. remove( topKPlayerWithLessScore. lastKey( ));
        }
    }
    @ Override
    protected void cleanup( Context context) throws IOException,
InterruptedException {
        for( Map. Entry < Integer, PlayerDetail >
```

```
playerDetailEntry:topKPlayerWithLessScore. entrySet( ) ) {
            context. write ( new IntWritable ( playerDetailEntry. getKey ( ) ) ,
playerDetail) ;
        }
    }
}
```

TopKReducer 与 Reducer 具有相同的处理逻辑，假设得分对选手来说是唯一的，对于重复的得分可以输出相同的记录。TopKReducer 的代码如下：

```
import org. apache. Hadoop. io. IntWritable ;
import org. apache. Hadoop. mapreduce. Reducer ;
import java. io. IOException ;
import java. util. Map ;
import java. util. TreeMap ;
public class TopKReducer extends Reducer < IntWritable, PlayerDetail, In-
tWritable ,PlayerDetail > {
private int K = 10 ;
private TreeMap < Integer, PlayerDetail > topKPlayerWithLessScore = new
TreeMap < Integer ,PlayerDetail > ( ) ;
private PlayerDetail playerDetail = new PlayerDetail( ) ;
@ Override
protected void reduce ( IntWritable key , Iterable < PlayerDetail > values , Con-
text context) throws IOException , InterruptedException {
    for( PlayerDetail playerDetail :values) {
        topKPlayerWithLessScore. put( key. get( ) ,playerDetail) ;
        if( topKPlayerWithLessScore. size( ) > K) {
            topKPlayerWithLessScore. remove ( topKPlayerWithLessScore.  last-
Key( ) ) ;
        }
    }
}
@ Override
```

```
protected void cleanup( Context context) throws IOException,
InterruptedException {
        for( Map. Entry < Integer, PlayerDetail >
playerDetailEntry : topKPlayerWithLessScore. entrySet( ) ) {
                context. write( new IntWritable( playerDetailEntry. getKey( ) ),
playerDetail ) ;
            }
    }
}
```

Driver 类有一个配置 job. setNumReduceTasks（1），这意味着将只运行一个 Reducer 来查找 top – k 记录，否则，在有多个 Reducer 的情况下，将有多个 top – k 文件。TopKDriver 的代码如下：

```
import org. apache. Hadoop. conf. Configuration ;
import org. apache. Hadoop. fs. Path ;
import org. apache. Hadoop. io. Text ;
import org. apache. Hadoop. mapreduce. Job ;
import org. apache. Hadoop. mapreduce. lib. input. FileInputFormat ;
import org. apache. Hadoop. mapreduce. lib. input. TextInputFormat ;
import org. apache. Hadoop. mapreduce. lib. output. FileOutputFormat ;
import org. apache. Hadoop. mapreduce. lib. output. TextOutputFormat ;
import org. apache. Hadoop. util. Tool ;
import org. apache. Hadoop. util. ToolRunner ;
public class TopKDriver {
public static void main( String[ ] args) throws Exception {
        int res = ToolRunner. run( new Configuration( ), ( Tool) new TopKDriver
( ), args) ;
        System. exit( res) ;
    }
public int run( String[ ] args) throws Exception {
        Configuration conf = new Configuration( ) ;
        Job job = Job. getInstance( conf, "TopK") ;
```

```
        job. setNumReduceTasks(1);
        job. setJarByClass(TopKDriver. class);
        if(args. length < 2){
            System. out. println("Jar requires 2 paramaters :            \""
                                + job. getJar()
                                + " input_path output_path");
    return 1;
        }
        job. setMapperClass(TopKMapper. class);
        job. setReducerClass(TopKReducer. class);
        job. setOutputKeyClass(Text. class);
        job. setOutputValueClass(PlayerDetail. class);
        job. setInputFormatClass(TextInputFormat. class);
        job. setOutputFormatClass(TextOutputFormat. class);
        Path filePath = new Path(args[0]);
        FileInputFormat. setInputPaths(job,filePath);
        Path outputPath = new Path(args[1]);
        FileOutputFormat. setOutputPath(job,outputPath);
        job. waitForCompletion(true);
        return 0;
    }
}
```

5.4.4　连接模式（Join patterns）

数据无处不在，数据本身非常有价值，而且当对这些数据集合起来同时进行分析时，也会发现一些有趣的关系，这就需要使用连接模式。对于较小的数据集合可以使用连接操作来丰富数据，或者可以利用连接操作来过滤或选择某种类型的特殊列表中的记录。要了解这些模式及其实现，类似于后面的 MultipleMappersReducer 作业，需要有两个 Mapper 类和一个 Reducer 类，代码如下所示：

```
public class MultipleMappersReducer{
```

```java
public static void main( String[ ] args) throws Exception {
    Configuration conf = new Configuration( ) ;
    Job job = new Job( conf, "City Temperature Job") ;
    job. setMapperClass( TemperatureMapper. class) ;
    MultipleInputs. addInputPath( job, new Path ( args [ 0 ] ) , TextInputFor-
mat. class,
    CityMapper. class) ;
    MultipleInputs. addInputPath( job, new Path ( args [ 1 ] ) , TextInputFor-
mat. class, TemperatureMapper. class) ;
    job. setMapOutputKeyClass( Text. class) ;
    job. setMapOutputValueClass( Text. class) ;
    job. setReducerClass( TemperatureReducer. class) ;
    job. setOutputKeyClass( Text. class) ;
    job. setOutputValueClass( IntWritable. class) ;
    FileOutputFormat. setOutputPath( job, new Path( args[ 2 ] ) ) ;
    System. exit( job. waitForCompletion( true) ? 0 : 1) ;
}
/ * Id, City
1, Boston
2, New York
* /
private static class CityMapper extends Mapper < Object, Text, Text, Text > {
    public void map ( Object key, Text value, Context context) throws IOExcep-
tion, InterruptedException {
        String txt = value. toString( ) ;
        String[ ] tokens = txt. split( ",") ;
        String id = tokens[ 0 ]. trim( ) ;
        String name = tokens[ 1 ]. trim( ) ;
        if( name. compareTo( "City") !  = 0)
        context. write( new Text( id) , new Text( name) ) ;
    }
}
```

```
/ *  Date , Id , Temperature
2018 - 01 - 01 , 1 , 21
2018 - 01 - 01 , 2 , 22
 * /
private static class TemperatureMapper extends Mapper < Object , Text , Text ,
Text > {
        public void map( Object key , Text value , Context context ) throws IOEx-
ception , InterruptedException {
                String txt = value. toString( ) ;
                String[ ] tokens = txt. split( "," ) ;
                String date = tokens[ 0 ] ;
                String id = tokens[ 1 ]. trim( ) ;
                String temperature = tokens[ 2 ]. trim( ) ;
                if( temperature. compareTo( "Temperature" ) !  = 0 )
                    context. write( new Text( id ) , new Text( temperature ) ) ;
            }
        }
    private static class TemperatureReducer extends Reducer < Text , Text , Text ,
IntWritable > {
        private IntWritable result = new IntWritable( ) ;
        private Text cityName = new Text( "Unknown" ) ;
        public void reduce( Text key , Iterable < Text > values , Context context )
throws IOException , InterruptedException {
                int sum = 0 ;
                int n = 0 ;
                cityName = new Text( "city - " + key. toString( ) ) ;
                for( Text val : values ) {
                    String strVal = val. toString( ) ;
                    if( strVal. length( ) < = 3 ) {
                        sum +  = Integer. parseInt( strVal ) ;
                        n +  = 1 ;
                    } else {
```

```
                    cityName = new Text(strVal);
                }
            }
            if(n = =0)
                    n = 1;
            result.set(sum/n);
            context.write(cityName,result);
        }
    }
}
```

输出如下:

Boston 22

New York 23

Chicago 23

Philadelphia 23

San Francisco 22

city − 6 22//city ID = 6 时在 cities. csv 中没有 name,只有温度测量信息

Las Vegas 0//城市 Las vegas 在 temperature. csv 文件中没有温度测量信息

1. 内连接 (inner join)

内连接要求左表和右表具有相同的列。如果左侧或右侧的键有重复或多个副本,则内连接将会迅速膨胀为一种笛卡尔连接,完成该过程要花费很长的时间,因此,要最大程度地减少多个键,见图 5 - 15。

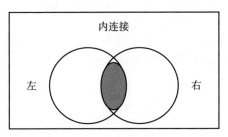

图 5 - 15　连接模式之内连接

在 cities. csv 和 temperatures. csv 中, 仅当在两个 . csv 文件中具有 cityID

值相同的两条记录时，才能通过内连接获得城市和相应的温度信息，具体代码如下：

```
 private static class InnerJoinReducer extends Reducer < Text, Text, Text, IntWritable > {
    private IntWritable result = new IntWritable( ) ;
    private Text cityName = new Text( "Unknown" ) ;
    public void reduce( Text key, Iterable < Text > values, Context context) throws
IOException, InterruptedException {
        int sum = 0 ;
        int n = 0 ;
        for( Text val : values) {
            String strVal = val. toString( ) ;
            if( strVal. length( ) < = 3 ) {
                sum + = Integer. parseInt( strVal) ;
                n + = 1 ;
            } else {
                cityName = new Text( strVal) ;
            }
        }
        if( n! = 0 && cityName. toString( ). compareTo( "Unknown" )! = 0 ) {
            result. set( sum/n) ;
            context. write( cityName, result) ;
        }
    }
}
```

输出如下代码所示（不包括 city - 6 或 Las Vegas，如之前原始输出所示）：

```
Boston 22
New York 23
Chicago 23
Philadelphia 23
San Francisco 22
```

2. 左反连接（left anti join）

左反连接表示仅给出出现在左表而不出现在右表的行。当希望仅在右表中不存在时才保留左表中的行时，可以使用此方法。利用左反连接可以只考虑左表，右表只作为检查条件，如图 5 – 16 所示。

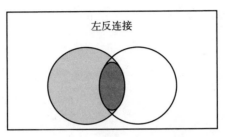

左反连接

图 5 – 16　连接模式之左反连接

如果在 cities. csv 中包含某个城市的信息，但是在 temperatures. csv 中却没有该城市的温度测量记录，那么利用左反连接可以得到没有温度记录的城市 ID 和城市名称，如下代码所示：

```
private static class LeftAntiJoinReducer extends Reducer < Text, Text, Text,
IntWritable > {
    private IntWritable result = new IntWritable( ) ;
    private Text cityName = new Text( "Unknown") ;
    public void reduce ( Text key, Iterable < Text > values, Context context)
throws IOException, InterruptedException {
        int sum = 0 ;
        int n = 0 ;
        for( Text val ; values) {
            String strVal = val. toString( ) ;
            if( strVal. length( ) < = 3 ) {
                sum + = Integer. parseInt( strVal) ;
                n + = 1 ;
            } else {
                cityName = new Text( strVal) ;
            }
```

```
        }
    if( n = =0){
        if( n = =0)
            n =1 ;
        result. set( sum/n) ;
        context. write( cityName,result) ;
    }
  }
}
```

输出如下所示：

Las Vegas 0//城市 Las vegas 在 temperature. csv 中没有温度测量记录

3. 左外连接（left outer join）

左外部连接可以得到左表中的所有行，以及左表和右表两个表共有的行（内部连接）。如果记录在左表而不在右表中，则在对应右表的列中填写 NULL，如图 5 - 17 所示。

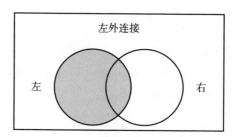

图 5 - 17 连接模式之左外连接

当在 cities. csv 中存在该城市信息，或者既在 cities. csv 中存在该城市的描述信息，又在 temperatures. csv 中存在该城市的温度测量记录时，利用左外连接可以得到该城市的名称及温度信息。代码如下所示：

private static class LeftOuterJoinReducer extends Reducer < Text,Text,Text,IntWritable > {

private IntWritable result = new IntWritable( );

```
private Text cityName = new Text("Unknown");
public void reduce(Text key, Iterable < Text > values, Context context)
throws IOException, InterruptedException {
        int sum = 0;
        int n = 0;
        for(Text val : values) {
                String strVal = val.toString();
                if(strVal.length() < =3) {
                        sum + = Integer.parseInt(strVal);
                        n + =1;
                } else {
                        cityName = new Text(strVal);
                }
        }
        if(cityName.toString().compareTo("Unknown")! =0)) {
                if(n = =0)
                        n =1;
        result.set(sum/n);
        context.write(cityName,result);
        }
    }
}
```

输出如下所示：

Boston 22

New York 23

Chicago 23

Philadelphia 23

San Francisco 22

Las Vegas 0//城市 Las vegas 在 temperature.csv 中没有温度测量记录

4. 右外连接（right outer join）

利用右外连接可以得到右表中的所有行，以及左表和右表中匹配的行

（内连接），如果记录在右表而不在左表中，则在对应左表的列中填写 NULL。这类似于左外连接，如图 5 - 18 所示。

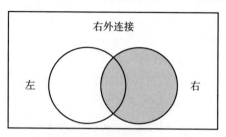

图 5 - 18   连接模式之右外连接

当在 temperatures. csv 中存在该城市的温度测量信息时，或者既在 cities. csv 中存在该城市的描述信息，又在 temperatures. csv 中存在该城市的温度测量记录时，利用右外连接可以得到该城市的名称及温度信息。如以下代码所示：

```
private static class RightOuterJoinReducer extends Reducer < Text, Text,
Text, IntWritable > {
    private IntWritable result = new IntWritable( );
    private Text cityName = new Text( "Unknown") ;
    public void reduce ( Text key, Iterable < Text > values, Context context )
throws IOException, InterruptedException {
    int sum = 0;
    int n = 0;
    for( Text val : values) {
    String strVal = val. toString( ) ;
    if( strVal. length( ) < = 3 ) {
    sum + = Integer. parseInt( strVal) ;
    n + = 1;
    } else {
    cityName = new Text( strVal) ;
    }
    }
```

```
  if( n !  =0){
result. set( sum/n) ;
 context. write( cityName,result) ;
 }
 }
 }
```

输出如下所示：

Boston 22

New York 23

Chicago 23

Philadelphia 23

San Francisco 22

city – 6 22//city ID 为 6 时在 cities. csv 没有名称，只有温度测量记录

5. 完全外连接（full outer join）

利用完全外连接可以获得左表和右表的所有行（包括匹配和未匹配的）。因此，当要保留两个表中的所有行时，可以使用完全外连接（见图 5 – 19）。

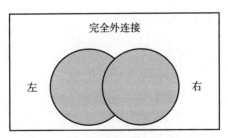

图 5 – 19　连接模式之完全外连接

当在 cities. csv 和 temperatures. csv 中存在城市的匹配记录，或者在 cities. csv 中存在该城市的描述信息，或者在 temperatures. csv 中存在该城市的温度测量记录时，利用完全外连接都可以得到城市的名称及温度信息，如果没有匹配记录，相应的列可以设置为 NULL。具体代码如下所示：

private static class FullOuterJoinReducer extends Reducer < Text,Text,Text, IntWritable > {

```
    private IntWritable result = new IntWritable( ) ;
    private Text cityName = new Text( "Unknown") ;
    public void reduce ( Text key, Iterable < Text > values, Context context)
throws IOException, InterruptedException{
        int sum = 0;
        int n = 0;
        for( Text val : values) {
            String strVal = val. toString( ) ;
            if( strVal. length( ) < = 3) {
                sum + = Integer. parseInt( strVal) ;
                n + = 1;
            } else {
                cityName = new Text( strVal) ;
            }
        }
        if( n = = 0)
            n = 1;
        result. set( sum/n) ;
        context. write( cityName, result) ;
    }
}
```

输出如下所示：

```
Boston 22
New York 23
Chicago 23
Philadelphia 23
San Francisco 22
city - 6 22//city ID = 6 时在 cities. csv 中没有记录, 只有温度测量记录
Las Vegas 0//城市 Las vegas 在 temperature. csv 中没有温度测量记录
```

6. 左半连接（left semi join）

当且仅当行在右表时，使用左半连接可以从左表中获取相应的行，如图

5 – 20 所示。这与左反连接相反，左半连接不包括右表的值。由于在左半连接中只有一个表被充分考虑，而另一个表只是检查连接条件，因此具有非常好的性能。

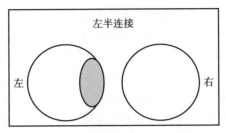

图 5 – 20　连接模式之左半连接

这类似于左外连接，只是我们将只从 cities. csv 中输出左表中的记录，而不需要再输出 cities. csv 和 temperatures. csv 中共有的记录。

半连接适用于面向两个大数据集其中一个可以过滤成小到可以放在缓存的数据集，在 MapReduce 程序中，当所有输入数据集都不能小到可以放在缓存中，半连接可以用来优化 Map 端的连接。

7. 交叉连接（cross join）

交叉连接将左表的每一行与右表的每一行进行匹配，生成一个笛卡尔交叉乘。由于交叉连接是性能最差的连接，因此，需要谨慎使用，一般只能在特定的用例中使用，如图 5 – 21 所示。

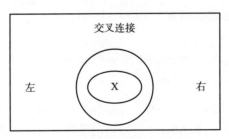

图 5 – 21　连接模式之交叉连接

利用交叉连接将输出所有城市的所有温度，生成 6 × 6 条记录（36 条输出记录）。通常不使用此连接，因为输出可能非常大，而且在大多数情况下生成的记录不是很有用或没有意义。

5.4.5　MapReduce 中的连接模式（Join pattern）

连接模式通常在创建报告的企业之间使用，它可以将两个数据集连接在一起，以提取有意义的、可以帮助决策的分析。连接查询在 SQL 中很简单，但是如果要在 MapReduce 中进行实现就有点复杂。因为它的 Mapper 和 Reducer 每次都只能对一个 key 进行操作，而连接两个大小相同的数据集将需要两倍的网络带宽，因为来自两个数据集的所有数据需要发送到 reducer 中进行连接。在 Hadoop 中，连接操作的开销非常大，因为它需要通过网络来遍历多台机器上的数据。因此，尽力节省网络带宽非常重要。

1. Reduce 端的 join（Reduce side join）

MapReduce 框架中可用的最简单的连接形式和几乎任何类型的 SQL 连接（如内连接、左外连接、完全外部连接等）都可以使用 Reduce 端的 join 操作来完成。唯一的困难是几乎所有的数据都需要通过网络转移到 Reducer。两个或多个数据集将使用一个公共的键连接在一起。多个大型数据集可以通过一个外键连接。需要注意的是，如果其中一个数据集可以装入内存，则应该使用 Map 端的 join；当两个数据集都不能装入内存时，则应该使用 Reduce 端的 join。

MapReduce 能够在同一个 MapReduce 程序中从多个不同格式的输入中读取数据，它还允许不同的 Mapper 用于特定的 InputFormat。另外，为了使 MapReduce 程序从多个路径读取输入并重定向到特定的 Mapper 中进行处理，需要在 Driver 类中添加以下配置，例如：

MultipleInputs. addInputPath(job,new Path(args[0]),TextInputFormat. class, UserMapper. class);

MultipleInputs. addInputPath(job,new Path(args[1]),TextInputFormat. class, PurchaseReportMapper. class);

下面是 Reduce 端 join 的一些工作示例代码。Mapper 以 key 作为 userid、以 value 作为标识符（identifier）追加到记录的后面，并输出该记录。然后，X 被附加到记录上，这样在 Reducer 上就可以很容易地识别记录来自哪个 Mapper。

UserMapper 类代码所示如下：

import org. apache. Hadoop. io. Text;
import org. apache. Hadoop. mapreduce. Mapper;

```
import java. io. IOException;
public class UserMapper extends Mapper < Object, Text, Text, Text > {
private Text outputkey = new Text( );
private Text outputvalue = new Text( );
public void map( Object key, Text value, Context context) throws IOExcep-
tion, InterruptedException {
        String[ ]userRecord = value. toString( ). split( ",");
        String userId = userRecord[ 0 ];
        outputkey. set( userId);
        outputvalue. set( "X" + value. toString( ));
        context. write( outputkey, outputvalue);
    }
}
```

类似地，第二个 Mapper 处理用户的购买历史并输出购买商品的用户的
ID。然后，将 Y 作为标识符附加到 value 上，代码如下所示：

```
import org. apache. Hadoop. io. Text;
import org. apache. Hadoop. mapreduce. Mapper;
import java. io. IOException;
public class PurchaseReportMapper {
private Text outputkey = new Text( );
private Text outputvalue = new Text( );
public void map( Object key, Text value, Mapper. Context context) throws IO-
Exception, InterruptedException {
        String[ ]purchaseRecord = value. toString( ). split( ",");
        String userId = purchaseRecord[ 1 ];
        outputkey. set( userId);
        outputvalue. set( "Y" + value. toString( ));
        context. write( outputkey, outputvalue);
    }
}
```

在 Reducer 端，实现思路是先保留两个列表，将用户记录添加到一个列

表中，将购买记录添加到另一个列表中，然后根据条件执行连接。Reducer
代码示例如下：

```
import org. apache. Hadoop. io. Text;
import org. apache. Hadoop. mapreduce. Reducer;
import java. io. IOException;
import java. util. ArrayList;
public class UserPurchaseJoinReducer extends Reducer < Text, Text, Text,
Text > {
private Text tmp = new Text( );
private ArrayList < Text > userList = new ArrayList < Text > ( );
private ArrayList < Text > purchaseList = new ArrayList < Text > ( );
public void reduce( Text key, Iterable < Text > values, Context context) throws
IOException, InterruptedException {
        userList. clear( );
        purchaseList. clear( );
        while( values. iterator( ). hasNext( ) ) {
            tmp = values. iterator( ). next( );
            if( tmp. charAt( 0 ) = = 'X') {
                userList. add( new Text( tmp. toString( ). substring( 1 ) ) ) ;
            } else if( tmp. charAt( '0') = = 'Y') {
                purchaseList. add( new Text( tmp. toString( ). substring( 1 ) ) ) ;
            }
        }
    }
    / * 连接两个数据集 * /
    if( ! userList. isEmpty( )&& ! purchaseList. isEmpty( ) ) {
        for( Text user :userList) {
            for( Text purchase :purchaseList) {
                context. write( user, purchase) ;
            }
        }
    }
}
```

```
}
```

连接操作是一种成本很高的操作，需要在网络上转移数据。从整体来看，数据应该在 Mapper 端先进行过滤，以避免不必要的数据移动。

2. Map 端 join（复制连接）

如果在进行连接的两个数据集中，其中一个数据集足够小，并可以放入主存中，那么使用 Map 端 join 是一个不错的选择。在 Map 端 join 操作中，小数据集会在 Mapper 的启动阶段就被加载到内存中，大数据集将作为输入读取到 Mapper 中，以使得大数据集中的每个记录都会与加载到内存中的小数据集进行连接，然后输出到一个文件中。由于没有 Reduce 阶段，因此也不会有混排（Shuffle）和排序（Sort）阶段。

Map 端 join 是针对以上场景进行的优化，将小数据集中的数据全部加载到内存，按关键字建立索引，大数据集中的数据作为 map 的输入，对 map() 函数的每一对 < key, value > 输入，都能够方便地和已加载到内存的小数据集进行连接，然后把连接结果按 key 输出，经过 shuffle 阶段，Reduce 端得到的就是已经按 key 分组并且连接好的数据。

Map 端 join 被广泛用于外连接和内连接。下面是为 Map 端 join 创建 Mapper 类和 Driver 类的示例：

（1）Mapper 类代码可以使用 Map 端 join 的模板，也可以根据输入的数据集来修改其中的逻辑。从分布式缓存中读取的数据存储在 RAM 中，因此，如果文件大小无法装入内存，它会抛出内存不足的异常。解决这个问题的唯一办法就是增加内存空间。

在 Mapper 的生命周期中，setup 方法只执行一次，并且为每条记录调用 map() 函数。在 map() 函数中，对每一条记录都要进行处理并检查内存中可用的匹配记录，以执行某种连接操作。

Mapper 类的实现代码示例：

```
import org. apache. Hadoop. conf. Configuration;
import org. apache. Hadoop. fs. Path;
import org. apache. Hadoop. io. LongWritable;
import org. apache. Hadoop. io. Text;
import org. apache. Hadoop. mapreduce. Job;
import org. apache. Hadoop. mapreduce. Mapper;
```

```
import java. io. * ;
import java. net. URI;
import java. util. HashMap;

public class UserPurchaseMapSideJoinMapper extends Mapper < LongWrit-
able, Text, Text, Text > {
    private HashMap < String, String > userDetails = new HashMap < String,
String > ( );
    private Configuration conf;
    public void setup( Context context) throws IOException {
        conf = context. getConfiguration( );
        URI[ ] URIs = Job. getInstance( conf). getCacheFiles( );
        for( URI patternsURI : URIs) {
            Path filePath = new Path( patternsURI. getPath( ) );
            String userDetailFile = filePath. getName( );
            readFile( userDetailFile);
        }
    }
    private void readFile( String filePath) {
        try {
            BufferedReader bufferedReader = new BufferedReader ( new Fil-
eReader( filePath) );
            String userInfo = null;
            while( ( userInfo = bufferedReader. readLine( ))! = null) {
                / * 这里添加记录到 map,可以修改相应的 Key 和 value
值。 * /
                userDetails. put ( userInfo. split ( ",") [ 0 ], userInfo. toLower-
Case( ));
            }
        } catch( IOException ex) {
        System. err. println ( "Exception while reading stop words file: " +
ex. getMessage( ));
        }
```

```
}
@ Override
protected void map(LongWritable key, Text value, Context context) throws
IOException, InterruptedException {
        String purchaseDetailUserId = value.toString().split(",")[0];
        String userDetail = userDetails.get(purchaseDetailUserId);
        /* 这里执行 join 操作 */
}
}
```

（2）Driver 类，在 Driver 类中，添加输入文件的路径，这些文件将在
Mapper 执行期间被发送到每个 Mapper 中。Driver 类模板如下所示：

```
import org.apache.Hadoop.conf.Configuration;
import org.apache.Hadoop.fs.Path;
import org.apache.Hadoop.io.Text;
import org.apache.Hadoop.mapreduce.Job;
import org.apache.Hadoop.mapreduce.lib.input.FileInputFormat;
import org.apache.Hadoop.mapreduce.lib.input.TextInputFormat;
import org.apache.Hadoop.mapreduce.lib.output.FileOutputFormat;
import org.apache.Hadoop.mapreduce.lib.output.TextOutputFormat;
import org.apache.Hadoop.util.Tool;
import org.apache.Hadoop.util.ToolRunner;
import java.util.Map;
public class MapSideJoinDriver {
public static void main(String[] args) throws Exception {
        int res = ToolRunner.run(new Configuration(), (Tool) new
        MapSideJoinDriver(), args); System.exit(res);
}
public int run(String[] args) throws Exception {
        Configuration conf = new Configuration();
        Job job = Job.getInstance(conf, "map join");
        job.setJarByClass(MapSideJoinDriver.class);
```

```
        if( args. length <3) {
                System. out. println( "Jar requires 3 paramaters : \""
                                        + job. getJar( )
                                        + " input_path output_path distributed-
cachefile") ;
                return 1 ;
        }

        job. addCacheFile( new Path( args[ 2 ] ). toUri( ) ) ;

        job. setMapperClass( UserPurchaseMapSideJoinMapper. class) ;

        job. setOutputKeyClass( Text. class) ;

        job. setOutputValueClass( Text. class) ;

        job. setInputFormatClass( TextInputFormat. class) ;

        job. setOutputFormatClass( TextOutputFormat. class) ;

        Path filePath = new Path( args[ 0 ] ) ;
        FileInputFormat. setInputPaths( job, filePath) ;
        Path outputPath = new Path( args[ 1 ] ) ;
        FileOutputFormat. setOutputPath( job, outputPath) ;

        job. waitForCompletion( true) ;
        return 0 ;
    }
}
```

3. 复合连接（composite join）

在极大数据集上的 Map 端 join 被称为复合连接（composite join）。它的优点与前面在 Map 端 join 中讨论的相同，因为没有 Reducer，所以会跳过 shuffle（混排）和 sort（排序）阶段。composite join 的唯一条件是，数据在处理之前需要使用特定的条件进行准备。

其中一个条件是，必须使用用于连接的 key（键）对数据集进行排序，而且还必须按 key 进行分区，并且两个数据集必须具有相同数量的分区。Hadoop 提供了一种特殊的 InputFormat 来读取这些具有 CompositeInputFormat 的数据集。

在使用以下模板之前，必须将输入数据进行排序和分区，以将这些数据变成复合连接（composite join）所需的格式。第一步是准备输入数据，对输入数据进行预处理，以便能使用连接键对其进行排序和分区。

4. 排序和分区（sorting and partitioning）

本节通过代码来说明 Mapper 和 Reducer 对输入数据进行的排序和分区。在代码中，映射器（Mapper）将第一个键与索引键交换。在例子中，索引已经在第一位置，所以此处不需要执行 getRecordInCompositeJoinFormat（）函数：

```java
import com. google. common. base. Joiner;

import com. google. common. base. Splitter;

import com. google. common. collect. Iterables;

import com. google. common. collect. Lists;

import org. apache. Hadoop. io. LongWritable;

import org. apache. Hadoop. io. Text;

import org. apache. Hadoop. mapreduce. Mapper;

import java. io. IOException;

import java. util. List;

public class PrepareCompositeJoinRecordMapper extends Mapper < LongWritable, Text, Text, Text > {

    private int indexOfKey = 0;

    private Splitter splitter;

    private Joiner joiner;

    private Text joinKey = new Text( );

    String separator = " , ";

    @ Override

    protected void setup( Context context) throws IOException, InterruptedException {

            splitter = Splitter. on( separator);

            joiner = Joiner. on( separator);

    }

    @ Override

    protected void map ( LongWritable key, Text value, Context context) throws
```

```
IOException, InterruptedException {
        Iterable < String > recordColumns = splitter. split( value. toString( ) );
        joinKey. set( Iterables. get( recordColumns, indexOfKey ) );
        if( indexOfKey ! = 0 ) {
            value. set ( getRecordInCompositeJoinFormat ( recordColumns, in-
dexOfKey ) );
        }
        context. write( joinKey, value );
    }

    private String getRecordInCompositeJoinFormat( Iterable < String > value, int
index ) {
        List < String > temp = Lists. newArrayList( value );
        String originalFirst = temp. get( 0 );
        String newFirst = temp. get( index );
        temp. set( 0, newFirst );
        temp. set( index, originalFirst );
        return joiner. join( temp );
    }
}
```

(1) Reducer。

Reducer 是以 key 键作为连接键，以 value 来输出整条记录。这里，值是作为 key 保留的，因为在复合连接（composite join）的 Driver 类中，将使用 KeyValueTextInputFormat 类作为输入格式类 CompositeInputFormat，具体代码如下所示：

```
import org. apache. Hadoop. io. Text;
import org. apache. Hadoop. mapreduce. Reducer;
import java. io. IOException;
public class PrepareCompositeJoinRecordReducer extends Reducer < Text,
Text, Text, Text > {
@ Override
protected void reduce ( Text key, Iterable < Text > values, Context context )
```

```
throws IOException, InterruptedException {
        for(Text value : values) {
            context. write(key, value);
        }
    }
}
```

（2）Composite join 模板。

Composite join 模板可作为创建和运行 Composite join（复合连接）的示例，也可以根据实际情况修改逻辑。

Driver 类：

Driver 类需要接受四个输入参数：前两个参数是输入数据文件，第三个参数是输出文件路径，第四个参数是连接类型。复合连接仅支持内部和外部连接类型，代码如下所示：

```
import org. apache. Hadoop. fs. Path;
import org. apache. Hadoop. io. Text;
import org. apache. Hadoop. mapred. * ;
import org. apache. Hadoop. mapred. join. CompositeInputFormat;
public class CompositeJoinExampleDriver {
    public static void main(String[ ] args) throws Exception {
        JobConf conf = new JobConf("CompositeJoin");
        conf. setJarByClass(CompositeJoinExampleDriver. class);
        if(args. length < 2) {
            System. out. println("Jar requires 4 paramaters :      \""
                        + conf. getJar( )
                        + "input _ path1  input _ path2  output _ path  jointype
[outer or inner] ");
            System. exit(1);
        }
        conf. setMapperClass(CompositeJoinMapper. class);
        conf. setNumReduceTasks(0);
        conf. setInputFormat(CompositeInputFormat. class);
```

```
        conf. set ( " mapred. join. expr" , CompositeInputFormat. compose ( args
[3],
        KeyValueTextInputFormat. class , new Path ( args[0] ) , new Path ( args
[1] ) ) );
        TextOutputFormat. setOutputPath( conf , new Path( args[2] ) ) ;
        conf. setOutputKeyClass( Text. class) ;
        conf. setOutputValueClass( Text. class) ;
        RunningJob job = JobClient. runJob( conf) ;
        System. exit( job. isSuccessful( )? 0 : 1 ) ;
    }
}
```

Mapper 类：

Mapper 类将连接键作为 Mapper 的输入键 key，将 Tuple Writable 作为 value。需要注意的是，连接键将从输入文件中提取，这也是输入数据需要采用特定格式的原因，例如：

```
import org. apache. Hadoop. io. Text;
import org. apache. Hadoop. mapred. MapReduceBase;
import org. apache. Hadoop. mapred. Mapper;
import org. apache. Hadoop. mapred. OutputCollector;
import org. apache. Hadoop. mapred. Reporter;
import org. apache. Hadoop. mapred. join. TupleWritable;
import java. io. IOException;
public class CompositeJoinMapper extends MapReduceBase implements Map-
per < Text , TupleWritable , Text , Text > {
    public void map( Text text , TupleWritable value , OutputCollector < Text , Text
> outputCollector , Reporter reporter) throws IOException{
        outputCollector. collect( ( Text) value. get(0) , ( Text) value. get(1) ) ;
    }
}
```

在 MapReduce 中有很多可用的设计模式，这里仅提供几种常用的设计模式，其他设计模式在此不再赘述。

5.4.6　MapReduce 作业基本结构

MapReduce 作业可以用多种方式编写，这取决于预期的结果。MapReduce 作业的基本结构如下：

```
import java. io. IOException;
import java. util. StringTokenizer;
import java. util. Map;
import java. util. HashMap;
import org. apache. hadoop. conf. Configuration;
import org. apache. hadoop. fs. Path;
import org. apache. hadoop. io. IntWritable;
import org. apache. hadoop. io. Text;
import org. apache. hadoop. mapreduce. Job;
import org. apache. hadoop. mapreduce. Mapper;
import org. apache. hadoop. mapreduce. Reducer;
import org. apache. hadoop. mapreduce. lib. input. FileInputFormat;
import org. apache. hadoop. mapreduce. lib. output. FileOutputFormat;
import org. apache. hadoop. util. GenericOptionsParser;
import org. apache. commons. lang. StringEscapeUtils;
public class EnglishWordCounter{
public static class WordMapper extends Mapper < Object, Text, Text, IntWritable > {
    ...
    }
public static class CountReducer extends Reducer < Text, IntWritable, Text,
IntWritable > {
        ...
    }
public static void main( String[ ] args) throws Exception{
        Configuration conf = new Configuration( );
        Job job = new Job( conf, "English Word Counter");
```

```
        job. setJarByClass( EnglishWordCounter. class) ;
        job. setMapperClass( WordMapper. class) ;
        job. setCombinerClass( CountReducer. class) ;
        job. setReducerClass( CountReducer. class) ;
        job. setOutputKeyClass( Text. class) ;
        job. setOutputValueClass( IntWritable. class) ;
        FileInputFormat. addInputPath( job, new Path( args[0]) ) ;
        FileOutputFormat. setOutputPath( job, new Path( args[1]) ) ;
        System. exit( job. waitForCompletion( true) ? 0 :1) ;
    }
}
```

驱动程序的作用是安排工作。其中，main（）函数主要用于解析命令行参数，通过告知作业对象要用于计算的类以及要使用的输入路径和输出路径来设置作业对象，而 Mapper 代码主要用于简单地标记输入字符串，并将每个单词作为 Mapper 的输出；Reducer 的代码相对比较简单，每个 key 分组都会调用一次 reduce（）函数。

Mapper 的具体代码如下：

```
public static class WordMapper extends Mapper < Object, Text, Text, IntWritable > {
    private final static IntWritable one = new IntWritable(1) ;
    private Text word = new Text( ) ;
    public void map ( Object key, Text value, Context context) throws IOExcep-
tion, InterruptedException {
        //获取"Text"字段,因为这是程序对字符串计数的内容
        String txt = value. toString( ) ;
        StringTokenizer itr = new StringTokenizer( txt) ;
        while( itr. hasMoreTokens( ) ) {
            word. set( itr. nextToken( ) ) ;
            context. write( word, one) ;
        }
    }
}
```

在本示例中，每个单词（word）都要调用一次 reduce 函数，最后，遍历所有数字类型的 value 并求和，求和的最终值将是这些和的总和，Reducer 的具体代码如下：

```
public static class CountReducer extends Reducer < Text, IntWritable, Text, IntWritable > {
        private IntWritable result = new IntWritable();
        public void reduce(Text key, Iterable < IntWritable > values, Context context) throws IOException, InterruptedException {
            int sum = 0;
            for(IntWritable val : values) {
                sum + = val.get();
            }
            result.set(sum);
            context.write(key, result);
        }
}
```

5.4.7　MapReduce 作业类型

MapReduce 作业有以下几种基本类型：

1. 单个 Mapper 的作业（single Mapper job）

在需要进行转换的情况下可以使用单个 Mapper 的作业，如图 5 - 22、表 5 - 5 所示。如果只想更改数据的格式，例如某种转换，就可以使用这种模式。

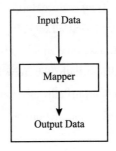

图 5 - 22　单个 Mapper 的作业

表 5 – 5　　　　　　　　　　　　　　单个 **Mapper** 作业的场景

场景	有些城市具有短名称，如 BOS，NYC 等
Map（Key，Value）	Key：城市的名称 Value：短名称→如果城市是 Boston/boston 那么转化为 BOS；或者如果城市是 New York/new york，那么转化为 NYC

　　从 temperature. csv 文件中输出 cityID 和温度 temperature，这可以使用单个 mapper 的作业实现，具体代码如下：

```
package io. somethinglikethis;
import org. apache. hadoop. conf. Configuration;
import org. apache. hadoop. fs. Path;
import org. apache. hadoop. io. IntWritable;
import org. apache. hadoop. io. Text;
import org. apache. hadoop. mapreduce. Job;
import org. apache. hadoop. mapreduce. Mapper;
import org. apache. hadoop. mapreduce. Reducer;
import org. apache. hadoop. mapreduce. lib. input. FileInputFormat;
import org. apache. hadoop. mapreduce. lib. output. FileOutputFormat;
import java. io. IOException;
public class SingleMapper{
    public static void main( String[ ] args) throws Exception{
        Configuration conf = new Configuration( );
        Job job = new Job( conf,"City Temperature Job");
        job. setMapperClass( TemperatureMapper. class);
        job. setOutputKeyClass( Text. class);
        job. setOutputValueClass( IntWritable. class);
        FileInputFormat. addInputPath( job,new Path( args[0]));
        FileOutputFormat. setOutputPath( job,new Path( args[1]));
        System. exit( job. waitForCompletion( true)? 0 : 1);
    }
    / *  Date,Id,Temperature 2018 – 01 – 01,1,21
```

2018 − 01 − 01 ,2 ,22

```
* /
private static class TemperatureMapper extends Mapper < Object ,Text ,Text ,
IntWritable > {
        public void map( Object key ,Text value ,Context context) throws IOEx-
ception ,InterruptedException {
                String txt = value. toString( ) ;
                String[ ] tokens = txt. split( "," ) ;
                String date = tokens[ 0 ] ;
                String id = tokens[ 1 ]. trim( ) ;
                String temperature = tokens[ 2 ]. trim( ) ;
                if( temperature. compareTo( "Temperature") !  = 0 )
                        context. write ( new  Text ( id ), new  IntWritable ( Inte-
ger. parseInt( temperature) ) ) ;
                }
        }
}
```

要执行此作业，必须使用编辑器创建一个 Maven 项目，并编辑 pom. xml
文件，pom. xml 的文件为：

```
< ? xml version = "1. 0" encoding = "UTF − 8"? >
< project xmlns = " http://maven. apache. org/POM/4. 0. 0" xmlns:xsi = " ht-
tp://www. w3. org/2001/XMLSchema − instance"
        xsi: schemaLocation = " http://maven. apache. org/POM/4. 0. 0  http://
maven. apache. org/xsd/maven − 4. 0. 0. xsd" >
        < modelVersion >4. 0. 0 </ modelVersion >
        < packaging > jar </ packaging >
        < groupId > io. somethinglikethis </ groupId >
        < artifactId > mapreduce </ artifactId >
        < version >1. 0 − SNAPSHOT </ version >

        < name > mapreduce </ name >
        < !  — FIXME change it to the project's website — >
```

```xml
<url >http://somethinglikethis. io </url >
<properties >
    <project. build. sourceEncoding > UTF - 8 </project. build.  sourceEn-
coding >
        <maven. compiler. source >1. 7 </maven. compiler. source >
        <maven. compiler. target >1. 7 </maven. compiler. target >
</properties >
<dependencies >
    <dependency >
        <groupId >junit </groupId >
        <artifactId >junit </artifactId >
        <version >4. 11 </version >
        <scope >test </scope >
    </dependency >
    <dependency >
        <groupId >org. apache. hadoop </groupId >
        <artifactId >hadoop - mapreduce - client - core </artifactId >
        <version >3. 1. 0 </version >
    </dependency >
    <dependency >
        <groupId >org. apache. hadoop </groupId >
        <artifactId >hadoop - client </artifactId >
        <version >3. 1. 0 </version >
    </dependency >
</dependencies >
<build >
    <plugins >
        <plugin >
            <groupId >org. apache. maven. plugins </groupId >
            <artifactId >maven - shade - plugin </artifactId >
            <version >3. 1. 1 </version >
            <executions >
```

```xml
<execution>
    <phase>package</phase>
    <goals>
        <goal>shade</goal>
    </goals>
</execution>
</executions>
<configuration>
<finalName>uber-${project.artifactId}-${project.version}
</finalName>
<transformers>
    <transformer implementation="org.apache.maven.plugins.shade.resource.ServicesResourceTransformer"/>
</transformers>
<filters>
    <filter>
        <artifact>*:*</artifact>
        <excludes>
            <exclude>META-INF/*.SF</exclude>
            <exclude>META-INF/*.DSA</exclude>
            <exclude>META-INF/*.RSA</exclude>
            <exclude>META-INF/LICENSE*</exclude>
            <exclude>license/*</exclude>
        </excludes>
    </filter>
</filters>
```

```
          </configuration>
        </plugin>
      </plugins>
  </build>
  </project>
```

获得代码后,可以使用 Maven 如下构建 shaded/fat. jar:

```
Moogie:mapreduce sridharalla $ mvn clean compile package
[INFO] Scanning for
projects... [INFO]
[INFO] ————————————————————————————————————————
——————————————
[INFO] Building mapreduce 1.0 – SNAPSHOT
[INFO] ————————————————————————————————————————
——————————————
[INFO]
[INFO] ——— maven – clean – plugin:2.5:clean(default – clean) @ mapre-
duce ———
[INFO] Deleting/Users/sridharalla/git/mapreduce/target
.......
............
```

可以在目标目录中看到 uber – mapreduce – 1.0 – SNAPSHOT. jar。这样就可以准备执行 job。

注意:要执行 job,必须要确保本地 Hadoop 集群已经启动,并且能够浏览到 http://localhost:9870。

为了执行作业,需要使用 Hadoop 二进制文件和使用 Maven 刚刚构建的 fat. jar,如以下代码所示:

```
export PATH = $ PATH:/Users/sridharalla/hadoop – 3.1.0/bin
hdfs dfs – chmod – R 777/user/normal
```

运行如下命令代码:

```
hadoop jar target/uber – mapreduce – 1.0 – SNAPSHOT. jar io. something-
```

likethis. SingleMapper/user/normal/temperatures. csv/user/normal/output/SingleMapper

　　Job 将开始运行，可以看到如下输出：

　　Moogie：target sridharalla ＄ hadoop jar uber － mapreduce － 1. 0 － SNAP-SHOT. jar io. somethinglikethis. SingleMapper/user/normal/temperatures. csv

　　/user/normal/output/SingleMapper

　　2018 － 05 － 20 18：38：01，399 WARN util. NativeCodeLoader：Unable to load native － hadoop library for your platform. . . using builtin － java classes where applicable

　　2018 － 05 － 20 18：38：02，248 INFO impl. MetricsConfig：loaded properties from hadoop － metrics2. properties

　　. . . . . .

　　特别要注意输出的计数

　　Map － Reduce Framework

　　Map input records ＝ 28

　　Map output records ＝ 27

　　Map output bytes ＝ 162

　　Map output materialized bytes ＝ 222

　　Input split bytes ＝ 115

　　Combine input records ＝ 0

　　Combine output records ＝ 0

　　Reduce input groups ＝ 6

　　Reduce shuffle bytes ＝ 222

　　Reduce input records ＝ 27

　　Reduce output records ＝ 27

　　Spilled Records ＝ 54

　　Shuffled Maps ＝ 1

　　Failed Shuffles ＝ 0

　　Merged Map outputs ＝ 1

　　GC time elapsed(ms) ＝ 13

　　Total committed heap usage(bytes) ＝ 1084227584

这表明从 mapper 中输出了 27 条记录，且没有 reducer 动作，而且所有的输入记录均按 1∶1 输出。用户只需使用 HDFS 浏览器输入 http：//local-host：9870 并跳转到/user/normal/output 下的输出目录，就可以进行检查，如图 5－23 所示。

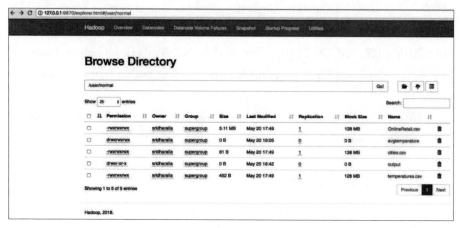

图 5－23　如何检查输出目录的输出

找到 SingleMapper 文件夹并进入此目录，如图 5－24 所示。

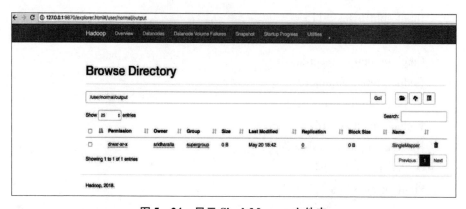

图 5－24　显示 SingleMapper 文件夹

进一步进入 SingleMapper 文件夹，如图 5－25 所示。

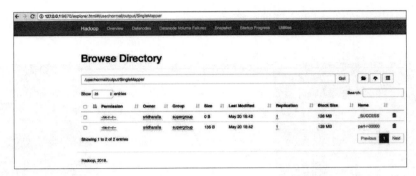

图 5 - 25　SingleMapper 文件夹的下一级目录

最后，单击 part - r - 00000 文件，如图 5 - 26 所示。

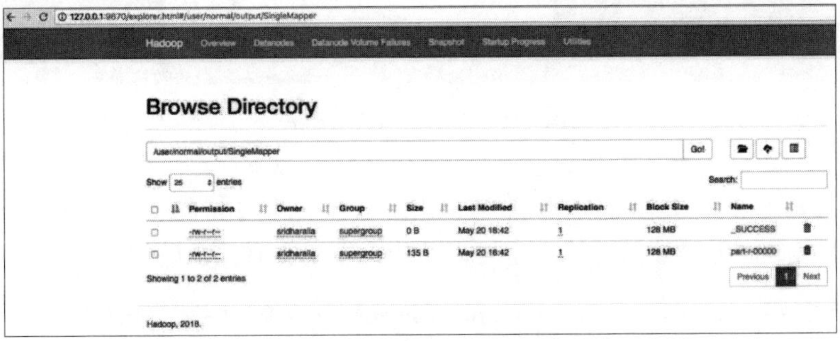

图 5 - 26　显示要选中的文件

还可以看到文件属性，如图 5 - 27 所示。

图 5 - 27　显示文件属性

使用图中的 head/tail 选项，您可以查看文件的内容，如图 5 – 28 所示。

图 5 – 28　显示文件的内容

这显示了 SingleMapper 作业的输出，只需写出每行的 cityID 和 temperature 即可，而无须任何计算。也可以使用命令行查看输出的内容。

hdfs dfs – cat/user/normal/output/SingleMapper/part – r – 00000

输出文件的内容显示如下：

1 25

1 21

1 23

1 19

1 23

2 20

2 22

2 27

2 24

2 26

3 21

3 25

3 22

3 25

3 23

4 21

4 26

4 23

4 24

4 22

5 18

5 24

5 22

5 25

5 24

6 22

6 22

这样就完成了 SingleMapper 作业的执行过程，并且符合预期结果。

2. 单个 mapper 和单个 reducer 的作业（Single mapper reducer job）

在聚合的情况下可使用单个 mapper 和单个 reducer 的作业，如图 5 – 29、表 5 – 6 所示。如果要进行一些汇总，例如按 key 进行分组计数，则可以使用此模式。

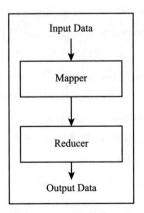

图 5 – 29　单个 **mapper** 和单个 **reducer** 的作业

表 5 – 6   单个 **mapper** 和单个 **reducer** 的作业场景

场景	统计城市温度的平均值
Map （Key，Value)	Key：城市 Value：它们的温度
Reduce	按 city 进行分组，然后对每一个城市求温度的平均值

从 temperature. csv 文件中输出 cityID 和 temperature 的平均值，就可以使用包含一个 mapper 和一个 reducer 的作业来完成。具体代码如下：

```
package io. somethinglikethis;
import org. apache. hadoop. conf. Configuration;
import org. apache. hadoop. fs. Path;
import org. apache. hadoop. io. IntWritable;
import org. apache. hadoop. io. Text;
import org. apache. hadoop. mapreduce. Job;
import org. apache. hadoop. mapreduce. Mapper;
import org. apache. hadoop. mapreduce. Reducer;
import org. apache. hadoop. mapreduce. lib. input. FileInputFormat;
import org. apache. hadoop. mapreduce. lib. output. FileOutputFormat;
import java. io. IOException;
public class SingleMapperReducer{
public static void main(String[ ] args)throws Exception{
    Configuration conf = new Configuration( );
    Job job = new Job( conf,"City Temperature Job");
    job. setMapperClass(TemperatureMapper. class);
    job. setReducerClass(TemperatureReducer. class);
    job. setOutputKeyClass( Text. class);
    job. setOutputValueClass( IntWritable. class);
    FileInputFormat. addInputPath( job,new Path( args[0]));
    FileOutputFormat. setOutputPath( job,new Path( args[1]));
    System. exit( job. waitForCompletion( true)? 0 : 1);
}
```

```
/ *  Date , Id , Temperature
2018 - 01 - 01 , 1 , 21
2018 - 01 - 01 , 2 , 22
 * /
private static class TemperatureMapper extends Mapper < Object , Text , Text ,
IntWritable > {
        public void map( Object key , Text value , Context context ) throws IOEx-
ception , InterruptedException {
                String txt = value. toString( ) ;
                String[ ] tokens = txt. split( "," ) ;
                String date = tokens[ 0 ] ;
                String id = tokens[ 1 ]. trim( ) ;
                String temperature = tokens[ 2 ]. trim( ) ;
                if( temperature. compareTo( "Temperature" ) !  = 0 )
                        context. write( new Text( id ) , new
IntWritable( Integer. parseInt( temperature ) ) ) ;
                }
        }
        private static class TemperatureReducer extends Reducer < Text , IntWritable ,
Text , IntWritable > {
                private IntWritable result = new IntWritable( ) ;
                public void reduce ( Text key , Iterable < IntWritable >  values , Context
context ) throws IOException , InterruptedException {
                        int sum = 0 ;
                        int n = 0 ;
                        for( IntWritable val : values ) {
                                sum + = val. get( ) ;
                                n + = 1 ;
                        }
                        result. set( sum/n ) ;
                        context. write( key , result ) ;
                }
```

```
|
|
```

运行如下命令：

hadoop jar target/uber – mapreduce – 1. 0 – SNAPSHOT. jar
io. somethinglikethis. SingleMapperReducer   /user/normal/temperatures. csv
    /user/normal/output/SingleMapperReducer

运行 Job，将可以看到如下输出：

Map – Reduce Framework
Map input records = 28
Map output records = 27
Map output bytes = 162
Map output materialized bytes = 222
Input split bytes = 115
Combine input records = 0
Combine output records = 0
Reduce input groups = 6
Reduce shuffle bytes = 222
Reduce input records = 27
Reduce output records = 6
Spilled Records = 54
Shuffled Maps = 1
Failed Shuffles = 0
Merged Map outputs = 1
GC time elapsed(ms) = 12
Total committed heap usage(bytes) = 1080557568

这表明 mapper 输出了 27 条记录，reducer 输出了 6 条记录。可以使用 HDFS 浏览器输入地址 http：//localhost：9870，并跳转到输出目录/user/ normal/output 中进行检查，如图 5 – 30 所示。

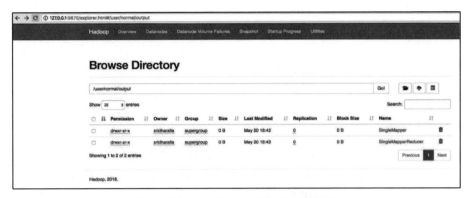

图 5 – 30　在 output 文件夹中查看输出

现在，找到 SingleMapperReducer 文件夹，转到该目录，然后按 SingleMapper 部分中的说明进行深入分析；然后使用图中的 head/tail 选项，可以查看文件的内容，如图 5 – 31 所示。

图 5 – 31　查看文件的内容

图 5 – 31 显示了 SingleMapperReducer 作业的输出，写入每行的 cityID 和每个 cityID 的平均温度。也可以使用命令行查看输出的内容：

hdfs dfs – cat/user/normal/output/SingleMapperReducer/part – r – 00000

输出文件内容如下代码所示：

1 22

2 23

3 23

4 23

5 22

6 22

完成 SingleMapperReducer 作业的执行，并且输出与预期一致。

3. 多个 Mapper 和一个 Reducer 的作业（Multiple mappers reducer job）

在连接的情况下可以用多个 mapper 和一个 Reducer 的作业，如图 5 - 32、表 5 - 7 所示。在这种设计模式中，输入来自多个输入文件，以产生连接/聚合的输出。

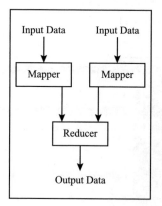

图 5 - 32　多个 **Mapper** 和一个 **Reducer** 的作业

表 5 - 7　　　　　　　　多个 **Mapper** 和一个 **Reducer** 的作业场景

场景	要找到全市的平均气温，现有两个不同模式的文件，一个城市文件，另一个是气温文件。 输入文件 1：City ID　Name 输入文件 2：每一个城市每天的温度
Map（Key, Value）	Map 1（对输入 1） 需要编写程序划分 cityID，Name，根据 cityID，获取 Name，因此，需要准备键值对 key/value（cityID，Name） Map 2（对输入 2） 需要编写程序划分 date，cityID 和 temperature，并根据 cityID，获取 temperature，因此，需要准备键值对 key/value（cityID，temperature）

Reduce	按 cityID 进行分组，对每一个城市 Name 得到 temperature 的平均值 Group by cityID And take average temperature for each city Name.

要从 temperature. csv 中输出 cityID 和 temperature 的平均值，可以通过构建包含一个 mapper 和一个 reducer 的 job 作业来完成。具体代码如下：

```
package io. somethinglikethis;
import org. apache. hadoop. conf. Configuration;
import org. apache. hadoop. fs. Path;
import org. apache. hadoop. io. IntWritable;
import org. apache. hadoop. io. Text;
import org. apache. hadoop. mapreduce. Job;
import org. apache. hadoop. mapreduce. Mapper;
import org. apache. hadoop. mapreduce. Reducer;
import org. apache. hadoop. mapreduce. lib. input. FileInputFormat;
import org. apache. hadoop. mapreduce. lib. input. MultipleInputs;
import org. apache. hadoop. mapreduce. lib. input. TextInputFormat;
import org. apache. hadoop. mapreduce. lib. output. FileOutputFormat;
import java. io. IOException;
public class MultipleMappersReducer{
    public static void main(String[] args)throws Exception{
        Configuration conf = new Configuration();
        Job job = new Job(conf,"City Temperature Job");
        job. setMapperClass(TemperatureMapper. class);
        MultipleInputs. addInputPath(job, new Path(args[0]), TextInputFor-
mat. class,CityMapper. class);
        MultipleInputs. addInputPath(job,new Path(args[1]),
        TextInputFormat. class,TemperatureMapper. class);

        job. setMapOutputKeyClass(Text. class);
        job. setMapOutputValueClass(Text. class);
```

```java
        job. setReducerClass( TemperatureReducer. class) ;
        job. setOutputKeyClass( Text. class) ;
        job. setOutputValueClass( IntWritable. class) ;
        FileOutputFormat. setOutputPath( job , new Path( args[ 2 ]) ) ;
        System. exit( job. waitForCompletion( true) ? 0 : 1 ) ;
    }
    / * Id , City
    1 , Boston
    2 , New York
    * /
    private static class CityMapper extends Mapper < Object , Text , Text , Text > {
        public void map( Object key , Text value , Context context) throws IOException , InterruptedException {
                String txt = value. toString( ) ;
                String[ ] tokens = txt. split( ",") ;
                String id = tokens[ 0 ]. trim( ) ;
                String name = tokens[ 1 ]. trim( ) ;
                if( name. compareTo( "City") !  = 0 )
                    context. write( new Text( id) , new Text( name) ) ;
            }
        }
    / * Date , Id , Temperature
    2018 - 01 - 01 , 1 , 21
    2018 - 01 - 01 , 2 , 22
    * /
    private static class TemperatureMapper extends Mapper < Object , Text , Text , Text > {
        public void map( Object key , Text value , Context context) throws IOException , InterruptedException {
                String txt = value. toString( ) ;
                String[ ] tokens = txt. split( ",") ;
                String date = tokens[ 0 ] ;
```

```
                String id = tokens[1]. trim();
                String temperature = tokens[2]. trim();
                if(temperature. compareTo("Temperature")! =0)
                        context. write(new Text(id), new Text(temperature));
            }
        }
    private static class TemperatureReducer extends Reducer < Text, Text, Text,
IntWritable > {
            private IntWritable result = new IntWritable();
            private Text cityName = new Text("Unknown");
            public void reduce(Text key, Iterable < Text > values, Context context)
throws IOException, InterruptedException{
                int sum =0;
                int n =0;
                cityName = new Text("city - " + key. toString());
                for(Text val : values){
                    String strVal = val. toString();
                    if(strVal. length() < =3){
                        sum + = Integer. parseInt(strVal);
                        n + =1;
                    } else{
                        cityName = new Text(strVal);
                    }
                }
                if(n = =0)
                    n =1;
                result. set(sum/n);
                context. write(cityName, result);
            }
        }
    }
```

运行命令，代码如下所示：

hadoop jar target/uber – mapreduce – 1. 0 – SNAPSHOT. jar

io. somethinglikethis. MultipleMappersReducer　/user/normal/cities. csv

/user/normal/temperatures. csv　/user/normal/output/MultipleMappersReducer

运行作业，将能够看到如下输出计数：

Map – Reduce Framework –– mapper for temperature. csv

Map input records = 28

Map output records = 27

Map output bytes = 135

Map output materialized bytes = 195

Input split bytes = 286

Combine input records = 0

Spilled Records = 27

Failed Shuffles = 0

Merged Map outputs = 0

GC time elapsed(ms) = 0

Total committed heap usage(bytes) = 430964736

Map – Reduce Framework.　　–– mapper for cities. csv

Map input records = 7

Map output records = 6

Map output bytes = 73

Map output materialized bytes = 91

Input split bytes = 273

Combine input records = 0

Spilled Records = 6

Failed Shuffles = 0

Merged Map outputs = 0

GC time elapsed(ms) = 10

Total committed heap usage(bytes) = 657457152

Map – Reduce Framework –– output average temperature per city name

Map input records = 35

Map output records = 33

Map output bytes = 208

Map output materialized bytes = 286

Input split bytes = 559

Combine input records = 0

Combine output records = 0

Reduce input groups = 7

Reduce shuffle bytes = 286

Reduce input records = 33

Reduce output records = 7

Spilled Records = 66

Shuffled Maps = 2

Failed Shuffles = 0

Merged Map outputs = 2

GC time elapsed(ms) = 10

Total committed heap usage(bytes) = 1745879040

这表明一个 Mapper 中输出 27 条记录，Mapper2 中输出 6 条记录，reducer 中输出 7 条记录。只需在 HDFS 浏览器中使用 http：//localhost：9870 并跳转到输出目录/user/normal/output 下就可以得到验证，如图 5 – 33 所示。

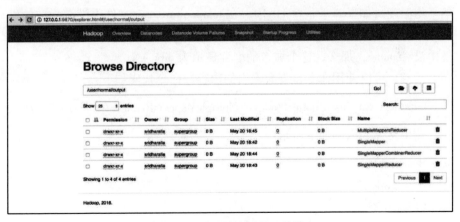

图 5 – 33　检验输出目录下的输出

然后，找到 MultipleMappersReducer 文件夹，并进入该目录，然后像 SingleMapper 部分那样继续查看其子文件夹；然后，使用图中的 head/tail 选项，可以查看文件的内容，如图 5 – 34 所示。

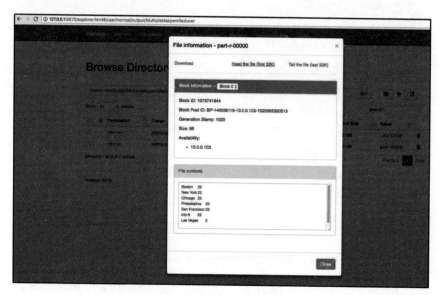

图 5 – 34 输出文件的内容

这显示了 MultipleMappersReducer 作业的输出，即 cityName 和每个城市的平均温度。如果对于某个 cityID，在 temperature. csv 文件中没有相应的温度记录，那么其平均值显示为 0。同样，如果对于某个 cityID 在 cities. csv 文件中没有 name，那么，这个城市的名称显示为 city – N。

注意：可以使用命令行查看输出的内容，命令代码如下：

hdfs dfs – cat /user/normal/output/MultipleMappersReducer/part – r – 00000.

输出文件的内容如下所示：

Boston 22
New York 23
Chicago 23
Philadelphia 23
San Francisco 22

city −6 22//cityID =6 在 cities. csv 文件中没有名称,只有 temperature 信息
Las Vegas 0//城市 Las vegas 在 temperature. csv 文件中没有温度的测量记录

总体来说,MultipleMappersReducer 作业的执行,输出与预期一样。

4. SingleMapperCombinerReducer 作业

在聚合的情况下,可以用 SingleMapperCombinerReducer 作业,其中,
Combiner(也称为半 Reducer,semi – reducer)是一个可选类,它通过接受
来自 map 类的输入,然后将输出的键/值对传递给 Reducer 类。Combiner 的
目的是减少 Reducer 的工作量,如图 5 – 35 所示。

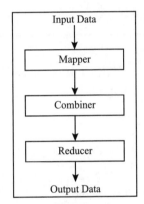

图 5 – 35　单 Mapper 单 Combiner 单 Reducer 作业

在 MapReduce 程序中,25% 的工作是在 map 阶段完成的,这个阶段也
称为数据准备阶段,它们并行工作。同时,75% 的工作是在 Reduce 阶段完
成的,即计算阶段,并且是不并行的。因此,它比 map 阶段慢。为了减少
时间,一些 Reduce 阶段的工作可以在 Combiner 阶段进行。

例如,Mapper 将(Boston,22),(Boston,24),(Boston,20)视为输
入记录,如果有一个 Combiner,那么从 Mapper 可以只发送(Boston,66),
而不是通过网络发送三个单独的键值对记录。

5. 脚本(Scenario)

有多个城市,每天每个城市都有一天的气温变化需要计算这个城市的平
均气温。并且有一定的规则来计算平均值,即计算出每个城市的总温度之
后,再计算每个城市的平均温度,如表 5 – 8 所示。

表5-8　　　　　　　　　　　　　　多个输入文件的处理过程

Input 文件 （多个文件）	Map（并行） （，Value = Name）	Combiner （并行）	Reducer （不并行）	Output
City 1	1 < 10，20，25，45，15，45，25，20 > 2 < 10，30，20，25，35 >	1 < 250，20 > 2 < 120，10 >	1 Boston，< 250，20，155，10，90，90，30 > 2 New York，< 120，10，175，10，135，10，110，10，130，10 >	Boston < 645 > New York < 720 >
City 2	1 < Boston > 2 < New York >	1 < Boston > 2 < New York >		

从 temperature. csv 文件中输出 cityID 和 temperature 的平均值，这可以使用一个 SingleMapperCombinerReducer 作业来完成。具体示例代码如下：

```
package io. somethinglikethis;

import org. apache. hadoop. conf. Configuration;
import org. apache. hadoop. fs. Path;
import org. apache. hadoop. io. IntWritable;
import org. apache. hadoop. io. Text;
Import org. apache. hadoop. mapreduce. Job;
import org. apache. hadoop. mapreduce. Mapper;
import org. apache. hadoop. mapreduce. Reducer;
import org. apache. hadoop. mapreduce. lib. input. FileInputFormat;
import org. apache. hadoop. mapreduce. lib. output. FileOutputFormat;
import java. io. IOException;
public class SingleMapperCombinerReducer{
    public static void main(String[ ] args)throws Exception{
        Configuration conf = new Configuration();
        Job job = new Job(conf,"City Temperature Job");
        job. setMapperClass(TemperatureMapper. class);
```

```java
        job. setCombinerClass( TemperatureReducer. class) ;
        job. setReducerClass( TemperatureReducer. class) ;
        job. setOutputKeyClass( Text. class) ;
        job. setOutputValueClass( IntWritable. class) ;
        FileInputFormat. addInputPath( job, new Path( args[ 0 ]) ) ;
        FileOutputFormat. setOutputPath( job, new Path( args[ 1 ]) ) ;
        System. exit( job. waitForCompletion( true) ? 0 : 1 ) ;
    }
    / * Date, Id, Temperature
    2018 - 01 - 01 , 1 , 21
    2018 - 01 - 01 , 2 , 22
    * /
    private static class TemperatureMapper extends Mapper < Object, Text, Text,
IntWritable > {
        public void map( Object key, Text value, Context context) throws IOEx-
ception, InterruptedException {
                String txt = value. toString( ) ;
                String[ ] tokens = txt. split( ",") ;
                String date = tokens[ 0 ] ;
                String id = tokens[ 1 ]. trim( ) ;
                String temperature = tokens[ 2 ]. trim( ) ;
                if( temperature. compareTo( "Temperature") ! = 0 )
                context. write( new Text( id) , new
IntWritable( Integer. parseInt( temperature) ) ) ;
            }
    }
    private static class TemperatureReducer extends Reducer < Text, IntWritable,
Text, IntWritable > {
        private IntWritable result = new IntWritable( ) ;
        public void reduce ( Text key, Iterable < IntWritable > values, Context
context) throws IOException, InterruptedException {
```

```
            int sum = 0;
            int n = 0;
            for(IntWritable val : values){
                sum + = val. get( );
                n + = 1;
            }
            result. set( sum/n) ;
            context. write( key ,result) ;
        }
    }
}
```

运行如下命令,代码如下所示:

hadoop jar target/uber – mapreduce – 1. 0 – SNAPSHOT. jar

io. somethinglikethis. SingleMapperCombinerReducer

/user/normal/temperatures. csv/user/normal/output/SingleMapperCombin-
erReducer

运行作业,将有如下所示的输出计数:

Map – Reduce Framework

Map input records = 28

Map output records = 27

Map output bytes = 162

Map output materialized bytes = 54

Input split bytes = 115

Combine input records = 27

Combine output records = 6

Reduce input groups = 6

Reduce shuffle bytes = 54

Reduce input records = 6

Reduce output records = 6

Spilled Records = 12

Shuffled Maps = 1

Failed Shuffles = 0

Merged Map outputs = 1

GC time elapsed(ms) = 11

Total committed heap usage(bytes) = 1077936128

这表明 Mapper 输出了 27 条记录，reducer 输出了 6 条记录。但是，请注意，现在有一个 Combiner，它接受 27 条输入记录，输出 6 条记录，这表明通过从 Mapper 到 Reducer 减少混排记录的数目可以提高性能。也可以通过在 HDFS 浏览器中使用 http：//localhost：9870 并跳转到输出目录/user/normal/output 下显示的内容进行验证，如图 5 – 36 所示。

先找到 SingleMapperCombinerReducer 文件夹并进入该目录，进行深入分析，然后在界面中使用 head/tail 选项，可以查看文件的内容，如图 5 – 36 所示：

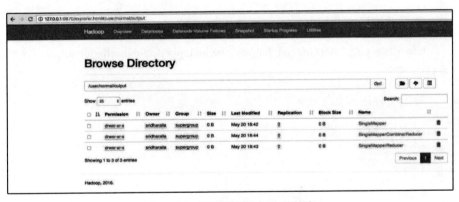

图 5 – 36　检查输出目录中的输出

这显示了 SingleMapperCombinerReducer 作业的输出，写入每行的 cityID，以及每个 cityID 的平均温度，如图 5 – 37 所示。

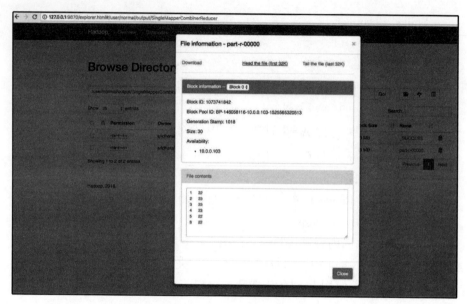

图 5 – 37　**SingleMapperCombinerReducer** 的输出

也可以使用命令行查看输出的内容

hdfs dfs – cat /user/normal/output/SingleMapperCombinerReducer/part – r – 00000

输出文件内容如下所示：

1 22

2 23

3 23

4 23

5 22

6 22

总体来说，执行 SingleMapperCombinerReducer 作业，其输出与预期一致。

5.5　MapReduce 的应用实践

5.5.1　单词计数

单词计数（WordCount）是最简单也是最能体现 MapReduce 思想的程序之一，可以称为 MapReduce 版的"Hello World"程序。

1. WordCount 程序任务

为顺利完成单词计数目的，首先，应该明确单词计数程序的任务。WorldCount 具体的程序任务如表 5 - 9 所示。

表 5 - 9　　　　　　　　　　WordCount 程序任务

程序	WordCount
输入	一个包含大量单词的文本文件
输出	文件中每个单词及其出现次数（频数），并按照单词字母顺序排序，每个单词和其频数占一行，单词和频数之间有间隔

单词计数主要完成的功能是：统计一系列文本文件中每个单词出现的次数，为进一步理解 World Count 的程序任务，表 5 - 10 给出了一个输入、输出的具体实例。

表 5 - 10　　　　　　　　WordCount 的输入和输出实例

输入	输出
Hello World Hello Hadoop Hello MapReduce	Hadoop 1 Hello 3 MapReduce 1 World 1

2. WordCount 设计思路

WorldCount 的设计思路如下：

（1）需要检查给出的 WordCount 程序任务是否可以采用 MapReduce 来进行实现。如果确定可以用 MapReduce 实现，则进行下一步。

（2）确定 MapReduce 程序的设计思路。即：先对所有文件并行处理，分而治之，再者，要上升到抽象模型，Map 与 Reduce；最后，上升到构架，以统一构架为程序员隐藏系统层的细节。

（3）按照上一步确定的设计思路，确定 MapReduce 程序的执行过程。

3. WordCount 执行过程的实例

根据 WordCount 程序的设计思路，可以把 WordCount 程序分成如下阶段：Input 阶段、Split 阶段、Map 阶段、Shuffle 阶段、Reduce 阶段和 Output 阶段。图 5-38 用一个具体实例来演示使用 MapReduce 作业来计算单词频率的过程。

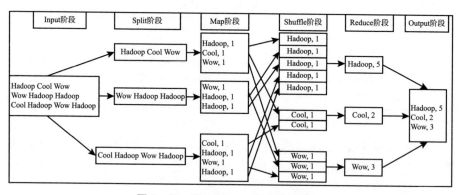

图 5-38　WordCount 程序执行流程

Input 阶段：主要是输入由若干行文本组成的文本文件。

Split 阶段：将文本文件进行分片，由于测试用的文件较小，所以每个文件为一个 split，并将文件按行分割形成 < key，value >。这一步由 MapReduce 框架自动完成，其中偏移量（即 key 值）包括了回车所占的字符数（Windows 和 Linux 环境会不同）。一般地，可以将输入的文本以行为单位划分 split，然后，以行号作为 key，以所在行的文本数据作为 value，形成 < 行号，行文本 > 形式的键值对，以便于对每一行的文本分别进行处理。

Map 阶段：将分割好的＜key，value＞交给用户定义的 map() 方法进行处理，对应着执行 Map 操作，对于 Split 阶段得到的每个 split，都会对应一个 Map 操作。由 Map 操作将分片中的文本进行分词，并对每一个分割的词的词频记为 1，生成新的＜key，value＞对。

Shuffle 阶段：将 Map 阶段的输出作为输入，按照 key 进行排序，并进行分区，相同 key 的＜key，value＞分到同一个分区中，以备能够分配到同一个 Reducer 中。

Reduce 阶段：将 shuffle 阶段得到的＜key，value＞集合，进行 reduce 操作，执行 reduce() 函数，得到新的＜key，value＞对。

Output 阶段：将 reduce 阶段的输出阶段按输出格式进行格式化，得到每个词的词频。

以上是 WordCount 程序的整个过程，在这个过程中，尤其以 Map 阶段和 Reduce 阶段最为重要，因此，对于分布式编程的主体就是要确定在 Map 阶段和 Reduce 阶段需要做的工作，从而在 map() 函数和 reduce() 函数中编写相应的程序即可，而上述 Map 操作的执行过程可以用图 5-39 进行表示。Map 操作将在 Split 阶段得到的每一个 Split 中的文本数据作为输入，进行分词操作，以划分的单词为 key，并将划分的每个词的词频均置为 1，作为 value，以键值对＜key，value＞的形式输出，如图 5-39 所示。

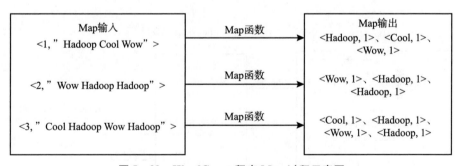

图 5-39　WordCount 程序 Map 过程示意图

而在 Shuffle 阶段可以包含排序、合并、归并等操作，但往往合并和归并操作是可选的。因此，在 Shuffle 阶段以 Map 操作输出的＜key，value＞对作为输入，Mapper 会将它们按照 key 值进行排序，则所有相同 key 的键值对会被分到同一个 Partiton 分区中。

若用户定义了 Combiner 时，则执行 Combine（合并）过程，将 key 值相同的 value 值累加，得到 Mapper 的最终输出结果。Reducer 先对从 Mapper 接收的数据进行排序，再交由用户自定义的 reduce 方法进行处理，得到新的 <key, value>，并作为 WordCount 的输出结果，如图 5-40 所示。

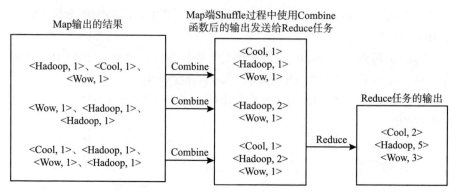

图 5-40 WordCount 程序用户有定义 Combiner 时的 Reduce 过程示意图

若用户没有定义 Combiner 过程，则在执行排序之后，会先将所有相同 key 的键值对的 value 值形成列表的形式，即 <key, list（value）> 形式，然后将其交给 Reducer 执行 Reduce 任务，其具体执行过程如图 5-41 所示。

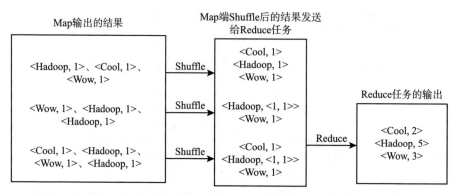

图 5-41 WordCount 程序用户没有定义 Combiner 时的 Reduce 过程示意图

4. 编写 Map 处理逻辑

Map 函数的输入类型为 <key, value>；期望的 Map 输出类型为 <单

词，出现次数 > 。

Map 输入类型最终确定为 < Object，Text > ；输出类型最终确定为 < Text，IntWritable > 。

```
public static class MyMapper extends Mapper < Object,Text,Text,IntWrit-
able > {
    private final static IntWritable one = new IntWritable(1);
    private Text word = new Text();
    public void map(Object key,Text value,Context
context)throws IOException,InterruptedException{
        StringTokenizer itr = new StringTokenizer(value. toString());
        while(itr. hasMoreTokens()){
            word. set(itr. nextToken());
            context. write(word,one);
        }
    }
}
```

通过在 map 方法中添加两句把 key 值和 value 值输出到控制台的代码，可以发现 map 方法中 value 值存储的是文本文件中的一行（以回车符为行结束标记），而 key 值为该行的首字母相对于文本文件的首地址的偏移量。然后，StringTokenizer 类将每一行拆分成为一个个的单词，并将 < word，1 > 作为 map 方法的结果输出，其余的工作都交给 MapReduce 框架进行处理。

5. 编写 Reduce 处理逻辑

在 Reduce 处理数据之前，Map 的结果首先通过 Shuffle 阶段进行整理。

Reduce 阶段的任务：对输入数字序列进行求和。Reduce 的输入数据为 < key，Iterable 容器 > 。Reduce 任务的输入数据：

< "cool",1 >

< "Hadoop",1 >

< "Wow",1 >

< "Hadoop"，< 1,1 >>

……

< "Hadoop"，< 1,1 >>

<"Wow",1>

具体程序如下：

```
public static class MyReducer
extendsReducer < Text, IntWritable, Text, IntWritable > {
    private IntWritable result = new IntWritable();
    public void reduce( Text key, Iterable < IntWritable > values, Context con-
text) throws IOException, InterruptedException {
        int sum = 0;
        for( IntWritable val : values) {
            sum + = val. get();
        }
        result. set( sum);
        context. write( key, result);
    }
}
```

Map 过程输出 < key, values > 中 key 为单个单词，而 values 是对应单词的计数值所组成的列表，Map 的输出就是 Reduce 的输入，所以 reduce 方法只要遍历 values 并求和，即可得到某个单词的总次数。

6. 编写 main 方法

在 MapReduce 中，由 Job 对象负责管理和运行一个计算任务，并通过 Job 的一些方法对任务的参数进行相关的设置。主要设置了使用 Tokenizer-Mapper 完成 Map 过程中的处理和使用 IntSumReducer 完成 Combine 和 Reduce 过程中的处理；还设置了 Map 过程和 Reduce 过程的输出类型：key 的类型为 Text，value 的类型为 IntWritable；任务的输出和输入路径则由命令行参数指定，并由 FileInputFormat 和 FileOutputFormat 分别设定。当完成相应任务的参数设定后，即可调用 job. waitForCompletion（）方法执行任务。

具体程序代码如下：

```
public static void main( String[ ] args) throws Exception {
Configuration conf = new Configuration();//程序运行时参数
String[ ] otherArgs = new GenericOptionsParser( conf, args). getRemain-
ingArgs();
```

```
if( otherArgs. length ！ =2){
    System. err. println( "Usage：wordcount < in > < out >" ) ;
    System. exit( 2 ) ;
}
Job job = new Job( conf ,"word count" ) ;//设置环境参数
job. setJarByClass( WordCount. class) ;//设置整个程序的类名
job. setMapperClass( MyMapper. class) ;//添加 MyMapper 类
job. setReducerClass( MyReducer. class) ;//添加 MyReducer 类
job. setOutputKeyClass( Text. class) ;//设置输出类型
job. setOutputValueClass( IntWritable. class) ;//设置输出类型
FileInputFormat. addInputPath( job ,new Path( otherArgs[0] ) ) ;//设置输入
文件
FileOutputFormat. setOutputPath( job ,new Path( otherArgs[1] ) ) ;//设置输
出文件
System. exit( job. waitForCompletion( true)？0:1) ;
}
```

7. 编译打包代码以及运行程序

（1）编译打包代码。应用程序通常实现 Mapper 和 Reducer 接口以提供 map 和 reduce 方法，主要的程序如下：

```
import java. io. IOException ;
import java. util. StringTokenizer ;
import org. apache. hadoop. conf. Configuration ;
import org. apache. hadoop. fs. Path ;
import org. apache. hadoop. io. IntWritable ;
import org. apache. hadoop. io. Text ;
import org. apache. hadoop. mapreduce. Job ;
import org. apache. hadoop. mapreduce. Mapper ;
import org. apache. hadoop. mapreduce. Reducer ;
import org. apache. hadoop. mapreduce. lib. input. FileInputFormat ;
import org. apache. hadoop. mapreduce. lib. output. FileOutputFormat ;
import org. apache. hadoop. util. GenericOptionsParser ;
```

```
public class WordCount {
public static class MyMapper extends Mapper < Object, Text, Text, IntWritable > {
    private final static IntWritable one = new IntWritable(1);
    private Text word = new Text();
    public void map(Object key, Text value, Context context)
throws IOException, InterruptedException {
        StringTokenizer itr = new StringTokenizer(value. toString());
        while(itr. hasMoreTokens()) {
            word. set(itr. nextToken());
            context. write(word, one);
        }
    }
}

public static class MyReducer extends
Reducer < Text, IntWritable, Text, IntWritable > {
    private IntWritable result = new IntWritable();
    public void reduce(Text key, Iterable < IntWritable > values, Context
context) throws IOException, InterruptedException {
        int sum = 0;
        for(IntWritable val : values) {
            sum + = val. get();
        }
        result. set(sum);
        context. write(key, result);
    }
}

public static void main(String[ ] args) throws Exception {
    Configuration conf = new Configuration();
    String[ ] otherArgs = new GenericOptionsParser(conf, args). getRema-
iningArgs();
```

```
        if(otherArgs. length ！ = 2){
            System. err. println("Usage：wordcount < in > < out >");
            System. exit(2);
        }
    Job job = new Job(conf,"word count");
    job. setJarByClass(WordCount. class);
    job. setMapperClass(MyMapper. class);
    job. setCombinerClass(MyReducer. class);
    job. setReducerClass(MyReducer. class);
    job. setOutputKeyClass(Text. class);
    job. setOutputValueClass(IntWritable. class);
    FileInputFormat. addInputPath(job,new Path(otherArgs[0]));
    FileOutputFormat. setOutputPath(job,new Path(otherArgs[1]));
    System. exit(job. waitForCompletion(true)? 0:1);
    }
}
```

（2）调试程序

在 idea 中远程调试程序：

```
System. setProperty("hadoop. home. dir","/usr/local/java/hadoop/hadoop -
2. 6. 5");
    Configuration conf = new Configuration();
    String uri = "hdfs://localhost:9000";
    Job job = null;
    try{
        job = Job. getInstance(conf);
    } catch(IOException e){
        e. printStackTrace();
    }
    job. setJarByClass(WordCount. class);
    job. setMapperClass(TokenizerMapper. class);
    job. setReducerClass(IntSumReducer. class);
```

```
job. setOutputKeyClass( Text. class) ;
job. setOutputValueClass( IntWritable. class) ;

FileSystem fs = FileSystem. get( URI. create( uri) ,conf) ;
try{
        FileInputFormat. addInputPath( job ,new Path( "hdfs://localhost:9000/
test/test. txt") ) ;
        Path outpath = new Path( "hdfs://localhost:9000/project/wordcount/
output") ;
        if( fs. exists( outpath) ) {
            fs. delete( outpath ,true) ;
        }
        FileOutputFormat. setOutputPath( job ,outpath) ;
} catch( IllegalArgumentException | IOException e) {
        e. printStackTrace( ) ;
}
try{
        job. submit( ) ;
} catch( ClassNotFoundException | IOException | InterruptedException e) {
        e. printStackTrace( ) ;
}
```

在 idea 中本地调试程序：

```
System. setProperty( "hadoop. home. dir" ,"/usr/local/java/hadoop/hadoop -
2. 6. 5") ;
Configuration config = new Configuration( ) ;
try{
        FileSystem fs = FileSystem. get( config) ;
        Job job = Job. getInstance( config) ;
        job. setJarByClass( WordCount. class) ;
        job. setJobName( "word count") ;
        job. setMapperClass( TokenizerMapper. class) ;
        job. setReducerClass( IntSumReducer. class) ;
```

```
        job. setMapOutputKeyClass( Text. class) ;

        job. setMapOutputValueClass( IntWritable. class) ;

    FileInputFormat. addInputPath( job, new  Path ( "/usr/local/java/hadoop/ha-
doop − 2. 6. 5/Hadoop/src/main/resources/input") ) ;

        Path outpath = new Path( "/usr/local/java/hadoop/hadoop − 2. 6. 5/Ha-
doop/src/main/resources/output") ;

        if( fs. exists( outpath) ) {

            fs. delete( outpath, true) ;

        }

        FileOutputFormat. setOutputPath( job, outpath) ;

        boolean f = job. waitForCompletion( true) ;

        if( f) {

            System. out. println( "job 任务执行成功") ;

        }

    } catch( Exception e) {

        e. printStackTrace( ) ;

    }
```

（3）运行程序。运行程序的主要实验步骤如下：

1）使用 java 编译程序，生成 . class 文件；

2）将 . class 文件打包为 jar 包；

3）运行 jar 包（需要启动 Hadoop 服务）；

4）查看结果。

注意：Hadoop 2. x 版本中 jar 不再集中在一个 hadoop − core ∗ . jar 中，而是分成多个 jar，例如：使用 Hadoop 2. 6. 0 运行 WordCount 实例至少需要如下三个 jar：

$HADOOP_HOME/share/hadoop/common/hadoop − common − 2. 6. 0. jar

$HADOOP _HOME/share/hadoop/mapreduce/hadoop − mapreduceclient − core − 2. 6. 0. jar

$HADOOP_HOME/share/hadoop/common/lib/commons − cli − 1. 2. jar

通过命令 hadoop class path 可以得到运行 Hadoop 程序所需的全部 class path 信息。将 Hadoop 的 class path 信息添加到 CLASSPATH 变量中，在 ~/.

bashrc 中增加如下几行：

export HADOOP_HOME = /usr/local/hadoop export

CLASSPATH = $($HADOOP_HOME/bin/hadoop classpath)：$CLASS-PATH

执行 source ~/.bashrc 使变量生效，接着就可以通过 javac 命令编译 WordCount.java。

$javac WorldCount.java

然后用如下命令把.class 文件打包成 jar，才能在 Hadoop 中运行：

Java - cvf WorldCount.jar ./WorldCount *.class

运行程序：

/usr/local/hadoop/bin/hadoop jar WorldCount.jar WorldCount input output

8. Hadoop 中执行 Map Reduce 任务的方式

在 Hadoop 中执行 Map Reduce 任务的主要方式包括：

（1）Hadoop jar：将 jar 包上传到 hadoop 环境中，在 hadoop 环境中运行 job 任务。

（2）Pig：Pig 是一种编程语言，它简化了 Hadoop 常见的工作任务。Pig 可加载数据、表达转换数据以及存储最终结果。Pig 内置的操作使得半结构化数据变得有意义（如日志文件）。同时，Pig 可扩展使用 Java 中添加的自定义数据类型并支持数据转换。Pig 利用 MapReduce 将计算分成两个阶段，第一个阶段分解成为小块并且分布到每一个存储数据的节点上进行执行，对计算的压力进行分散；第二个阶段聚合第一个阶段执行的这些结果，这样可以达到非常高的吞吐量，通过不多的代码和工作量就能够驱动上千台机器并行计算，充分地利用计算机的资源，消除运行中的瓶颈。

（3）Hive：Hive 在 Hadoop 中扮演数据仓库的角色。Hive 添加的数据结构在 HDFS，并允许使用 Hive SQL，HSQL 是一种类似于 SQL 的语言对数据进行查询。与 Pig 一样，Hive 的核心功能也是可扩展的。

（4）Python：Python 语法简洁清晰，特色之一是强制用"空白符"（white space）作为语句缩进。而且，它具有丰富和强大的库，能够把用其他语言制作的各种模块很轻松地连接在一起。

（5）Shell 脚本：Shell 脚本与 Windows/Dos 下的批处理相似，也就是用各类命令预先放入一个文件中，方便一次性执行的一个程序文件。但是它比 Windows 下的批处理更强大，比用其他编程程序编辑的程序效率更高，它可以使用 Linux/Unix 下的命令。

在解决问题的过程中，开发效率和执行效率都是要考虑的因素，不能太局限于某一种方法。

5.5.2　电影排名

电影评级在日常应用中非常普遍，下面介绍一个实例：找出排名前 20 的评级电影，并且要考虑到电影的评级人数要超过 100 人，这可以使用前面讨论的过滤器模式来进行实现。数据格式如表 5 – 11 所示：

表 5 –11　　　　　　　　　电影评级示例中的数据格式

title	averageRating	numVotes
tt0000001	5.8	1374

片名编号（title）代表每个特定的电影，该评级是 10 分制。评级功能的实现主要包括 Mapper、Reduce 代码和驱动程序 driver 的代码。

1. 电影评级的 Mapper（MovieRatingMapper）

mapper 的任务是处理记录，并输出输入分片（Input split）处理的前 20 条记录，而且还会过滤掉那些少于 100 人评分的电影。代码如下：

```
import org. apache. Hadoop. io. LongWritable;
import org. apache. Hadoop. io. Text;
import org. apache. Hadoop. mapreduce. Mapper;
import java. io. IOException;
import java. util. Map;
import java. util. TreeMap;
public class MovieRatingMapper extends Mapper < LongWritable, Text, Text,
Text > {
private int K = 10;
private TreeMap < String, String >  movieMap = new TreeMap < > ( );
```

```
@ Override
protected void map(LongWritable key, Text value, Context context) throws
IOException, InterruptedException {
        String[ ] line_values = value. toString( ). split("\t") ;
        String movie_title = line_values[0] ;
        String movie_rating = line_values[1] ;
        int noOfPeople = Integer. parseInt(line_values[2]) ;
        if( noOfPeople > 100) {
                movieMap. put( movie_title, movie_rating) ;
                if( movieMap. size( ) > K) {
                        movieMap. remove( movieMap. firstKey( )) ;
                }
        }
}

@ Override
protected void cleanup( Context context) throws IOException,
InterruptedException {
        for( Map. Entry < String, String > movieDetail; movieMap. entrySet( )) {
                context. write( new Text( movieDetail. getKey( )), new Text( mov-
ieDetail. getValue( ))) ;
        }
    }
}
```

2. 电影评级的 Reducer (MovieRatingReducer)

Reducer 的工作是从多个 Mapper 的所有输出中筛选出排名前 20 名的电影。Reducer 通过对 value 值进行简单地迭代，并通过在内存中排序来获得排在前 20 名的电影。当 Reducer 完成数据处理后，记录写入文件中，代码如下：

```
import org. apache. Hadoop. io. Text;
import org. apache. Hadoop. mapreduce. Reducer;
import java. io. IOException;
```

```
import java. util. Map;

import java. util. TreeMap;

public class MovieRatingReducer extends Reducer < Text,Text,Text,Text > {

private int K = 20;

private TreeMap < String,String > topMiviesByRating = new TreeMap < > ( );

@ Override

protected void reduce( Text key,Iterable < Text >  values,Context  context)

throws IOException,InterruptedException{

        for( Text movie ： values){

               topMiviesByRating. put( key. toString( ),movie. toString( ));

               if( topMiviesByRating. size( ) > K){

                   topMiviesByRating. remove( topMiviesByRating. firstKey( ));

               }

        }

    }

@ Override

protected void cleanup( Context context) throws IOException,

InterruptedException{

        for( Map. Entry < String,String >  movieDetail：

topMiviesByRating. entrySet( )){

                context. write( new Text( movieDetail. getKey( )),new

Text( movieDetail. getValue( )));

        }

    }

}
```

3. 电影评级的 Driver（MovieRatingDriver）

配置是在 Driver 类中的进行的，Ruducer 的总数设置为 1，因为如果有多个 Reducer，会产生多个前 20 名的电影，最终结果可能和预期不符，例如：

```
import org. apache. Hadoop. conf. Configuration;

import org. apache. Hadoop. conf. Configured;
```

```
import org. apache. Hadoop. fs. Path;
import org. apache. Hadoop. io. Text;
import org. apache. Hadoop. mapreduce. Job;
import org. apache. Hadoop. mapreduce. lib. input. FileInputFormat;
import org. apache. Hadoop. mapreduce. lib. input. TextInputFormat;
import org. apache. Hadoop. mapreduce. lib. output. FileOutputFormat;
import org. apache. Hadoop. mapreduce. lib. output. TextOutputFormat;
import org. apache. Hadoop. util. Tool;
import org. apache. Hadoop. util. ToolRunner;
public class MovieRatingDriver extends Configured implements Tool{
public static void main( String[ ] args) throws Exception{
        int res = ToolRunner. run( new Configuration( ) , ( Tool)
new MovieRatingDriver( ) , args) ;
        System. exit( res) ;
    }
public int run( String[ ] args) throws Exception{
        Configuration conf = new Configuration( ) ;
        Job job = Job. getInstance( conf , "TopMoviwByRating") ;
        job. setNumReduceTasks( 1 ) ;
        job. setJarByClass( MovieRatingDriver. class) ;
        if( args. length < 2 ) {
            System. out. println( "Jar requires 2 paramaters:      \""
                                + job. getJar( )
                                + " input_path output_path") ;
    return 1 ;
        }
        job. setMapperClass( MovieRatingMapper. class) ;
        job. setReducerClass( MovieRatingReducer. class) ;
        job. setOutputKeyClass( Text. class) ;
        job. setOutputValueClass( Text. class) ;
        job. setInputFormatClass( TextInputFormat. class) ;
        job. setOutputFormatClass( TextOutputFormat. class) ;
```

```
        Path filePath = new Path( args[0]);
        FileInputFormat. setInputPaths( job,filePath);
        Path outputPath = new Path( args1 );
        FileOutputFormat. setOutputPath( job,outputPath);
        job. waitForCompletion( true); return 0;
    }
}
```

在代码中，没有使用 Combiner，因为最后从 Mapper 中只输出了 20 条记录，因此，这里没有必要使用 Combiner。

对于 MapReduce 程序应该如何进行优化，一般可以从以下几个方面进行：

（1）Mapper 输出压缩。Mapper 处理输出将其存储在本地磁盘中，并可以使用 LZO 压缩对中间结果进行压缩，这样就可以在 shuffle 期间减少磁盘 I/O。在 Mapper 生成大量输出的情况下，结果会更明显。如果要启用 LZO 压缩，需要将属性 mapred. compress. map. output 设置为 true。

（2）记录过滤。由于 Mapper 端输出的数据必须通过网络移动到 Reducer，才能进行进一步的计算，如果在 Mapper 端就过滤掉一些记录，可以让 mapper 向本地磁盘写入较少的数据，减少需要操作的数据量，也使得所有的后续步骤运行得更快。这样，在 shuffle 阶段将节省大量的时间。

（3）避免太多的小文件。太多的小文件可能会导致应用程序的执行花费更多的时间。HDFS 会将这些文件存储为一个单独的块（block），并且会因启动太多 Mapper 来处理这些文件而产生过多的开销。把小文件压缩成一个大文件，然后在上面运行 MapReduce 应用程序是一个很好的方法。在某些情况下，可能会产生 100% 的性能改进。

（4）避免不可分拆的文件格式。像 . gzip 这样的不可分拆的文件格式会立即处理，而不是分块处理。如果这些文件太小，它将花费更多的时间来处理，因为对于每个文件将启动一个 Mapper。如果有 200 个文件，那么将启动 200 个 Mapper。启动和停止 Mapper 的时间将比处理文件花费更多的时间。最好的方法是使用可分解的文件格式，如文本、AVRO、ORC 等。

4. 运行时（Runtime）配置

Hadoop 提供了一组选项来优化内存、磁盘和优化 Hadoop 作业的网络性能，从如下几个方面进行介绍：

（1）用于任务的 Java 内存。Map 和 Reduce 任务是 JVM 进程，它们使用 JVM 内存来执行。更多的内存最终会带来更好的性能，内存大小可以使用 mapred. child. java. opts 属性进行设置。

（2）Map 溢写内存。Mapper 的输出记录存储在一个循环缓冲区中，默认缓冲区大小为 100 MB，记住，一旦输出大小超过 100 MB 的 70%（即 70 MB），数据就会溢写到磁盘中的文件中。所以如果有 7 个溢写操作，那么就会有 7 个溢写文件。然后这些文件会合并在一起形成单个文件。为了减少溢写文件的数量，并减少将溢写文件写入磁盘的 I/O 时间，可以通过增加缓冲区内存来实现，以防 Mapper 产生更多的溢出文件。内存缓冲区大小可以使用 io. sort. mb 属性进行设置。

io. sort. mb 以 MB 为单位，默认 100M，这个值比较小。map 节点没运行结束时，内存中存储的数据过多，需要将内存中的内容写入磁盘，这个设置就是设置内存缓冲的大小，在 shuffle 之前，这个选项定义了 map 输出结果在内存里占用 buffer 的大小，当 buffer 达到某个阈值（io. sort. spill. percent 设置），会启动一个后台线程来对 buffer 的内容进行排序，然后写入本地磁盘（一个 spill 文件）。根据 map 输出数据量的大小，可以适当的调整 buffer 的大小，注意是适当的调整，并不是越大越好。

（3）map 任务调优。Mapper 的数量由 Hadoop 框架隐式决定，由 mapred. min. split. size 控制。其思想是控制应用程序启动的 mapper 的数量，以便在输入数据的大小和 mapper 的数量之间取得平衡。如果有太多的小任务相继运行，那么最好将 mapred. job. reuse. jvm. num. task 属性设置为 – 1。如果有长时间运行的任务，那么，不要使用此属性，因为启动新的 JVM 会使得性能大大降低。在大多数情况下，如果输入数据太大，那么最好采用增加输入分片的方式。

（4）文件系统优化。HDFS 磁盘附带特定的文件系统，如 Ext4、Ext3 或 XFS，通过调优文件系统以获得更好的性能将显著提高处理性能。以下是一些常见的 HDFS 调优选项：

1）Mount 选项。有几个 mount 选项对 Hadoop 群组很有效率. 正确的 mount 选项提供了良好的性能优势。记住，在应用设置后需要重新启动系统，因为仅仅更改配置将不起作用。需要重新安装系统，然后重新启动。Ext4 和 XFS 应该配置 noatime。

2）HDFS 的块大小。Block 大小在提高 NameNode 的性能以及作业执行效率方面起着非常重要的作用，NameNode 维护着 datanode 中的每个 block 的元数据信息，因此，如果块 block 大小远远小于推荐的 block 大小时，则会占用更多的内存。处理引擎（如 MapReduce）将会启动与 split（分片）数目相等的 mapper 数量，split 大小通常等于 block 大小。dfs. blocksize 属性的大小应该在 134，217，728 到 1，073，741，824 之间。

拥有一个最佳的 HDFS 块大小可以提高 NameNode 性能和作业执行性能。

3）短回路读取（short circuit read）。HDFS 中的读取操作经过 DataNode，这意味着客户端向 DataNode 请求读取文件，DataNode 通过 TCP 套接字将文件数据发送给客户端。在短回路读取中，客户端直接读取文件，因此在此过程中绕过 DataNode，但请注意，只有当客户端与数据位于同一位置时才会发生这种情况。在大多数情况下，短回路读取在性能上有了显著改善。以下属性可以添加到 hdfs – site. xml 来启用短路读取：

dfs. client. read. shortcircuit = true

dfs. domain. socket. path = /var/lib/Hadoop – hdfs/dn_socket

4）小文件问题。Hadoop 为存储大文件进行了优化，建议列表中的文件大小与 HDFS 的 block 大小相等。如果有太多的小文件，就会增加 NameNode 的内存开销，并在处理过程中对性能产生负面影响。对于每个块，都会启动一个新的映射器。因此，建议对这样的多个小文件执行压缩，使它们成为单个大文件。

5）失效的 DataNode（stale DataNode）。DataNode 会定期向 NameNode 发送一个心跳，这样 NameNode 就知道这个 DataNode 仍然处于活动状态。在指定的时间间隔内 DataNode 没有向 NameNode 发送心跳信号，那么，这个 DataNode 被认为已经失效（stale）。我们应该避免向这样的 DataNode 发送任何读或写的请求。这可以通过在 hdfs – site. xml 文件添加以下属性来完成：

dfs. namenode. avoid. read. stale. datanode = true

dfs. namenode. avoid. write. stale. datanode = true

5.6 MapReduce 优化

MapReduce 框架为提高处理大数据集的性能方面提供了巨大的优势，由于在 Hadoop 中可以添加更多的节点来获得更高的性能，节点、内存和磁盘等资源都需要大量投入，因此仅添加节点并不是性能优化的指标。有时，添加更多节点并不能帮助获得更高的性能，因为其他因素也可能使应用程序的性能受到影响，如代码优化、不必要的数据传输等。而应用程序的性能是通过应用程序所花费的总处理时间来衡量的，MapReduce 是并行处理数据，因此，MapReduce 应用程序本身已经更具有性能优势。通常来说，可以通过在硬件配置、操作系统功能调优等方面来优化 MapReduce 的性能。

5.6.1 硬件配置 (Hardware configuration)

硬件启动是 Hadoop 安装的第一步。应用程序的性能总是取决于它所使用的硬件配置，具有较高处理能力的系统总是比具有低处理能力的系统性能更好，拥有更多内存的系统总是比拥有更少内存的系统具有更高的性能。在 Hadoop 中，网络带宽也起着关键作用，因为 MapReduce 作业可能需要将数据从一台机器转移到另一台机器。因此，将需要更多的网络带宽来尽快完成这个过程。

5.6.2 操作系统调优

操作系统需要负责大部分系统级别的任务，例如：

（1）透明大页内存管理（Transparent Huge Pages（THP）），Transparent HugePages（THP）是在运行时动态分配内存的，而标准的 HugePages 是在系统启动时预先分配内存，并在系统运行时不再改变。

在 Hadoop 使用的机器中必须禁用 THP。在大多数 Linux 系统中，默认的块 block 大小是 4 KB，因此大文件将会有更多的物理块。文件的处理需要将更多的块加载到内存中，因此需要更多的迭代次数，这会导致性能下降。THP 为所有被称为大页面的块分配单个内存地址，因此读取和处理文件所需的迭代次数较少。Hadoop 已经有 128 MB 的块大小，而且块不是连续的存储在内存中。这些块允许 Hadoop 并行地处理数据。

THP 在 Hadoop 集群中执行度较差，并会导致 CPU 的高使用率。建议在每个工作节点上都禁用 THP。这有时会使性能得到很大的改进。要禁用 THP 可以将以下代码添加到/etc/rc. local 文件中：

if test − f/sys/kernel/mm/redhat_transparent_hugepage/defrag；

then echo never >/sys/kernel/mm/redhat_transparent_hugepage/defrag ；fi

（2）避免不必要的内存交换，在 Hadoop 中，交换可能会影响工作性能，因此应该尽量避免不必要的从内存到交换空间的数据交换，并且应该只在需要的时候进行。除非数据内存交换是必须的，交换设置可以设置为 0 ~ 100，其中设置为 0，表示要避免交换，值 100 表示它将立即将数据交换到交换空间。交换空间位于磁盘空间内，在磁盘中交换数据要比在内存中进行的速度慢。

对交换的参数进行设置，需要在/etc/sysctl. conf 文件中添加 vm. swappiness = 0 以启用此功能。

（3）CPU 配置，在大多数操作系统中，CPU 配置是为了节省电源消耗，因此，它没有只针对 Hadoop 进行优化。默认情况下，缩放调控器设置为省电模式，需要通过命令将其更改为 performance 模式，具体命令如下：

cpufreq − set − r − g performance

（4）网络调优，在 Hadoop 中，数据转移需要花费大量的时间，因此，通过优化网络带宽可以提高 Hadoop 的性能。其中，Master 节点和 worker 节点之间相互交互，但是 master 节点与 worker 节点每次连接的数量受到 net. core. somaxconn 属性的限制。在 Hadoop 中，由于 master 和 worker 之间的连接非常频繁，因此，net. core. somaxconn 属性应该设置为更高的值，可以通过添加或编辑/etc/sysctl. conf 文件来完成：

net. core. somaxconn = 1024

（5）选择文件系统，Linux 发行版附带一个默认的文件系统，会对 Hadoop 性能产生重大影响，因为它被设计用来处理 I/O 高度密集型的工作负载。最新的 Linux 发行版附带 EXT4 作为默认文件系统，其性能优于 EXT3 文件系统。文件系统记录每个读操作的最后访问时间，从而为每个读操作在磁盘中执行写操作。可以通过将 noatime 属性添加到文件系统安装选项来禁用日志记录设置。在某些实际应用中，通过添加 noatime 属性可以提高 20% 以上的性能。

5.7 本章小结

本章首先介绍了分布式编程框架的概念，并介绍了 MapReduce 作为一种分布式编程框架所具备的特点以及 MapReduce 的作业执行原理，在此基础上，详细介绍了 MapReduce 的架构以及各执行阶段所做的工作。然后，详细介绍了 MapReduce 中的 Shuffle 过程以及 MapReduce 的设计模式，并利用 WordCount 和电影排名的实例介绍了 MapReduce 的实现思路及编程实现过程；最后介绍了 MapReduce 的优化。

本 章 习 题

一、填空题

1. MapReduce 在进行 Map 处理时，需要把大规模数据集切分成许多独立的（　　　）。

2. MapReduce 采用（　　　）策略，将对大规模数据集的操作简化为在大规模集群上的并行计算过程。

3. MapReduce 分布式编程框架可以抽象为（　　　）和（　　　）函数，分别对应两种任务。

4. MapReduce 设计采用（　　　）的方式，主要是考虑到在网络中的大部分开销是由数据传输产生的。

5. MapReduce 分布式计算框架采用 Master/Slave 架构，其基本架构主要由（　　　）、（　　　）、（　　　）和（　　　）四部分构成，其中，（　　　）运行在 Master 上，（　　　）运行在若干个 Slave 节点上。

6. MapReduce 作为一个在 Hadoop 集群中进行大规模数据计算的框架，

使用（　　）作为资源管理器，利用其（　　）来调度 Mapper 和 Reducer 执行任务，并由 Hadoop 发送 Mapper 任务和 Reducer 任务到集群中相应的服务器。

7. 在 MapReduce 体系结构中，JobTracker 主要负责（　　）、（　　）以及与 TaskTracker 的通信等工作。

8. TaskTracker 主要负责（　　）、与 JobTracker 保持通信等工作，并通过周期性的（　　）服务将本节点上的资源使用情况和任务运行情况汇报给 JobTracker。

9. TaskTracker 通过参数配置（　　）数目来限定 Task 的并发量。

10. 在 MapReduce 执行过程中，Task 可以分类为（　　）和（　　）两种。

11. Shuffle 是把一组无规则的数据尽量转换成一组具有一定规则的数据的过程，通常横跨 Map 端和 Reduce 端，在 Map 端的 Shuffle 过程包括（　　）、（　　）和（　　），在 Reduce 端的 Shuffle 过程包括（　　）和（　　）。

12. 经过 Map 函数输出的（key, value）对会暂时存放在一个（　　）内，其大小默认为（　　），也可以由（　　）属性控制。

13. 在 Map 任务输出的数据写入磁盘之前，需要对数据进行分区，分区默认采用（　　）函数，也可以自定义分区。

14. 在 Shuffle 过程中，默认缓冲区溢写比例为（　　），当达到这个阈值，则启动溢写线程。

15. Reduce 任务通过（　　）向 JobTracker 询问 Map 任务是否已经完成，若完成，则领取数据。

16. 当 Map 任务超过总任务的 5% 后，开始调度执行 Reduce 任务，Reduce 任务默认启动（　　）个 copy 线程，采用（　　）协议从已完成的 Map 任务节点上分别 copy 一份属于自己的数据。

17. 分区器的任务是为 Mapper 输出的记录分配（　　），以便使得具有相同（　　）的记录总是进入相同的 Reducer。

18. 在 MapReduce 中，split 是一个（　　），而 block 是物理划分单位，默认情况下，以 HDFS 的一个 block 的大小为一个 split 的大小。

19. Map 任务的分配采用（　　）的方式，即将 map 任务分配给包含该 map 任务要处理的数据块的 TaskTracker 上，同时将程序的 JAR 包复制到该 TaskTracker 上进行执行。

20. Hadoop 框架是用（　　）语言开发的，但是 MapReduce 程序还可以支持如 C、Python 等其他多种语言。

二、简答题

1. 什么是分布式编程？

2. 简介 MapReduce 架构。

3. 简介 MapReduce 作业执行过程。

4. 简介 Map 端的 Shuffle 过程和 Reduce 端的 Shuffle 过程。

5. 简介 MapReduce 的六种设计模式。

6. 试用 MapReduce 的思想对 10000 个随机整数进行排序，并编写相应程序。

7. 假设有一好友序列，请用 MapReduce 思想找到任意两个人的共同好友。

本章主要参考文献：

［1］李建江，崔健，王聃，等 . Map Reduce 并行编程模型研究综述［J］. 电子学报，2011（11）：2635 - 2642.

［2］李玉林，董晶 . 基于 Hadoop 的 Map Reduce 模型的研究与改进［J］. 计算机工程与设计，2012，33（8）：3110 - 3116.

［3］彭辅权，金苍宏，吴明晖，等 . Map Reduce 中的 Shuffle 优化与重构［J］. 中国科技论文，2014（4）：241 - 245.

［4］李成华，张新访，金海，等 . Map Reduce：新型的分布式并行计算编程模型［J］. 计算机工程与科学，2011，33（3）：129 - 135.

［5］谢桂兰，罗省贤 . 基于 Hadoop Map Reduce 模型的应用研究［J］. 微型机与应用，2010（8）：4 - 7.

［6］张红，王晓明，曹洁，等 . Hadoop 云平台 Map Reduce 模型优化研究［J］. 计算机工程与应用，2016，55（22）：22 - 25.

［7］顾荣，严金双，杨晓亮，等 . Hadoop Map Reduce 短作业执行性能优化［J］. 计算机研究与发展，2014，51（6）：1270 - 1280.

［8］Chu L K, Tang H, Yang T, et al. Optimizing data aggregation for cluster - based Internet services［C］. Proceeding of the ACM SIGPLAN Symposium on Principles and Practices of Parallel Programming. New York：ACM Press，2003：119 - 130.

［9］周一可. 云计算下 Map Reduce 编程模型可用性研究与优化 ［D］.
上海：上海交通大学, 2011.

［10］余基映, 张腾. Hadoop 平台下 Map Reduce 模型的数据分配策略
研究 ［J］. 湖北民族学院学报（自然科学版）, 2015, 33（2）: 205 – 209.

我们要拓展世界眼光，深刻洞察人类发展进步潮流，积极回应各国人民普遍关切，为解决人类面临的共同问题作出贡献，以海纳百川的宽阔胸襟借鉴吸收人类一切优秀文明成果，推动建设更加美好的世界。

——引自二十大报告

第6章

分布式大数据分析项目案例

本章学习目的

- 掌握搭建 Hadooop 大数据分布式集群的方法及过程。
- 掌握 Hadoop 生态组件 HBase、Hive、MySQL 和 Spark 环境的安装过程，并熟悉在这种环境中进行的简单操作。
- 了解在分布式环境中进行数据预处理、数据分析和可视化的方法。

6.1 项目背景

大气中的气体物质很丰富，臭氧就是其中一种非常重要的组成部分。当太阳发射的紫外线辐射到达地球平流层，平流层臭氧具有非常好的吸收作用，能过滤大部分过强的紫外辐射，因此，平流层中的臭氧对地球具有很好的保护作用。但是，随着工业水平的发展，平流层中的臭氧不断减少，使得更多的太阳紫外线不能被吸收，而直接到达地球，给人类健康和生态环境都带来非常严重的危害。所以，在作为大气污染物和促进气候变化中，臭氧扮演了极其重要的角色，它在大气中的占比总量与在全球的时空分布变化对人类的生存环境有直接的影响。因此，越来越多的学者开始关注大气臭氧浓度变化所带来的负面影响。通常情况下，逻辑判断预测和数学预测是大气环境中对物质预测的主要方式。逻辑判断预测主要根据各种数据、资料以及简单的数学方法，分析其他外界发展趋势与环境中物质变化的关系，如人类活动、自然环境变化等，从而判断它的发展和变化趋势，这种方法简单易行，但往往精确度不稳定，较大程度上受到预测者的经验和知识水平影响，导致考虑因素不全面，很容易判断失误。数学预测是借助复杂的数学关系和数学模型对大气中的物质进行预测，这种方法预测结果相较于前一种更为系统化且预测精度要好，但往往存在缺乏有效的数据和资料时，使得数学模型很难建立。

　　本项目基于 Aura 卫星，臭氧监测仪 OMI 对中国区域的臭氧探测的遥感数据，来分析 2016～2020 年这 5 年来我国臭氧的时空变化分布特征，结合分布式存储、分布式计算等技术对臭氧浓度的变化趋势进行降噪、拟合，探究中国国境内臭氧浓度受地域因素、季节因素、地形海拔等因素的影响变化规律，为研究臭氧对人类生产活动的影响以及全球气候变暖的研究提供帮助。

6.2　功能需求

　　近 10 年我国工业发展与人类活动步伐逐渐加快，大气中污染气体和温室气体的浓度也在不断的增加。这一现象，在经济发达的城市和地区尤为明显，空气污染问题成了一个严重的问题。大气中污染物浓度的增加，不仅对地球气候环境有着严重的影响，更会直接影响到人类的身体健康。大气中的氮、硫氧化物，人体的呼吸器官会受到这些氧化物的刺激，导致身体上的不良反应。而且这些气体经过互相的化学反应在大气中形成硫酸或硝酸，与大气中的水分结合形成硫酸雨或者硝酸雨，严重破坏生态环境。随着人类活动的加剧，像大气中的二氧化碳、甲烷等温室气体，这些气体的浓度也在不断增加，使得地球的气候温度升高，南北两极的冰川受到严重影响，加快了海平面的上升，威胁人类生存空间。

　　臭氧对人类至关重要，因此迫切需要高质量的监测数据作为基础，用于研究区域内臭氧的分布和长期变化趋势，从而能够通过掌握臭氧在大气中的浓度变化、时空分布特征、影响因素及影响规模，使得有关部门可以做出正确的应对和防范机制，同时，也有利于提高生态环境质量和人民生活水平。但由于臭氧在时间和空间上的分布呈现巨大的差异性，加上监测数据的稀缺，人们对臭氧数据的分布和长期以来的变化趋势缺乏必要的认知。

相对于地面数据监测，遥感卫星监测能够在连续的时间尺度上获得更大区域空间的数据，便于开展大范围内相关指标的分析研究。因此，本项目利用 NASA 提供的遥感数据，结合分布式存储、分布式计算等技术对臭氧浓度的变化趋势进行降噪、拟合，进而探究我国境内臭氧浓度受地域因素、季节因素、地形海拔等因素的影响变化规律，并尝试为研究臭氧对人类生产活动的影响以及全球气候变暖的研究提供帮助。

6.3 系 统 设 计

6.3.1 总 体 设 计

从 EarthData 数据平台上获取 NASA 观测的臭氧数据，使用 python 的开源包等工具进行数据预处理，并利用 spring 框架和 Spark 框架撰写 java + scala 代码，将经纬度坐标与中国行政区进行对照。数据处理完毕后，将数据存入 MySQL。利用 Sqoop 模块进行 Hadoop 与 MySQL 之间数据的传递，将数据保存到 Hadoop 中的 Hive 与 HBase 数据存储组件中，用于不同的分析处理，最后利用基于 Hadoop 的 mahout 大数据分析接口进行数据分析算法的实现。

本项目的系统架构图如图 6 - 1 所示。

项目整体功能分为后台计算系统、前台展示系统两个部分。后台计算系统负责数据的后台存储、预处理、统计分析等功能，是数据的集中处理单元，数据由原始数据集进行大数据分析流程后，得到具有现实意义的大数据处理结果。

直接输出的大数据处理结果对非专业领域的用户并不友好，为了便于让结果具有更高的可读性和可理解性，项目还设计了一套前台展示系统用于大数据处理结果的可视化展示，借助图形化的手段，清晰有效地传达与沟通信息，如图 6 - 2 所示。

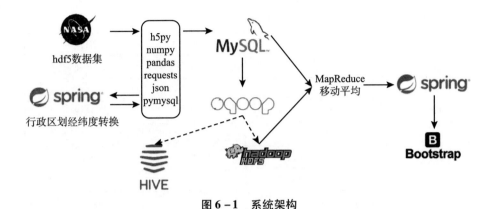

图 6 - 1 系统架构

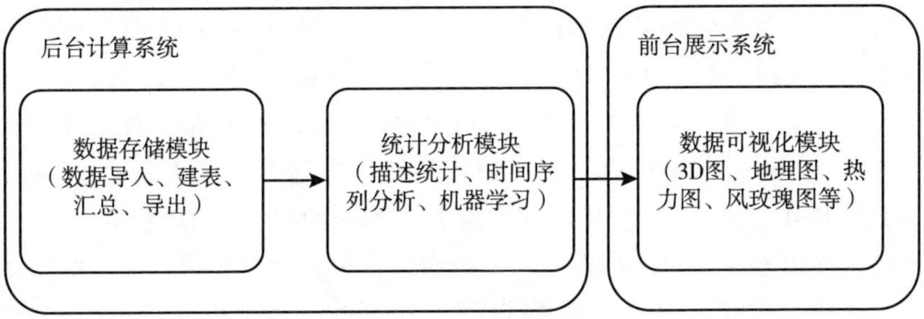

图 6 - 2 系统功能结构

6.3.2 数据存储和预处理模块

数据存储和预处理模块主要使用 Python 语言对数据集的清洗、预处理。要分析中国不同省份之间的数据差异，原始数据集还需要将经纬度定位的点与中国行政区划相匹配，这一过程称为"逆地理编码"。逆地理编码服务常见于在线地图服务供应者，如谷歌地图、高德地图、百度地图等。

为了解决 hd5 文件匹配耗时长的问题，本项目使用 Spring Boot 框架实现的开源中国区划逆地理编码项目，将项目克隆到本地按照需求对返回值进行修改、部署到本地。然后，使用 Python 遍历所有数据经纬度坐标点，循环调用后台 Spring Boot 服务接口，接收返回值并过滤地理区划匹配不成功的坐标点，若匹配成功则将区划信息字段（省、市、区或县）添加到原字段后面并写入 MySQL。通过 Spring Boot + python 的结合，可以有效缩短每个文件的耗时。

MySQL 数据表中的字段如表 6 - 1 所示。

表 6 – 1　　　　　　　　　　　　MySQL 数据表结构

字段名称	类型	是否为 NULL	备注
time	INT	N	时间
lon	DOUBLE	N	经度
lat	DOUBLE	N	纬度
amt	DOUBLE	N	臭氧浓度
pro	VARCHAR （40）	N	省
city	VARCHAR （40）	N	市
dis	VARCHAR （40）	N	县（区）

为了提高数据处理的效率以及为后续数据分析做准备，项目选择 Spark 内存计算框架进行数据的处理、分析等操作。Spark 的核心数据结构是弹性分布式数据集 RDD（Resillient Distributed DataSet），RDD 是一种只读的共享内存数据集，提供了多种算子，支持常见的数据运算。具体来说，Spark 将数据加载 RDD，然后按照 RDD 的依赖关系构造 DAG（有向无环图），并结合流水线优化方法，中间结果不写入磁盘，而是持久化到内存中，大大加快了数据处理的速度。同时，本项目使用 scala 语言编写 Spark 程序，能够提高代码的运行效率。通过 Spark + Spring boot 的结合，可以将每个文件的耗时缩短到 1 分钟左右。

6.3.3　数据统计分析模块

数据统计分析模块是数据的核心处理、分析模块，主要对臭氧数据进行描述性统计分析、时空分布差异归纳及影响因素推测、构建移动平均模型并预测。

描述性统计是数据的基本统计分析，揭示了数据的基本统计学特征，包括数据的频数分析、数据的集中趋势分析、数据离散程度分析、数据的分布，并绘制一些基本的统计图形等等，便于把握大量数据样本的总体特征。

以描述性统计分析方法为基础，通过对中国不同省份、不同地理大区的臭氧浓度特征、臭氧浓度变化趋势的比较，归纳臭氧浓度分布的时空差异，结合相关研究影响臭氧浓度的因素的文献，推测在中国区域内不同地区臭氧浓度差异、臭氧浓度变化趋势差异的成因。

根据 2016～2019 年臭氧浓度数据构建修正指数平滑移动平均模型，通过移动平均算法预测 2020 年臭氧浓度，并与 2020 年真实数据进行对比，检验其预测性能。

6.3.4　数据可视化模块

数据可视化是数据的图形化表示，可以帮助人们直观、快速地理解数据的意义。常见的数据可视化展现形式多种多样，主要包括图表、图形以及二者的组合，不同的数据或者样本总体辅以不同的形状、颜色，具有鲜明的图像意义。使用可视化可以帮助数据分析人员清晰有效地传达信息，还可以通过强大的呈现方式增强信息的影响力，吸引人们的注意力并使其保持兴趣。

数据可视化模块将描述性统计中的图表信息、臭氧浓度时空分布、移动平均算法结果等图表呈现在前端页面，并设计简单的交互、查询功能。技术组件上使用 Spring Boot 作为后端支持框架，使用轻量级的 ThymeLeaf 或者 BootStrap 作为前端框架、Echarts 组件库作为可视化工具。

6.4　项目实施

6.4.1　环境搭建

本实验环境系统为 Ubuntu21.04.1，Hadoop 使用伪分布式模式进行搭建。系统内安装 java、python、scala 语言，MySQL 数据库以及 Hadoop、Spark 系统和 Hive、HBase 组件。各组件的版本号如下：

- Java —— 1.8.0_ 301
- Python —— 3.7.11
- MySQL —— 8.0.27
- Hadoop —— 3.3.1
- Hive —— 3.1.2
- HBase —— 1.1.5
- Scala —— 2.13.8

● Spark —— 3.2.1

1. 配置 JDK

（1）在 Oracle 官网下载 Linux 需要安装的 jdk 版本，这里用的是 jdk – 8u301 – linux – x64. tar。

（2）在目录/usr/local 下手动创建 java 目录，将该压缩包放到/usr/local/java 目录下，然后解压该压缩包，输入如下指令：

$cd /usr/local

$sudo mkdir java

$sudo cp /usr/my_software/jdk – 8u301 – linux – x64. tar. gz /usr/local/java

$cd /usr/local/java

$sudo tar　– zxvf　jdk – 8u301 – linux – x64. tar. gz

（3）配置环境变量

输入以下指令进行配置：

$sudo vi /etc/profile。

输入完毕并回车，在文件尾部添加如下信息：

export JAVA_HOME = /usr/local/java/jdk1.8.0_301　#此处是 jdk 的实际解压路径

export CLASSPATH = $:CLASSPATH：$JAVA_HOME/lib/

export PATH = $PATH：$JAVA_HOME/bin

（4）刷新环境配置使其生效

$source /etc/profile

（5）查看 jdk 是否安装成功，见图 6 – 3

$java　– version。

图 6 – 3　查看 jdk 是否安装成功

2. 安装 Python 环境

（1）下载 python 安装包

$wget https：//www. python. org/ftp/python/3. 7. 11/Python – 3. 7. 11. tgz。

（2）将 python 安装包解压到/usr/local 目录下

$sudo tar – zxvf Python – 3. 7. 11. tgz – C/usr/local。

（3）利用源码方式安装

$sudo – i　#切换到 root 用户，获取 root 权限

#mkdir　/usr/local/python3. 7. 11　#创建一个新的文件夹

#cd　/usr/local/Python – 3. 7. 11　　#切换到 python 解压后的文件夹中

#. /configure –– prefix =/usr/local/python3. 7. 11　#系统配置

#make

#make install。

（4）善后工作

#mv　/usr/bin/python　/usr/bin/python2. 7_ old　#先备份旧版本

#rm /usr/bin/python2　#删除旧版本的链接

#ln　– s　/usr/bin/python2. 7_old　/usr/bin/python2

#ln　– s　/usr/local/python3. 7. 11/bin/python3. 7　/usr/bin/python　#
创建新版本的链接，并设置为默认

#python　#测试 python 环境是否安装成功，见图 6 – 4：

图 6 – 4　测试 python 环境是否安装成功

3. 安装 MySql 环境

（1）在线安装 MySql

在使用 apt – get 命令进行 mysql 安装之前，需要先更新软件源以获取最新的版本，apt – get update 命令执行速度比较慢，需要等待一段时间，命令如下。

```
sudo apt – get update              #更新软件源
sudo apt – get install mysql – server   #安装 mysql
```

安装过程中，会出现"您希望继续执行吗？［Y/n］"的提示，输入"y"，继续进行安装。

在 MySQL 安装过程中，根据安装向导提示，输入 MySQL 数据库的密码，然后等待安装完成即可。

（2）启动关闭 MySQL

在 MySQL 安装过程中，会提示为 MySQL root 用户设置密码，密码设置完成以后等待自动安装即可。默认安装完成就启动 MySQL。可以用下列命令启动和关闭 MySQL 服务器：

```
$service mysql start    数据库启动
$service mysql stop     数据库关闭
```

（3）确认是否启动成功

查看 mysql 节点是否处于监听状态，命令如下：

```
$sudo netstat – tap｜grep mysql
```

（4）启动 MySQL Shell

输入 mysql 命令，进入 mysql shell 界面，命令如下，该命令执行后提示输入 mysql 数据库连接密码，结果如图 6 – 5 所示。

```
$mysql – u root – p
```

4. 安装 Hadoop 环境

（1）配置 SSH 无密码登录

Hadoop 需要用到 SSH 命令在不同节点之间登录以共享信息，Ubuntu 默认已安装了 SSH client 端的软件，但还需要安装 SSH server 端的软件，并使用如下命令测试 SSH 登陆能否成功，命令如下：

图 6 – 5　进入 mysql shell 界面

$sudo apt – get install openssh – server　//安装 SSH 服务器端

在提示中输入"Y",点击回车,进入 SSH 服务器端安装过程,至安装完成。

$ssh localhost　//ssh 连接测试

注意:SSH 首次登录会进行提示,输入"yes",并按提示输入 hadoop 登录密码(假设为"123456")。

为了便于 Hadoop 节点之间的互访,需要配置成 SSH 无密码登录。首先从刚才的 SSH 远程登录退出来,回到原先节点的终端中,然后利用 ssh – keygen 命令生成密钥,并将密钥加入到授权中,具体命令如下:

$exit　//注销 SSH 登录

$cd ~/. ssh/　//如果提示无该目录,请执行一次 ssh localhost

$ssh – keygen – t rsa　//中间的提示依次确定即可

$cat. /id_rsa. pub ≫. /authorized_keys

最后,使用 ssh localhost 命令进行测试,如果不需要密码就能够直接登录,表示免密登录设置成功。

(2)创建 Hadoop 安装目录

新建一个文件夹,如该文件夹已经建立,则不需要重复创建,命令如下。

> $cd /usr/local/java   //进入安装目录
>
> $sudo mkdir hadoop   //创建 hadoop 目录
>
> $ls   //查看目录是否创建成功。

（3）解压安装 Hadoop

将 hadoop 部署到 usr/local/java/hadoop 目录中，复制 hadoop 安装包文件到此目录中，用 tar 命令进行解压，最后清除安装包文件，命令如下：

> $sudo cp/usr/my_software/hadoop – 3. 3. 1. tar. gz/
>
> /usr/local/java/hadoop   //将安装文件复制到 hadoop 目录
>
> $cd /usr/local/java/hadoop   //进入 hadoop 目录
>
> $ls//查看 hadoop 安装包是否复制成功

使用解压命令进行解压，命令如下：

> $sudo tar – zxvf   hadoop – 3. 3. 1. tar. gz   //解压安装文件
>
> $sudo chown – R hadoop. /hadoop – 3. 3. 1   // – R 表示修改文件权限归属 hadoop 用户所有
>
> $sudo rm – rf   hadoop – 3. 3. 1. tar. gz   //删除部署完成的 hadoop 安装包。

（4）测试 hadoop 是否可用

Hadoop 软件解压完毕后就可以使用。首先，测试一下是否可以正常使用，部署成功会显示 Hadoop 的版本信息（见图 6 –6），输入如下命令：

> $cd /usr/local/java/hadoop/hadoop – 3. 3. 1/bin
>
> $. /hadoop version。

（5）修改配置文件 core – site. xml 与 hdfs – site. xml

伪分布式部署是在单节点上模拟分布式的执行环境，比起单机部署更加贴近于真正的分布式部署。进程以分离的 Java 进程来运行，节点既作为 NameNode，也作为 DataNode，同时，读取的是 HDFS 中的文件。

Hadoop 的配置文件位于/usr/local/java/hadoop/hadoop – 3. 3. 1/etc/hadoop/中，要修改两个配置文件 core – site. xml 和 hdfs – site. xml。

图 6 - 6　测试安装部署 hadoop 是否成功

修改配置文件 core - site. xml ，命令如下：

$ cd /usr/local/java/hadoop/hadoop - 3. 3. 1/etc/hadoop

$ gedit core - site. xml//打开编辑配置文件

在 < configuration > </configuration >之间加入如下内容。

< configuration >

< property >

< name > hadoop. tmp. dir </ name >

< value >/usr/local/java/hadoop/hadoop - 3. 3. 1/tmp </ value >

< description > Abase for other temporary directories. </ description >

</ property >

< property >

< name > fs. defaultFS </ name >

< value > hdfs://localhost:9000 </ value >

</ property >

</ configuration >

修改 hdfs - site. xml 配置文件

$ gedit hdfs - site. xml　//打开编辑文件

在 < configuration > 和 </ configuration >之间添加以下内容：

```
< configuration >
< property >
< name > dfs. replication </ name >
< value >1 </ value >
</ property >
< property >
< name > dfs. namenode. name. dir </ name >
< value >/usr/local/java/hadoop/hadoop − 3. 3. 1/tmp/dfs/name </ value >
</ property >
< property >
< name > dfs. datanode. data. dir </ name >
< value >/usr/local/java/hadoop/hadoop − 3. 3. 1/tmp/dfs/data </ value >
</ property >
</ configuration >
```

修改 hadoop − env. sh 配置文件

sudo gedit/usr/local/java/hadoop/hadoop − 3. 3. 1/etc/hadoop/hadoop − env. sh　//用 gedit 编辑器打开 hadoop − env. sh 文件

在 hadoop − env. sh 文件中,将 JAVA_HOME = $ JAVA_HOME 改为以下内容:

JAVA_HOME =/usr/local/java/jdk1. 8. 0_301。

（6）NameNode 节点格式化

配置文件被修改完成后，接下来是执行 NameNode 的格式化，如果运行成功，则显示"successfully formatted"和"Exitting with status 0"的提示，NameNode 和 DataNode 两个守护进程被开启；如果出现"Exitting with status 1"表示运行出错，需要进一步检查 Hadoop 的配置是否正确。

$ cd /usr/local/java/hadoop/hadoop − 3. 3. 1/bin　　　　//进入安装目录
$. /hadoop namenode-format　　　//nameNode 格式化。

（7）启动 hadoop 节点

运行如下命令启动 hadoop 节点。若出现如下 SSH 提示，输入"yes"即可。

$ cd /usr/local/java/hadoop/hadoop – 3.3.1

$. /sbin/start – dfs. sh　　//启动进程

或者

$. /sbin/start – all. sh　　//启动 hadoop 所有服务。

8) 测试启动是否成功

启动完成后, 可以通过 jps 命令来测试 hadoop 是否启动成功, 若成功启动则会包括 "NameNode" "DataNode" 和 "SecondaryNameNode" 三个进程。命令如图 6 – 7 所示。

$ jps　　//查看当前进程

图 6 – 7　启动 hadoop 服务成功

9) 启动 Web 端查看 HDFS 文件

Hadoop 成功启动后, 可以通过 Web 界面访问并管理, 打开浏览器, 输入 URL "http://localhost:50070", 点击进入, 可以查看 NameNode 和 Datanode 的相关信息, 还可以在线查看 HDFS 中的文件, 如图 6 – 8 所示。

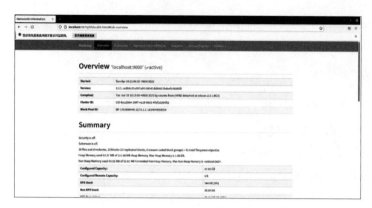

图 6 – 8 从 Web 上查看启动的 hadoop 服务

5. 安装 Hive 环境

（1）安装准备

首先，以 hadoop 用户的身份登录，新建一个文件夹/usr/local/java/hive 作为 hive 的安装目录，执行命令如下：

$cd /usr/local/java   //进入安装目录

$sudo mkdir hive   //创建 hive 安装目录

$ls   //查看目录是否创建成功。

（2）解压安装

步骤 1：安装 hive。

将 hive 部署到 usr/local/java/hive 目录中，复制 hive 安装包文件到此目录中，用 tar 命令进行解压，最后清除安装包文件。

$cd /usr/local/java/hive

$sudo cp /usr/my_software/KINGSTON/apache – hive – 2. 1. 0 – bin. tar. gz /usr/local/java/hive   //复制 hive 的安装文件包到 hive 目录中

$cd /usr/local/java/hive   //进入 hive 目录

$ls   //查看 hive 安装包是否复制成功

$sudo tar – zxvf   apache – hive – 2. 1. 0 – bin. tar. gz//将安装文件解压缩到安装路径

$sudo mv apache – hive – 2. 1. 0 – bin   hive – 2. 1. 0   #将文件夹名字改为 hive – 2. 1. 0

$sudo chown – R hadoop：hadoop. /hive – 2. 1. 0　//修改 hive 安装目录的权限

$sudo rm – rf　apache – hive – 2. 1. 0-bin. tar. gz　//删除 hive 的安装包。

（3）配置 Hive 运行环境

步骤 1：修改 profile 文件，配置环境变量

1）修改 profile 系统配置文件

$sudo gedit/etc/profile　//利用 gedit 编辑器打开 profile 系统配置文件，该文件主要用于配置属性为全局变量，这里需要配置 hive 的安装路径 HIVE_HOME

在 profile 配置文件中加入如下代码：

#hive
export HIVE_HOME = /usr/local/java/hive/hive – 2. 1. 0
PATH = $HIVE_HOME/bin：$PATH

2）使修改的配置文件立即生效

$source /etc/profile　//更新 profile 文件的配置，使之生效

步骤 2：配置 hive – site. xml 文件。

复制模板文件 hive – default. xml. template，并将其重命名为 hive – site. xml；然后，用 gedit 编辑器打开该文件，进行编辑。

$cd　/usr/local/java/hive/hive – 2. 1. 0/conf　//进入 conf 目录
$cp　hive – default. xml. template　hive – site. xml
$gedit hive – site. xml

把原来在 hive – site. xml 中的内容删除，并在 hive – site. xml 中添加如下配置信息：

< ? xml version = "1. 0" encoding = "UTF – 8" standalone = "no"? >
< ? xml – stylesheet type = "text/xsl" href = "configuration. xsl"? >
< configuration >
< property >
< name > javax. jdo. option. ConnectionURL </name >
< value > jdbc：mysql：//localhost：3306/db_hive? createDatabaseIfNotExist =

```
true </value >
    < description > JDBC connect string for a JDBC metastore </description >
    </property >
    < property >
    < name > javax. jdo. option. ConnectionDriverName </name >
    < value > com. mysql. jdbc. Driver </value >
    < description > Driver class name for a JDBC metastore </description >
    </property >
    < property >
    < name > javax. jdo. option. ConnectionUserName </name >
    < value > root </value >
    < description > username to use against metastore database </description >
    </property >
    < property >
    < name > javax. jdo. option. ConnectionPassword </name >
    < value > 123456 </value >
    < description > password to use against metastore database </description >
    </property >
    </configuration >
```

然后执行如下命令:

`$ls   //查看文件是否创建成功`

以下为可选配置,该配置信息可以用来指定 Hive 数据仓库的数据在 HDFS 上具体存储的目录位置。

```
    < property >
    < name > hive. metastore. warehouse. dir </name >
    < value >/hive/warehouse </value >
    < description > hive default warehouse, if nessecory, change it </description >
</property >
```

注意：（1）配置主要是配置了与 mysql 的连接。（2） hive - default. xml. template 是 hive 提供的配置文件模板，要把里面配置项按照自身环境进行修改。（3）例如：配置的本地 mysql；用户：root；密码：123456；数据库：db_ hive。（4）删除原有内容可以使用 shift 键，首先找到要删除内容的起始点，用鼠标左键点击一下，然后再找到要删除的内容的末尾，按住"shift"键后再用鼠标左键进行点击，即可以选择全部要删除的内容，点击"空格"键即可以删除掉所选择的内容（见图6-9）。

图6-9　配置 hive-site. xml 文件

（4）启动 Hive 运行环境

设置好 Hive 配置文件，可通过以下命令启动 Hive 运行环境，其启动界面如图6-10所示。

$hive

图6-10　启动 Hive 成功

6. 安装 Hbase 环境

（1）创建安装目录。首先以 hadoop 用户的身份进行登录，新建立一个文件夹作为 HBase 的安装目录，如果该文件夹已经建立，则不需要重复创建。

$cd /usr/local/java　　//进入安装目录

$sudo mkdir hbase　　//创建 hbase 安装目录

$ls　　　　//查看目录是否创建成功。

（2）解压安装。将 Hbase 部署到 usr/local/java/hbase 目录中，复制 Hbase 安装包文件到此目录中，用 tar 命令进行解压，最后清除安装包文件。

$sudo cp /usr/my_software/KINGSTON/hbase－1.1.5－bin.tar.gz　/usr/local/java/hbase　　//复制 hbase 安装文件到 hbase 安装目录

$cd /usr/local/java/hbase　　//进入 hbase 安装目录

$ls//查看 hbase 安装包是否复制成功

$sudo tar－zxvf　hbase－1.1.5－bin.tar.gz　　//将 Hbase 安装文件解压缩到当前文件夹

$sudo chown－R hadoop./hbase－1.1.5　　//修改 hbase 安装目录的权限

$sudo rm－rf　hbase－1.1.5－bin.tar.gz　　//删除 hbase 安装包。

（3）配置 hbase 环境。

步骤 1：修改 profile 文件。

$sudo gedit /etc/profile　　//利用 gedit 编辑器打开 profile 系统配置文件，该文件位置属性配置为全局变量

在 profile 配置文件中加入如下代码：

#hbase

export HBASE_ HOME =/usr/local/java/hbase/hbase－1.1.5

PATH = $HBASE_ HOME/bin：$PATH

注意：HBASE_ HOME 项没有新创建，PATH 项已经有了，只需要进行修改无须创建

$source /etc/profile　　//更新配置－－使之生效

步骤 2：配置 hbase－env.sh 文件。

$cd /usr/local/java/hbase/hbase－1.1.5/conf //进入 conf 目录

$ls //查看文件，查看是否存在 hbase 环境配置文件 hbase－env.sh

$sudo gedit./hbase－env.sh //利用 gedit 编辑器打开环境配置文件并进行编辑

在 hbase－env.sh 中找到下面两行，去掉行前的#（#意思是注释），修改为如下内容。

export JAVA_ HOME =/usr/local/java/jdk1.8.0_ 301 #设置 JDK

export HBASE_ MANAGES_ ZK = true #设置使用 hbase 自带的 zoo-keeper

export HBASE_ CLASSPATH =/usr/local/java/hadoop/hadoop－3.3.1/conf

注意：HBASE_ CLASSPATH 设置的是本机所安装 Hadoop 的 conf 目录

步骤3：修改配置文件 hbase－site.xml（注意：本地启动可以使用 local-host）。

$cd /usr/local/java/hbase/hbase－1.1.5/conf //进入 conf 目录

$ls //查看文件，找到 hbase－site.sh 环境配置文件

$sudo gedit hbase－site.xml //编辑配置文件

修改 hbase－site.xml 配置文件内容如下：

< configuration >

< property >

   < name > hbase. rootdir </name >

    < value > file:///usr/local/java/hbase/hbase － 1.1.5/hbase － tmp </value >

  </ property >

< property >

   < name > hbase. cluster. distributed </name >

   < value > true </ value >

  </ property >

< property >

   < name > hbase. zookeeper. quorum </name >

< value > localhost < / value >

< / property >

< / configuration >。

（4）测试 Hbase 是否可用。查看 hbase 的版本，若返回 hbase 的版本信息，则表示 Hbase 已安装成功，其命令如下：

$cd /usr/local/java/hbase/hbase − 1. 1. 5/bin　//把 hbase 的安装目录设为当前目录

$. /hbase version　//查看 Hbase 的版本信息（见图 6 − 11）。

图 6 − 11　查看 Hbase 的版本信息

（5）启动运行 HBase。

1）启动 Hadoop。

首先需要先登录 ssh，由于已经设置了无密码登录，因此这里不需要输入密码；再切换目录至 hadoop 的安装目录：/usr/local/hadoop/hadoop − 3. 3. 1；再启动 hadoop 服务，具体命令如下：

$ssh localhost//测试免密登录已开启

$cd /usr/local/java/hadoop/hadoop − 3. 3. 1　//进入 hadoop 安装目录

$. /sbin/start − dfs. sh　//开启 hadoop 服务

$jps　//查看 hadoop 服务开启是否正常

Hadoop 成功启动时 NameNode，DataNode，SecondaryNameNode 三个服务进程必须都出现。

2）启动 HBase 进入 Shell。

转换到 HBase 安装目录，启动 HBase，命令如下：

$cd /usr/local/java/hbase/hbase – 1. 1. 5/bin//将 hbase 安装目录设为当前目录

$. /start – hbase. sh 　//启动 hbase 服务

$jps 　　　　　　//查看 HBase 的启动情况

$. /hbase shell 　//进入 HBase Shell 命令行界面（见图 6 – 12）

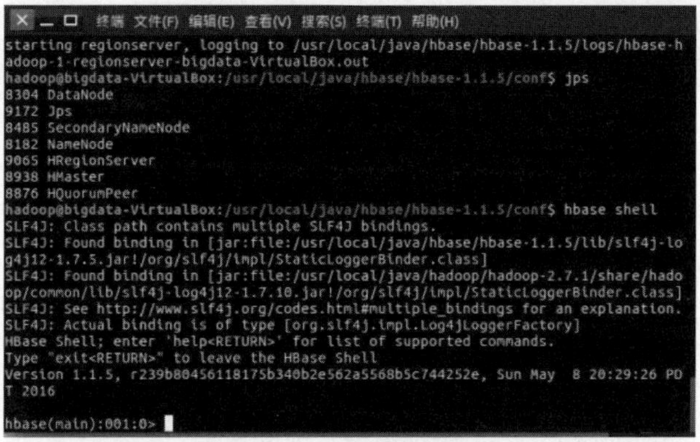

图 6 – 12　启动 HBase

7. 安装 scala 环境

安装 scala 的步骤如下：

（1）下载 scala 压缩包。从 http：//www. scala – lang. org/download/下载 scala 安装包，此处，本项目安装 scala2. 13. 8 版本，安装文件是 scala – 2. 13. 8. tgz。

（2）建立目录，解压文件到所建立目录。

$sudo mkdir /opt/scala

$sudo tar – zxvf scala – 2. 13. 8. tgz 　 – C 　/opt/scala。

（3）添加环境变量。

/ * 编辑配置文件 . bashrc（该配置文件只对当前用户有效）* /

$vim ~/. bashrc

/ * 在文件的结尾添加如下内容：* /

export PATH = /opt/scala/scala − 2. 13. 8/bin：$PATH

export SCALA_ HOME = /opt/scala/scala − 2. 13. 8。

（4）测试，观察结果版本号是否一致（见图 6 − 13）

$scala − version。

图 6 − 13 查看 scala 版本信息

8. 安装 spark 环境

（1）从清华大学下载站 https：//mirrors. tuna. tsinghua. edu. cn/下载合适的 spark 版本，本项目下载的是 spark − 3. 2. 1 − bin − hadoop2. 7. tgz. 。

（2）下载完毕移动到一个目录 如/etc/soft/。

$mv spark − 3. 2. 2 − bin − hadoop2. 7. tgz /etc/soft/

（3）将压缩文件进行解压，如果提示没权限，加 sudo。

$sudo tar − zxvf spark − 3. 2. 2 − bin − hadoop2. 7. tgz

（4）配置环境变量。

$sudo vi /etc/profile

在系统配置文件 profile 中加入以下两行内容：

export SPARK_ HOME = /etc/soft/spark − 3. 2. 2 − bin − hadoop2. 7

export PATH = $PATH：$SPARK_ HOME/bin：$SPARK_ HOME/bin。

（5）使配置生效。

$source /etc/profile。

（6）在 spark 的安装目录中输入：

$. /bin/spark-shell。

图 6 - 14　安装 spark 成功

6.4.2　数 据 收 集

目前，紫外后向散射反演是获得大气臭氧浓度信息的主要方法。美国国家航天局 NASA 于 2004 年发射 AURA 卫星，其搭载的 MOI（臭氧检测仪）利用紫外波段对大气的臭氧含量进行反演。MOI 从正常在轨到现在已有 18 年，观测数据每天都以 hdf5 文件传回 NASA 的数据库，这些数据都能在 NASA 的 EarthData 数据中心访问到。

为了探究中国区域内的臭氧在一年中的变化趋势，本项目选取了 0.25 度 * 0.25 度精度的臭氧浓度日观测数据集，时间跨度为 2016 年至 2020 年，共计五年的观测数据，如图 6 - 15 所示。

Earth Observing System (EOS), Aura

OMI/Aura Ozone (O3) Total Column Daily L2 Global Gridded 0.25 degree x 0.25 degree V3 (OMTO3G)

This Level-2G daily global gridded product OMTO3G is based on the pixel level OMI Level-2 Total Ozone Product OMTO3. The OMTO3 product is from the enhanced TOMS version-8 algorithm that essentially uses the ultraviolet radiance data at 317.5 and 331.2 nm. The OMTO3G data product is a special Level-2 Global Gridded Product where pixel level data are binned into 0.25x0.25 degree global grids. It contains the data for all L2 scenes that have observation time between UTC times of 00:00:00 and 23:59:59.9999. All data pixels that fall in a grid box are saved Without Averaging. Scientists can apply a data filtering scheme of their choice and create new gridded products.

The OMTO3G data product contains almost all parameters that are contained in the OMTO3. For example, in addition to the total column ozone it also contains UV aerosol index, cl ...more

View Full-size Image

图 6 - 15　数据集描述信息

对于原始数据集，首先利用 NASA 官方提供的数据筛选平台 EarthData-Search 进行筛选，可以筛选出 2016～2020 年共计 60 个月的数据，以每月 15 日的数据代表当月的臭氧浓度情况，共下载 60 个 hdf5 数据集，大约有 9.6GB 的原始数据（见图 6 – 16）。

名称	类型	大小
OMI-Aura_L2G-OMTO3G_2016m0115_v003-2016m0116t064126.he5	HE5 文件	173,126 KB
OMI-Aura_L2G-OMTO3G_2017m0115_v003-2017m0116t072014.he5	HE5 文件	171,490 KB
OMI-Aura_L2G-OMTO3G_2018m0115_v003-2018m0116t061003.he5	HE5 文件	168,496 KB
OMI-Aura_L2G-OMTO3G_2019m0115_v003-2019m0116t053716.he5	HE5 文件	163,838 KB
OMI-Aura_L2G-OMTO3G_2020m0115_v003-2020m0116t071010.he5	HE5 文件	170,807 KB

图 6 – 16　数据文件（节选）

6.4.3　数据预处理

在 HDFView 软件中可以看到，日原始数据集中包括经度、纬度、臭氧柱浓度、云层折射率、紫外线气溶胶指数等在内的 36 个属性值，数据地理范围覆盖全球。数据预处理的目标是从原始数据中筛选出数据分析所需要的数据，并将这些数据转换成方便处理的格式，为后续的分布式处理分析做好提前准备。

图 6 – 17　HDF5 数据集属性（节选）

1. 读取数据、筛选特征值

导入数据预处理阶段需要用到的库函数，其中 h5py 用于读取 hdf5 格式文件，库函数 pandas 和 numpy 用于常规的数据操作。

```
import h5py
import numpy as np
import pandas as pd
```

创建 h5py 对象，并调用其方法，获取 hdf5 数据文件中需要的属性值（经度、纬度、臭氧柱浓度）。

```
filename = 'D:/OMI - Aura_L2G - OMTO3G_2022m0306_v003 - 2022m0307t063708. he5';
with h5py. File(filename,'r') as f:
    #从数据文件中获取所需信息
    d = f['HDFEOS']['GRIDS']['OMI Column Amount O3']['Data Fields']

    #分别提取臭氧浓度、经度、纬度值
    d_ColumnAmountO3 = d['ColumnAmountO3'][:]
    d_Latitude = d['Latitude'][:]
    d_Longitude = d['Longitude'][:]
```

2. 数据格式转换成 DataFrame

由于 hdf5 数据文件的数据存储在三维的矩阵中，为了便于后续处理，将三维矩阵转换成二维数组的形式。再调用 pandas 中的 DataFrame 构造函数，将数据列赋上列标签，以单精度浮点数存储，并将三列数据合并到一个 DataFrame 对象中存储，见图 6 - 18。

```
#三维矩阵转二维
e_ColumnAmountO3 = np. reshape(d_ColumnAmountO3,( -1,1))
e_Latitude = np. reshape(d_Latitude,( -1,1))
e_Longitude = np. reshape(d_Longitude,( -1,1))
```

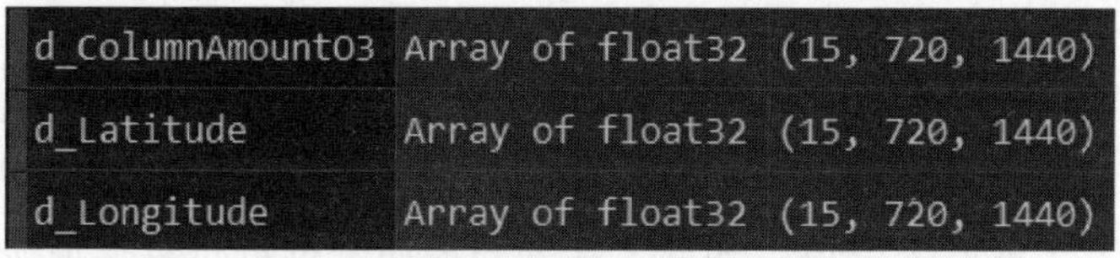

```
d_ColumnAmountO3    Array of float32 (15, 720, 1440)
d_Latitude          Array of float32 (15, 720, 1440)
d_Longitude         Array of float32 (15, 720, 1440)
```

图 6 - 18　三维数据矩阵

```
#二维数据转 Dataframe,附列名
```

$$df\_1 = pd. DataFrame(e\_Longitude, columns = ["e\_Longitude"],$$
$$dtype = 'float')$$
$$df\_2 = pd. DataFrame(e\_Latitude, columns = ["e\_Latitude"], dtype = 'float')$$
$$df\_3 = pd. DataFrame(e\_ColumnAmountO3, columns = ["e\_Column AmountO3"],$$
$$dtype = 'float')$$

#合并三列数据

$$filter\_df = pd. concat([df\_1, df\_2, df\_3], axis = 1)$$

```
filter_df          DataFrame        (15552000, 3)
```

图 6 - 19　合并后的数据集对象

3. 筛选中国地区数据

本项目选取中国作为研究区域,但是数据集中的数据是全球以 0.25 度 * 0.25 度精度的数据,所以需要根据经纬度筛选出中国区域内的臭氧柱浓度数据。

#筛选中国区域经纬

$$filter\_df = filter\_df. loc[(filter\_df['e\_Longitude'] > = 73.33) \&$$
$$(filter\_df['e\_Longitude'] < = 135.05) \&$$
$$(filter\_df['e\_Latitude'] > = 3.51) \&$$
$$(filter\_df['e\_Latitude'] < = 53.33)]$$

```
filter_df          DataFrame        (62004, 3)
```

图 6 - 20　中国区域的数据对象

4. 处理缺失值

由于 Aura 卫星在地球运转的轨道 OMI 传感器在运行时,无法观测到部分高纬地区,导致数据不完整;另外,读取数据时可能会出现误差,导致数据重复,或者为空值。因此,需要对原始数据进行数据清洗,删除缺失值。

#数据集副本

new_df = filter_df

#处理缺失值

filter_df = new_df. drop(new_df[new_df['e_ColumnAmountO3'] < = 0].

index)

filter_df = filter_df. dropna(axis = 0 , how = 'any' , thresh = None ,

subset = None , inplace = False)

```
filter_df          DataFrame          (54639, 3)
```

图 6 – 21　去除缺失值的数据对象

5. 数据经纬度坐标处理

数据经纬度坐标处理的过程可以使用三种不同的方法，分别为使用 python 编写的百度地图逆地理编码 API、Spring Boot + python 编写的高德地图 API 以及 Spring Boot + 基于 scala 的 Spark 编写的高德地图 API，每个文件的处理时间为 1 分钟左右。

（1）Python + 高德地图 API

为了便于探究臭氧浓度在中国不同地域的分布情况，需要将数据点与中国地图的经纬度点进行匹配，利用 Python 爬虫调用百度地图的 API 接口，并使用 requests 包对百度地图的经纬度抓取，并逐一与数据点进行匹配，将无法识别的点剔除。最终得到中国区域各省市的臭氧浓度观测数据。主要代码如下：

#经纬度坐标与城市信息对应

def Coord2Pos(lng , lat , amount , language = 'zh – CN') :

　　　while True：

　　　　　try：

url = 'http：//api. map. baidu. com/reverse_geocoding/v3/？ output = json&ak = %

s&location = % s , % s&lan

　　　　　　　guage = % s'% (AK , lat , lng , language)

　　　　　　　headers = 　 { 'Connection' : 'close'}

　　　　　　　requests. DEFAULT_RETRIES = 5

```python
            s = requests. session( )
            s. keep_alive = False
            res = requests. get( url, timeout = 5, headers = headers)
            if res. status_code = = 200:
                val = res. json( )
                if val['status'] = = 0:
                    val = val['result']
                    retVal = { 'lng': lng, 'lat': lat, 'amount': amount,
'country_code_iso2': val['addressComponent']['country_code_iso'],
'province': val['addressComponent']['province'],
'city': val['addressComponent']['city']}
                else:
                    retVal = None
                return retVal
            else:
                print('无法获取(%s,%s)的地理信息！'%(lat, lng))
        except:
            time. sleep(30)
```

调用封装好的爬虫函数，并将数据写入本地保存。

```python
with open('D:/test. txt', 'w', encoding = 'utf - 8') as fw:
    for i, row in filter_df. iterrows( ):
        lng = row['e_Longitude']
        lat = row['e_Latitude']
        amount = row['e_ColumnAmountO3']
        val = Coord2Pos(lng, lat, amount)
        fw. write( str( val) )
        fw. write( '\n')
        print( val)
```

（2）Python + SpringBoot

首先启动 Spring Boot 的逆地理编码 API，启动成功界面如图 6 – 22 所示。

图 6 – 22　逆地理编码服务启动成功

　　然后，通过 python 的 request 爬虫调用服务 API 进行逆地理编码并写入数据库。

　　为了便于探究臭氧浓度在中国不同地域的分布情况，需要将数据点与中国地图的经纬度点进行匹配，利用 Python 爬虫调用本地的 API 接口，并使用 requests 包对返回值的经纬度抓取，用 json 包格式化返回的数据，并写到数据文件中，如图 6 – 23 所示。

```python
import requests
import pandas as pd
import json

df = pd. read_csv( 'itertest. csv')

for row in df. itertuples( ) :
    lon = row[ 1 ]
    lat = row[ 2 ]
    url = 'http://127. 0. 0. 1 :8080/location？ lon = ％f&lat = ％f'％ (lon,lat)
    res = requests. get( url )
    lct_dic = json. loads( res. text)
print( lct_dic )
```

```
In [4]: runfile('E:/Pypro/request/request.py', wdir='E:/Pypro/
request')
{'pro': '四川省', 'city': '凉山彝族自治州', 'dis': '德昌县'}
{'pro': '四川省', 'city': '凉山彝族自治州', 'dis': '宁南县'}
{'pro': '云南省', 'city': '昭通市', 'dis': '巧家县'}
{'pro': '云南省', 'city': '昭通市', 'dis': '昭阳区'}
{'pro': '贵州省', 'city': '毕节市', 'dis': '威宁彝族回族苗族自治县'}
{'pro': '贵州省', 'city': '毕节市', 'dis': '赫章县'}
{'pro': '贵州省', 'city': '毕节市', 'dis': '七星关区'}
{'pro': '贵州省', 'city': '毕节市', 'dis': '黔西县'}
{'pro': '贵州省', 'city': '贵阳市', 'dis': '开阳县'}
{'pro': '贵州省', 'city': '黔东南苗族侗族自治州', 'dis': '黄平县'}
{'pro': '贵州省', 'city': '黔东南苗族侗族自治州', 'dis': '镇远县'}
{'pro': '湖南省', 'city': '怀化市', 'dis': '芷江侗族自治县'}
{'pro': '湖南省', 'city': '怀化市', 'dis': '洪江市'}
```

图 6-23　Json 解析 response(节选)

读取预处理好的数据文件,使用 Pymysql 包获取数据库连接,将解析好的数据写入数据库中。

```
# 获取所有文件的路径 12 * 5
path = './O3/'
datapath = getdatapath(path)
# 获取数据库联接
o3base = getconn('o3base')
# 获取某一天的数据文件
for i in datapath:
    tabname = 'o3_' + i[0][-8: -4]
createtable_bymonth(o3base, tabname)
    for j in i:
        csvpath = j
        # 转换某天一天的经纬度
        t = csvpath[-13: -4].replace('_','')
        tuplist = csvpos2tuplelist(csvpath, t)
        # 将转换好的结果写入 mysql 中的 tabname 表
        feedback = write2mysql(tuplist, o3base, tabname)
        #执行结束时间
```

$$time = datetime.datetime.now().strftime('\%H:\%M:\%S')$$

$$print(feedback)$$

$$print(time, t, "Done")$$

\# 关闭数据库连接

$$closeconn(o3base)$$

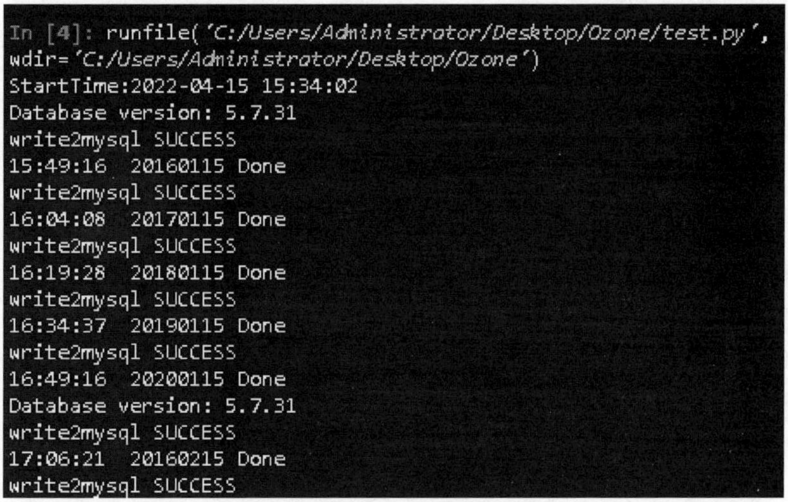

图 6 – 24　python 运行控制台日志

数据预处理结果预览。

图 6 – 25　完成预处理的数据（节选）

高德地图 API 提供的每日限额可以满足我们对大量数据进行处理的需求，同时通过 Spring Boot 编写的 java 代码，极大地缩短了使用 python 调用百度 API 的耗时。

（3）Spark（Scala）+SpringBoot

在项目中，采用 Spark 内存运算框架编写 scala 代码创建爬虫程序爬取相应数据，通过 RDD 算子优化底层逻辑，提升运算效率。

首先，为了更好地读取数据集，项目先使用 python 编写代码将 csv 转换为成 json 文件。

```
import json

f = open("D:/2016_0115. csv","r",encoding = 'gbk')#
ls = [ ]
for line in f:
    line = line. replace("\n","")
    ls. append(line. split(","))

f. close()
fw = open("D:/2016_0115. json","w",encoding = 'utf - 8')
for i in range(1,len(ls)):
    ls[i] = dict(zip(ls[0],ls[i]))
    print(ls[i])
    fw. write(json. dumps(ls[i]))
    fw. write('\n')
fw. close()
```

转换后的 json 数据格式如下（见图 6 – 26）：

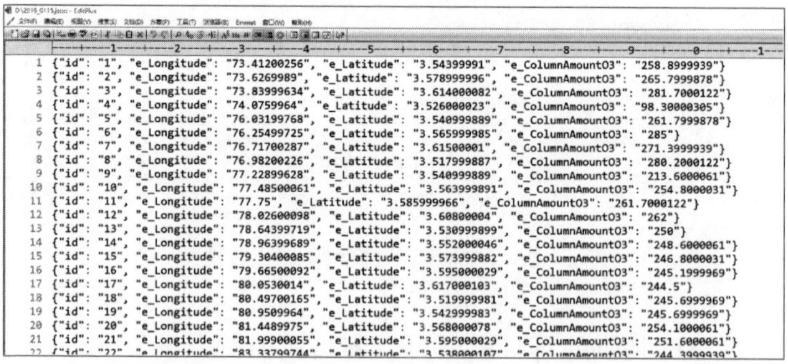
{"id": "1", "e_Longitude": "73.41200256", "e_Latitude": "3.54399991", "e_ColumnAmountO3": "258.8999939"}
{"id": "2", "e_Longitude": "73.6269989", "e_Latitude": "3.578999996", "e_ColumnAmountO3": "265.7999878"}
{"id": "3", "e_Longitude": "73.83999634", "e_Latitude": "3.614000082", "e_ColumnAmountO3": "281.7000122"}
{"id": "4", "e_Longitude": "74.0759964", "e_Latitude": "3.526000023", "e_ColumnAmountO3": "98.30000305"}
{"id": "5", "e_Longitude": "76.03199768", "e_Latitude": "3.540999889", "e_ColumnAmountO3": "261.7999878"}
{"id": "6", "e_Longitude": "76.25499725", "e_Latitude": "3.565999985", "e_ColumnAmountO3": "285"}
{"id": "7", "e_Longitude": "76.71700287", "e_Latitude": "3.61500001", "e_ColumnAmountO3": "271.3999939"}
{"id": "8", "e_Longitude": "76.98200226", "e_Latitude": "3.517999887", "e_ColumnAmountO3": "280.2000122"}
{"id": "9", "e_Longitude": "77.22899628", "e_Latitude": "3.540999889", "e_ColumnAmountO3": "213.6000061"}
{"id": "10", "e_Longitude": "77.48500061", "e_Latitude": "3.563999891", "e_ColumnAmountO3": "254.8000031"}
{"id": "11", "e_Longitude": "77.75", "e_Latitude": "3.585999966", "e_ColumnAmountO3": "261.7000122"}
{"id": "12", "e_Longitude": "78.02600098", "e_Latitude": "3.60800004", "e_ColumnAmountO3": "262"}
{"id": "13", "e_Longitude": "78.64399719", "e_Latitude": "3.530999899", "e_ColumnAmountO3": "250"}
{"id": "14", "e_Longitude": "78.96399689", "e_Latitude": "3.552000046", "e_ColumnAmountO3": "248.6000061"}
{"id": "15", "e_Longitude": "79.30400085", "e_Latitude": "3.573999882", "e_ColumnAmountO3": "246.8000031"}
{"id": "16", "e_Longitude": "79.66500092", "e_Latitude": "3.595000029", "e_ColumnAmountO3": "245.1999969"}
{"id": "17", "e_Longitude": "80.0530014", "e_Latitude": "3.617000103", "e_ColumnAmountO3": "244.5"}
{"id": "18", "e_Longitude": "80.49700165", "e_Latitude": "3.519999981", "e_ColumnAmountO3": "245.6999969"}
{"id": "19", "e_Longitude": "80.9509964", "e_Latitude": "3.542999983", "e_ColumnAmountO3": "245.6999969"}
{"id": "20", "e_Longitude": "81.4489975", "e_Latitude": "3.568000078", "e_ColumnAmountO3": "254.1000061"}
{"id": "21", "e_Longitude": "81.99900055", "e_Latitude": "3.595000029", "e_ColumnAmountO3": "251.6000061"}

图 6 – 26　转换格式后的数据（节选）

定义一个 OrderInfo 类，作为存放数据的容器。

//因为数据形式是 json 格式，使用 json 解析，使用 case class 比较合适

case class OrderInfo(

　　　　　　　　val id：Double，

　　　　　　　　val e_ColumnAmountO3：Double，

　　　　　　　　val e_longitude：Double，

　　　　　　　　val e_latitude：Double，

　　　　　　　　var province：String，

　　　　　　　　var city：String

　　　　　　　　　)

接下来利用 Spark 的 RDD 算子调用 Spring Boot 的 API，将数据存储在 RDD 中。

```
val conf：SparkConf = new SparkConf( ). setAppName ( "LocationGeoTest") .
setMaster( "local[ * ]")
        val sc = new SparkContext( conf)
        val rdd：RDD[ String ] = sc. textFile( "/usr/local/data/2016_0115. json")
        val parsedRDD：RDD[ OrderInfo ] = rdd. map( line = > {
          var bean：OrderInfo = null
          try{
            bean = JSON. parseObject( line , classOf[ OrderInfo ])
          } catch{
            case e：Exception = > {
              logger. error( "parse json error = >" + line )
            }
          }
          //解析后返回一个一个的 bean
          bean
        })
        //过滤解析失败的 RDD
        val filteredRDD：RDD[ OrderInfo ] = parsedRDD. filter( _ ! = null)

        val resRDD：RDD[ OrderInfo ] = filteredRDD. mapPartitions( iter = > {
```

//因为需要对每条数据请求，为了复用对象，使用 mapPartitions，这样一个区只需要创建一个对象

```
val httpClient:CloseableHttpClient = HttpClients. createDefault( )
iter. map( bean = > {
    //构建请求参数
    val longitude:Double = bean. e_longitude
    val latitude:Double = bean. e_latitude
    val httpGet = new HttpGet( s"http://127. 0. 0. 1:8080/location?
lon = $longitude&lat = $latitude")
    //发送请求,获取返回信息
    val response:CloseableHttpResponse = httpClient. execute( httpGet)
    try {
        //将返回对象中数据提取出来
        val entity:HttpEntity = response. getEntity
        if( response. getStatusLine. getStatusCode = =200) {
            //将返回对象中数据转换为字符串
            val resultStr:String = EntityUtils. toString( entity)
            //解析返回的 json 字符串
            val jSONObject:JSONObject = JSON. parseObject( resultStr)
            if( jSONObject ! = null && jSONObject. isEmpty = =false) {
                bean. province = jSONObject. getString( "pro")
                bean. city = jSONObject. getString( "city")
            }
        }
    } catch {
        case e:Exception = > {}
    } finally {
        //每一次数据请求之后,关闭连接
        response. close( )
    }
    //迭代器没有数据之后,关闭请求
    if( iter. hasNext = = false) {
```

```
        httpClient. close( )
      }
    bean
  } )
} )
```

接下来，将 RDD 算子中的数据写入 Hive 中。

```
println( "resRDD:" + resRDD. collect( ). toBuffer)
    //将结果写入 Hive
    resRDD. foreachPartition( it = > {
      //创建表对象
      val htable:Table = HiveUtils. getHiveTable( "orders_map")
      //创建一个容器放 put
      val puts = new util. ArrayList[ Put ]( n)
      var i = 0
      //将每条数据关联高德地图逆地理位置解析
      it. foreach( e = > {
        //将 oid 做行键
        val put = new Put( Bytes. toBytes( e. id) )
        //导入数据
          put. addColumn ( Bytes. toBytes ( "info") , Bytes. toBytes ( "prov-
ince") ,Bytes. toBytes( e. province) )
          put. addColumn ( Bytes. toBytes ( "info") , Bytes. toBytes ( "city") ,
Bytes. toBytes( e. city) )
        //把数据放入 puts 中
        puts. add( put)
        i + = 1
        if( i % n = = 0) {
          //每 N 条批量写入一次
          htable. put( puts)
          //写完清理容器
          puts. clear( )
```

```
            }
        })
        //批量写入
        htable. put( puts)
        //关闭资源
        htable. close( )
    }) */
    sc. stop( )
  }
}
```

6.4.4 数据分析与可视化

本部分主要基于 MOI 反演大气臭氧柱浓度数据,利用 ArcGIS 对中国 2016~2020 年的大气臭氧空间分布、季节分布以及长期变化趋势进行分析并制图。可以看到数据观测点能够覆盖中国大陆地区的所有行政区划,月份数据达到 98000 条,能够非常准确地反映中国大陆臭氧浓度的变化趋势,实验结果具有较强的实际意义。

1. Hive + Spark SQL 统计

在数据预处理阶段,已经将处理好的数据存储到 Hive 数据库中,可以以 Spark 分布式平台为基础,使用 Spark SQL 将 SQL Query 任务转化为 Spark 集群的 RDD 计算,实现高效的数据检索和处理。最后,将 Spark 平台上的查询结果以 csv 的格式输出,使用 Python Matplotlib 包对实验结果进行可视化展示。

2. Echarts + 百度地图可视化

Echarts 是一款基于 JavaScript 的数据可视化图表库,提供了大量直观、生动、可交互的可视化图表。使用 echarts 可视化图例中的百度地图热力图,用于将臭氧柱浓度在地图上可视化,为后续的分析提供更好的支持。

3. 克里金插值法与 ArcGIS

Echarts 的可视化本质上是在中国区域内用由浅到深的有色散点对臭氧浓度进行描绘,具有非常高的直观性,但却不具有实际的地理意义和地理价值。对于那些没有观测到的点,无法给出科学的臭氧浓度值的信息。

为了将离散的样本点能够在中国区域地图中得到连续表示,在项目中使用了地学统计分析中非常经典的克里金插值法，对平面上样本点之间空缺的气象数据信息进行数学拟合与预测处理。即将指定数量的点或指定半径内的所有点进行拟合，以确定每个位置的气象数据值。

克里金插值法的实现在 MatLab，R，Python 中均有相关的库函数。在项目中使用地理软件 ArcGIS 桌面平台对中国区域的臭氧数据进行可视化转换以及地图的绘制，以便于空间数据的分析。将数据分析结果输出到 csv 文件中，通过 ArcMap 软件先对臭氧数据克里金插值拟合，再导入中国区域 shp 对数据进行筛选，最后完成臭氧分布图的绘制。

6.4.5　数据可视化与结果分析

1. 中国大陆区域臭氧的空间分布

通过前面的统计分析可以得到 2016 ~ 2020 年以月代表值为样本点的月均值数据，使用克里金插值与 arcMap 软件进行绘制热力图。

中国区域臭氧柱浓度总量在空间分布是不均匀的，在不同地区差异较大：

（1）从纬度的纵向比较，总体臭氧柱浓度随着纬度的升高而增加，高值区在东北地区，最高点为 447.49DU，位于黑龙江省哈尔滨市；低值区在长江以南以及青藏高原地区。

（2）由于我国地域辽阔，地形差异较大，处于北纬 30°以下的东部沿海城市因为临近西太平洋，受到洋流季风的影响，臭氧柱浓度普遍低于全国其他区域。

（3）无论是海拔在 4000 米以上中国西南方向的青藏地区，还是海拔在 100 米以下的中部平原地带，还是处于海拔也仅仅只有 1000 米左右多山区域的南方，臭氧的空间分布并没有表现出明显的"区域性"。海拔、地形对臭氧空间分布差异的影响并不显著。

2. 中国大陆区域臭氧的季度变化

对每个季度的臭氧柱浓度值进行分类统计，得到了 2016 ~ 2020 年以月代表值为样本点的各季度月均值数据，使用克里金插值与 arcMap 软件进行绘制热力图。

中国区域的季节分布，呈现出北方高，南方低，东部高，西部低，春夏季高，秋冬季低的时空分布形态，各个季节由北向南有明显的递减趋势。

（1）东北地区以及内蒙古北部，相对于其他地区常年保持着较高的臭氧总量水平，大量的研究结果认为，在第一季度，高纬度地区强盛的极地环流产生的光化学过程产生的高浓度臭氧向北方输送，形成了中高纬度第一季度的臭氧高浓度层，该原因是导致中高纬度地区臭氧柱总量高的一个重要原因。

（2）长江以南地区，特别是对于沿海城市，全年的臭氧浓度随季节变化的差异较小。且在三、四季度的南北地区臭氧差异较小，且季节差异不明显。

（3）青藏高原地区是我国高海拔的地区，且该地区的臭氧又受到季风影响被稀释，导致臭氧柱浓度全年处于中国区域的低值。

3. 中国大陆区域臭氧长期变化趋势

在平台中将中国大陆区域按照地理意义划分为东北、华北、华东、华南、西北、西南六个地理区划，分别统计了不同地理区划的臭氧时间变化趋势，以及不同地区之间的臭氧浓度差异。

最终得到 2016～2020 年中国大陆区域的臭氧柱浓度变化趋势折线图，从图 6－27～图 6－34 中可以看出近 5 年的臭氧柱浓度呈现周期性变化，从年度数据分析每年的 3～5 月达到峰值，10～12 月达到谷值。但是，年度臭氧变化趋势并不明显，推测是与数据集的起止时间较短、数据集总量较小有很大关系。

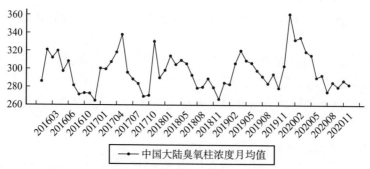

图 6－27　2016～2020 年中国大陆臭氧柱浓度月均值

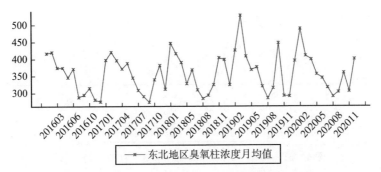

图 6-28　2016~2020 年东北地区臭氧柱浓度月均值

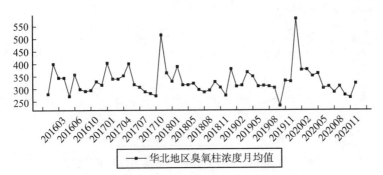

图 6-29　2016~2020 年华北地区臭氧柱浓度月均值

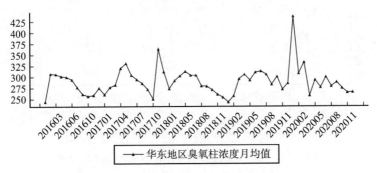

图 6-30　2016~2020 年华东地区臭氧柱浓度月均值

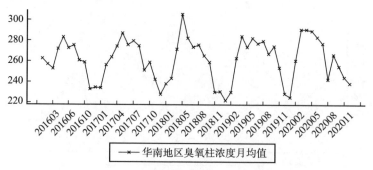

图 6 - 31　2016 ~ 2020 年华南地区臭氧柱浓度月均值

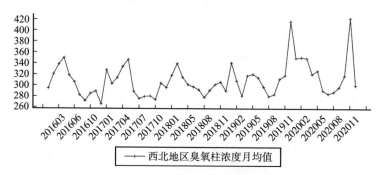

图 6 - 32　2016 ~ 2020 年西北地区臭氧柱浓度月均值

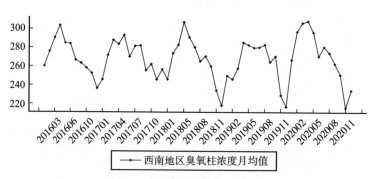

图 6 - 33　2016 ~ 2020 年西南地区臭氧柱浓度月均值

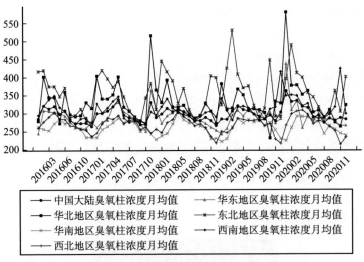

图 6-34 2016～2020 年中国大陆各地区臭氧柱浓度月均值对比

2016～2020 年 5 年间，东北、华北地区的臭氧浓度明显高于中国大陆其他地区。华东地区臭氧浓度基本上与全国平均持平。华南、西南地区臭氧浓度最低。

在春季，所有地区臭氧柱浓度都达到峰值，这与春季平流层下部向对流层的垂直输送密切相关。在夏季，受到亚热带季风的直接影响，污染气团向内陆输送，内陆地区臭氧值呈现上升趋势。在秋冬季，由于平流层输入与太阳辐射减少，使所有区域臭氧柱浓度呈现下降趋势直至谷值。

4. 时间序列数据建模

对于 60 个月的臭氧柱浓度月均值时间序列，拟采用指数平滑法对数据进行趋势预测建模。首先需要进行模型的拟合，并通过数据的残差检验等，然后对模型的参数进行调优，确定预测模型。

（1）加载包。

```
import pandas as pd
import numpy as np
from statsmodels. tsa import holtwinters as hw
from statsmodels. graphics. tsaplots import plot_acf
from statsmodels. graphics. tsaplots import plot_pacf
from statsmodels. tsa. stattools import adfuller
```

```
from statsmodels. graphics. gofplots import qqplot
import matplotlib. pyplot as plt
import matplotlib as mpl
mpl. rcParams[ 'axes. unicode_minus'] = False
mpl. rcParams[ 'font. sans - serif'] = [ 'SimHei'] 。
```

（2）读取 csv 数据并预处理。

读取数据后将数据转化成时间序列数据，方便后续建模分析。

```
data = pd. read_csv( 'D:/pro_m_avg. csv')
data_group = data. groupby( data[ 'time'] ,as_index = False). mean( )
print( data_group. head( ) ) 。
```

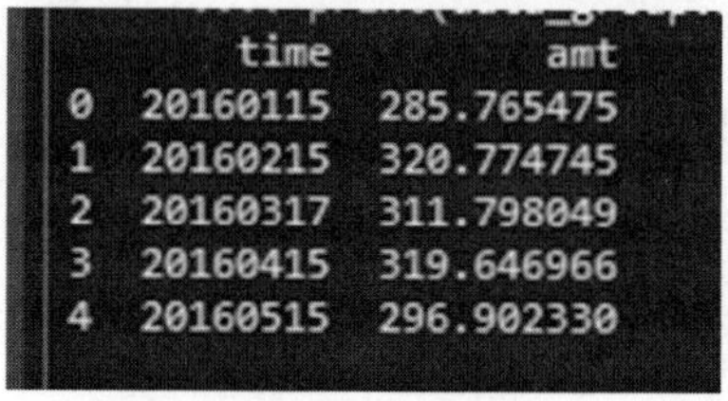

	time	amt
0	20160115	285.765475
1	20160215	320.774745
2	20160317	311.798049
3	20160415	319.646966
4	20160515	296.902330

图 6 – 35　数据预览

（3）创建时序数据并绘图。

```
plt. figure( figsize = (35,10) )# 画布大小
# 坐标轴粗细
ax = plt. gca( )
ax. spines[ 'bottom']. set_linewidth(3)
ax. spines[ 'left']. set_linewidth(3)
# x 轴刻度间隔显示
x_major_locator = plt. MultipleLocator(3)
ticks = np. linspace(1,58,58)# x 轴刻度 np 数组
plt. xticks( ticks,data_group[ 'time'] ,rotation =45,fontsize =20)# x 轴刻度设置
ax. xaxis. set_major_locator( x_major_locator)# 刻度间隔显示
plt. yticks( fontsize =20)# y 轴刻度设置
plt. tick_params( length =15,width =5,direction = 'in')# 刻度线设置
```

plt. plot(ticks , data_group['amt'] , color = 'k', label = '中国大陆臭氧柱浓度月均值', lw = 3 , marker = 'o', ms = 10)#画图

plt. legend(prop = { 'size' :30 })#显示图例

plt. show( ) 。

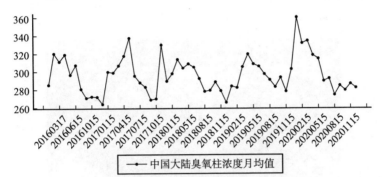

图 6 - 36　时间序列数据绘图

从图 6 - 36 可以看到，臭氧柱浓度存在季节变动影响因素，并随着时间变化，呈现放大情况。因此，可以将数据对数化之后再进行展示，具体代码如下：

amt_data = pd. DataFrame (data _ group['amt'] . values , index = np. linspace (1 ,58 ,58) , columns = ['amt'])

amt_log = np. log(amt_data)

amt_log. plot( )

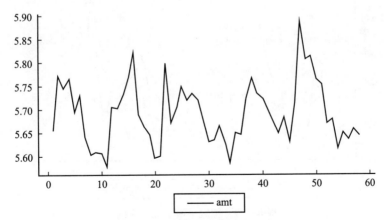

图 6 - 37　对数化后的时间序列绘图

（4）通过指数平滑法建立模型并预测。

amt_hw = hw. ExponentialSmoothing(amt_log, trend = 'add', seasonal = 'add', seasonal_periods =4)

hw_fit = amt_hw. fit( )

hw_fit. summary( )

```
<class 'statsmodels.iolib.summary.Summary'>
"""
                    ExponentialSmoothing Model Results
================================================================================
Dep. Variable:                      amt   No. Observations:                   58
Model:             ExponentialSmoothing   SSE                              0.210
Optimized:                         True   AIC                           -309.989
Trend:                         Additive   BIC                           -293.506
Seasonal:                      Additive   AICC                          -305.308
Seasonal Periods:                     4   Date:                 Mon, 23 May 2022
Box-Cox:                          False   Time:                         00:39:23
Box-Cox Coeff.:                    None
================================================================================
                          coeff                 code              optimized
--------------------------------------------------------------------------------
smoothing_level           0.7557329                alpha                 True
smoothing_trend           1.2019e-17                beta                 True
smoothing_seasonal        9.3297e-18               gamma                 True
initial_level             5.7003077                  l.0                 True
initial_trend            -0.0007754                  b.0                 True
initial_seasons.0        -0.0207936                  s.0                 True
initial_seasons.1        -0.0065855                  s.1                 True
initial_seasons.2        -0.0084023                  s.2                 True
initial_seasons.3        -0.0066128                  s.3                 True
--------------------------------------------------------------------------------
"""
```

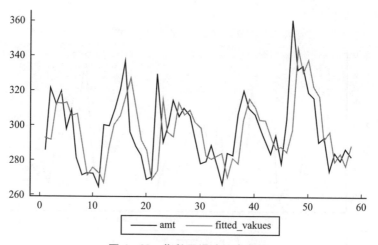

图 6－38　指数平滑法 summary

amt_data. plot( )

np. exp(hw_fit. fittedvalues). plot(label = 'fitted_vakues', legend = True)

图 6－39　指数平滑法拟合曲线

然后再查看残差情况，代码如下。

plot_acf(hw_fit. resid)

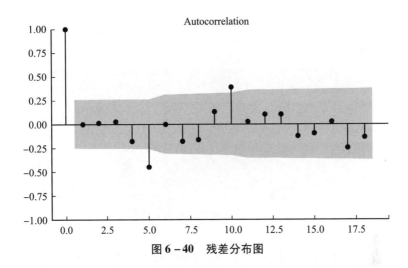

图 6 - 40 残差分布图

从图 6 - 40 可以看到，残差自回归系数基本处于均值范围内。

单位根检验代码如下：

adfuller （hw_ fit. resid）

```
out[144]:
(-5.145270776929868,
 1.1359737228768795e-05,
 7,
 50,
 {'1%': -3.568485864, '5%': -2.92135992, '10%': -2.5986616},
 -129.08300767104106)
```

图 6 - 41 单位根检验

从图 6 - 41 可以看出，P 值极小，单位根检验说明残差符合平稳性。再查看残差分布，可以通过残差分布直方图进行展示，代码如下：

plt. figure( )

plt. hist(hw_fit. resid, density = True)

hw_fit. resid. plot(kind = 'kde')

plt. show( )

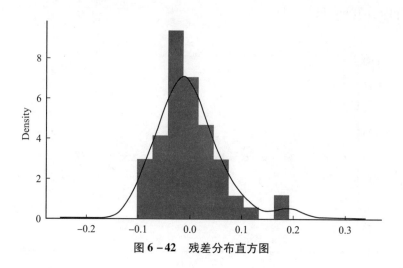

图 6 - 42　残差分布直方图

　　QQ 图的全称是 Quantile - Quantile Plot，即分位数 - 分位数图，主要是用来判断样本是否近似于某种类型的分布，或者验证两组数据是否来自同一分布。这里通过残差分布的 QQ 图来验证残差的分布情况。代码如下：

qqplot(hw_fit. resid , line = 's')

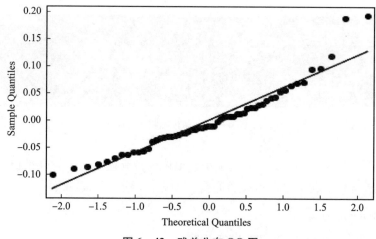

图 6 - 43　残差分布 QQ 图

从图 6 – 43 可以看到，残差基本服从正态分布。

在此基础上，可以利用指数平滑模型或其他预测模型对臭氧的浓度进行预测，本系统主要采用指数平滑模型对臭氧的浓度进行预测，具体代码如下。

$$amt\_forecast = np. exp(hw\_fit. predict(start = 50, end = 90))$$

$$amt\_data. plot( )$$

$$amt\_forecast. plot(label = 'forecast', legend = True)$$

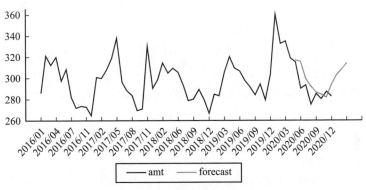

图 6 – 44　指数平滑法预测曲线

从曲线中可以看出，指数平滑模型能够基本上拟合臭氧浓度变化的趋势。

6.5　本 章 小 结

本章主要介绍一个基于 Hadoop 分布式环境对我国境内的臭氧进行时空分布特征及趋势预测分析的系统实现，从系统的功能需求分析，到系统中各个模块的设计，再到整个系统的实施过程都做了详细的介绍。主要介绍了项目中所使用的实验环境包括 Hadoop 分布式环境及其生态组件 HBase、Hive、MySql、Spark 等环境的搭建过程、数据的收集、数据的预处理以及数据分析与可视化等。

本章通过在 Hadoop 分布式环境搭建的基础上，加入一系列生态组件及其在 Hadoop 上的具体应用分析过程，拓展 Hadoop 分布式环境的实际应用场景，进而拓宽读者对 Hadoop 的认识。

本 章 习 题

基于本章搭建的分布式环境，完成如下习题：

1. 请编写 MapReduce 程序统计出山东省从 2016 年到 2020 年的臭氧浓度数据，并进行可视化展示。

2. 请编写 MapReduce 程序统计出 2020 年中国境内各省的臭氧浓度数据，并进行可视化对比展示。

3. 请编写 MapReduce 程序找出 2020 年中国境内臭氧浓度最低和最高的前三个城市，并输出城市名称及臭氧浓度值。

4. 请编写 MapReduce 程序统计出华北地区在 2016～2020 年臭氧浓度值，并进行趋势展示。

5. 请利用 ARIMA 预测模型或其他预测模型预测出山东省在 2021～2025 年间的臭氧浓度值，并进行可视化趋势展示。